"十三五"国家重点图书出版规划项目

排序与调度丛书（二期）

多目标排序引论

录岭法 张利齐 万龙 编著

清華大學出版社
北京

内 容 简 介

本书共包含 7 章：第 1 章介绍了排序问题的基本定义和概念，国内外当前研究的现状以及研究多目标排序的一些常见方法；第 2 章介绍了一些经典的单机多目标排序结果；第 3 章给出了单机批加工多目标排序的一些结果；第 4 章介绍了多台机器多目标排序的一些结果；第 5 章介绍了工件可拒绝排序的一些结果；第 6 章和第 7 章分别介绍了重新排序和多代理排序的一些结果。

本书可作为运筹与管理、计算机、自动化、数学等相关学科教师和学生的参考书，也适合对排序与调度领域感兴趣的读者阅读。

图书在版编目(CIP)数据

多目标排序引论/录岭法, 张利齐, 万龙编著.—北京：清华大学出版社，2024.3 (2025.5 重印)
(排序与调度丛书. 二期)
ISBN 978-7-302-65658-6

Ⅰ. ①多⋯ Ⅱ. ①录⋯ ②张⋯ ③万⋯ Ⅲ. ①排序－研究 Ⅳ. ①O223

中国国家版本馆 CIP 数据核字(2024)第 048653 号

责任编辑： 陈凯仁
封面设计： 常雪影
责任校对： 欧　洋
责任印制： 宋　林

出版发行： 清华大学出版社
网　　址： https://www.tup.com.cn，https://www.wqxuetang.com
地　　址： 北京清华大学学研大厦 A 座　　**邮　　编：** 100084
社 总 机： 010-83470000　　**邮　　购：** 010-62786544
投稿与读者服务： 010-62776969，c-service@tup.tsinghua.edu.cn
质量反馈： 010-62772015，zhiliang@tup.tsinghua.edu.cn
印 装 者： 三河市龙大印装有限公司
经　　销： 全国新华书店
开　　本： 170mm × 240mm　　**印　　张：** 13.5　　**字　　数：** 257 千字
版　　次： 2024 年 3 月第 1 版　　**印　　次：** 2025 年 5 月第 2 次印刷
定　　价： 89.00 元

产品编号：098291-01

《排序与调度丛书》编辑委员会

丛书序言

我知道排序问题是从 20 世纪 50 年代出版的一本名为*Operations Research*(《运筹学》，可能是 1957 年出版）的书开始的。书中讲到了 S. M. 约翰逊（S. M. Johnson）的同顺序两台机器的排序问题并给出了解法。约翰逊的这一结果给我留下了深刻的印象。第一，这个问题是从实际生活中来的。第二，这个问题有一定的难度，约翰逊给出了完整的解答。第三，这个问题显然包含着许多可能的推广，因此蕴含了广阔的前景。在 1960 年左右，我在《英国运筹学》（季刊）（当时这是一份带有科普性质的刊物）上看到一篇文章，内容谈到三台机器的排序问题，但只涉及四个工件如何排序。这篇文章虽然很简单，但我也从中受到一些启发。我写了一篇讲稿，在中国科学院数学研究所里做了一次通俗报告。之后我就到安徽参加“四清”工作，不意所里将这份报告打印出来并寄了几份给我，我寄了一份给华罗庚教授，他对这方面的研究给予很大的支持。这是 20 世纪 60 年代前期的事，接下来便开始了“文化大革命”，倏忽十年。20 世纪 70 年代初我从“五七”干校回京，发现国外学者在排序问题方面已做了不少工作，并曾在 1966 年开了一次国际排序问题会议，出版了一本论文集*Theory of Scheduling*(《排序理论》)。我与韩继业教授做了一些工作，也算得上是排序问题在我国的一个开始。想不到在秦裕瑗、林诒勋、唐国春以及许多教授的努力下，跟随着国际的潮流，排序问题的理论和应用在我国得到了如此蓬勃的发展，真是可喜可贺!

众所周知，在计算机如此普及的今天，一门数学分支的发展必须与生产实际相结合，才称得上走上了健康的道路。一种复杂的工具从设计到生产，一项巨大复杂的工程从开始施工到完工后的处理，无不牵涉排序问题。因此，我认为排序理论的发展是没有止境的。我很少看小说，但近来我对一本名叫《约翰・克里斯托夫》的作品很感兴趣。这是罗曼・罗兰写的一本名著，实际上它是以贝多芬为背景的一本传记体小说。这里面提到贝多芬的祖父和父亲都是宫廷乐队指挥，当贝多芬的父亲发现他在音乐方面是个天才的时候，便想将他培养成一名优秀的钢琴师，让他到各地去表演，可以名利双收，所以强迫他勤学苦练。但贝多芬非常反感，他认为这样的作品显示不出人的气质。由于贝多芬有如此的感受，他才能谱出如《英雄交响曲》《第九交响曲》等深具人性的伟大乐章。我想数学也是一样，只有在人类生产中体现它的威力的时候，才能显示出数学这门学科的光辉，也才能显示出作为一名数学家的骄傲。

任何一门学科，尤其是一门与生产实际有密切联系的学科，在其发展初期那些引发它成长的问题必然是相互分离的，甚至是互不相干的。但只要研究继续向前发展，一些问题便会综合趋于统一，处理问题的方法也会与日俱增、深入细致，可谓根深叶茂，蔚然成林。我们这套丛书已有数册正在撰写之中，主题纷呈，蔚为壮观。相信在不久以后会有不少新的著作出现，使我们的学科呈现一片欣欣向荣、繁花似锦的局面，则是鄙人所厚望于诸君者矣。

越民义
中国科学院数学与系统科学研究院
2019 年 4 月

前 言

众所周知，运筹学是一门应用性非常强的交叉学科，涉及数学、管理科学和计算机科学等多个学科。它首先将一个复杂的问题抽象为数学模型，然后使用数学的理论和方法给出最优的解决方案，再借助计算机编程等手段，最后提供给管理人员使用并作出最终的科学决策。因此，我们可以看出，运筹学的本质是为了“优化”。当优化的目标函数只有一个时，称为单目标优化。比如，你从一个地方到另一个地方，你会关心走哪条路线的距离更短。这就是运筹学中最经典的最短路径问题。单目标优化相对来说比较简单，在相关文献中已经被广泛研究，给出最优解或者近似解都比较容易一些。例如，对上述最短路径问题，DIJKSTRA 算法、BELLMAN-FORD 算法和 FLOYD 算法等都是非常有效的。

当优化的目标函数有两个或两个以上时，称为多目标优化。在理想情形下，决策者当然希望多个目标都能同时达到最优。然而，在大多数情形，同时满足多个不同目标的最优解往往是不存在的。比如我们想买一辆汽车，价格、品牌、油耗、外观和安全性等都要考虑。俗话说“便宜无好货，好货不便宜”，这表明在大多数情形下不同目标函数之间是“冲突”的。因此，在求解一个多目标优化问题时，得到的解通常是一个或者一组均衡解。

Scheduling，中文一般翻译成排序、调度或者排程。为了方便，本书统一称为排序。所谓排序，就是在满足一定的约束条件下对工件和机器按时间进行分配，找到一个可行解，使得一个给定的目标函数尽可能小（或者尽可能大）。对排序理论的研究最早起源于 20 世纪 50 年代。随着各种先进机器的发明及应用，生产能力大幅提高，工业生产也得到了迅速发展。工件（或者订单）数量急剧增加，工件的加工条件也各不相同，这使得找到一个可行解或者最优解变得非常困难。一个坏的解（排序）不仅会使生产成本剧增，甚至可能会导致结果不可行，即在规定的时间内无法加工完成所有的工件。大规模机器生产的出现，促使一些工业管理者和研究人员研究排序理论。因此，工业化大生产促进了排序理论研究的迅速发展；而反过来，排序理论的研究也进一步促进了工业生产的发展。机器制造业的迅速发展，使得产品数量和购买需求急剧增加，这也需要有更多的人员来运输、销售和维护这些产品。这些因素又促进了服务行业（包括运输、商业、金融、医疗、通信和计算机网络等）的快速发展。很快人们发现排序理论能够广泛应用在不同的服务行业中，这时用“机器”代表“服务提供者”，而用“工件”代表“顾客”或者“订单”。

1954 年，JOHNSON 在*Naval Research Logistics*发表了他的论文“*Optimal two- and three-stage production schedules with setup times included*”，大多数排序研究人员普遍认为这是第一篇研究生产排序问题的论文。自此之后，关于排序问题研究的论文层出不穷。然而，在 20 世纪 80 年代之前，人们主要研究一些经典的单目标排序问题。后来，人们发现在实际应用中往往要同时考虑多个目标函数。例如，在一个工厂中，为了降低生产费用，这需要使工件的最大完工时间 $C_{\max}$ 越小越好; 为了降低储存费用，也要最小化工件的加权完工时间和 $\sum w_jC_j$; 同时为了提高顾客的满意程度，还必须最小化误工工件的数量 $\sum U_j$。因此，仅考虑一个目标函数往往都是不平衡的，这促使人们越来越多地关注和研究多目标排序问题。因为多个目标函数之间往往有一定的“冲突”关系，所以如何在不同目标函数之间寻求平衡最为关键。

本书共包含 7 章: 其中，第 1 章给大家介绍了排序问题的基本定义和概念，国内外当前研究的现状以及研究多目标排序的一些常见方法; 第 2 章介绍了一些经典的单机多目标排序结果; 第 3 章给出了单机批加工多目标排序的一些结果; 第 4 章介绍了多台机器多目标排序的一些结果; 第 5 章介绍了工件可拒绝排序的一些结果; 第 6 章和第 7 章分别介绍了重新排序和多代理排序的一些结果。

本书的编写得益于唐国春教授的极力推动，并得到了“排序与调度丛书”编委会各位专家学者的支持和帮助。为了完成本书，我们还参考了唐国春教授等撰写的《现代排序论》、万国华教授撰写的《排序与调度的理论、模型和算法》以及 T’KINDTH 与 BILLAUT 所著的*Multicriteria Scheduling: Theory, Models and Algorithms*。除此之外，我们还要感谢慕运动、马冉、刘其佳、耿志超、高园以及赵秋兰等几位老师对撰写本书所提供的帮助。最后，我们也要感谢国家自然科学基金（项目号: 12271491、11971443、12261039 和 11901168）以及河南省高等教育教学改革研究与实践项目-研究生教育（项目号: 2019SJGLX051Y）的资助。

本书的主要目的是向读者介绍多目标排序的一些常见模型、研究方法和主要结果。因为编者水平有限，所以本书主要选取了编者比较熟悉的一些论文结果。这些结果大部分来自于郑州大学林诒勋教授和原晋江教授指导的博士论文。书中一定存在很多缺点和不足之处，敬请读者和各位专家学者批评指正。特别地，国内外很多同行的优秀成果没有被编入本书，敬请大家见谅。

录岭法

2023 年 7 月

目　录

第 1 章　引　　论

在工厂中, 如何利用已有的机器对要完成的工件 (订单) 给出一个可行的加工方案, 使生产成本 (或利润) 对应的一个目标函数达到最小 (或最大), 是一个排序问题。在管理科学中, 排序也称为调度。在本书中, 我们统一称为排序。对排序理论的研究最早起源于 20 世纪 50 年代人们对制造业中的生产作业研究。随着各种先进机器的发明及应用, 生产能力大幅提高, 工业生产也得到了迅速的发展。在现代的工业生产中, 工件 (订单) 数量急剧增加, 工件的加工条件也各不相同, 这使得找到一个最优解变得非常困难。一个坏的生产方案不仅会使生产成本剧增, 甚至会导致无法在规定的时间内完成所有的工件。机器大规模生产的出现, 促使了更多的工业管理人员和学术研究人员投身于排序理论的研究。因此, 工业生产的进步促进了排序理论研究的迅速发展; 而排序理论的研究和应用也反过来促进了工业生产的发展。

早在 1910 年, Gantt 就提出了 "甘特图"(Gantt chart) 来解决产品制造中出现的排序问题。Johnson (1954) 发表了他的论文 "*Optimal two-and three-stage production schedules with setup times included*", 这被普遍认为是第一篇有关排序问题研究的论文。在这篇论文中, 作者考虑了最小化最大完工时间的两台机器流水作业排序问题 (例 1.1), 并给出了一个简单而又巧妙的多项式时间最优算法, 即著名的 Johnson 规则。此后, 关于排序研究的论文层出不穷。根据最新的 Web of Science 统计, 标题中含 "scheduling" 并且主题中含 "machine" 的论文超过 2 万篇。Muth 等 (1963) 出版的*Industrial Scheduling*是关于排序问题研究的第一本著作, 搜集了很多关于排序问题的论文。此后, 国际上一些优秀的排序著作还包括 Baker (1974) 的 *Introduction to Sequencing and Scheduling*, Baker 等 (2009) 的 *Principles of Sequencing and Scheduling*, Blazewicz 等 (2007) 的 *Handbook on Scheduling: From Theory to Applications*, Brucker (2001) 的 *Scheduling Algorithms*, Pinedo (1995) 的 *Scheduling Theory, Algorithms and Systems* 以及 Pinedo (2005) 的 *Planning and Scheduling in Manufacturing and Services* 等。

越民义先生是国内排序理论研究的先行者。越民义等 (1975) 的论文 "n 个零件在 m 台机床上的加工顺序问题" 开创了中国研究排序理论的先河。此外, 越民义 (2001)

出版的《组合优化导论》包含了大量多项式时间可解的排序问题。陈荣秋 (1987) 编著的《排序的原理和方法》是第一本正式出版的排序论专著。此后, 国内比较优秀的排序著作还包括林诒勋 (1997) 编著的《动态规划与序贯最优化》、唐恒永等 (2002) 出版的《排序引论》、唐国春等 (2003) 出版的《现代排序论》和万国华 (2019) 编著的《排序与调度的理论、模型和算法》等。

本章共分为 4 节。其中, 1.1 节分别从问题背景、定义与符号、研究内容三个方面介绍排序问题; 1.2 节主要介绍了一些单目标排序问题的经典结果; 1.3 节主要介绍了一些多 (双) 目标排序问题的模型; 1.4 节主要介绍了求解多目标排序问题的一些常用研究方法。

1.1 排序问题介绍

1.1.1 问题背景

假设有 m 台机器 $M_1, M_2, \cdots, M_m$ 和 n 个工件 $J_1, J_2, \cdots, J_n$, 生产者需要在一定的约束条件下将这些工件安排在机器上加工, 从而使得某个预定指标达到最优, 这就是经典的机器排序问题。随着社会的不断发展, 人们发现排序理论已经被广泛应用到制造业、服务业、计算机网络、物流运输等许多其他领域。因此, 排序理论中的 "机器" 和 "工件" 已经不仅仅局限于工厂里的机器和工件。这里 "机器" 可以是数控机床、计算机中央处理器 (CPU)、医生、机场跑道等, "工件" 也可以是零件、计算机终端、病人、起飞或降落的飞机等。下面, 给出排序理论应用在不同行业中的几个例子。

例 1.1 (见文献 (Johnson, 1954)) n 个工件 $J_1, J_2, \cdots, J_n$ 要在两台机器 M_1、M_2 上加工, 每个工件 J_j 有两道不同的工序 O_{1j} 和 O_{2j} 且对应的加工时间分别为 p_{1j} 和 p_{2j}。工序 O_{1j} 首先在机器 M_1 上加工, 工序 O_{2j} 必须在 O_{1j} 完工之后才能在机器 M_2 上加工, 所有的工件按照相同的顺序分别在两台机器上加工。工序 O_{2j} 的完工时间被定义为工件 J_j 的完工时间, 追求的目标是最小化工件的最大完工时间。这是一个经典的两台机器流水作业排序问题。

例 1.2 (见文献 (Lee et al., 1992)) 若干电子芯片被成批装入一个有容量限制的烤箱中进行加热以检验它们的耐热能力。每个电子芯片的耐热时间是不一样的, 直到一批中所有的电子芯片都被烧断, 才能接着去检验下一批电子芯片。因此, 一批芯片的检验时间等于该批中芯片的最长耐热时间, 追求的目标是使用最短的时间检验完所有的电子芯片。这里电子芯片是工件, 烤箱为机器, 烤炉容量为限制条件。这就是一个有界的平行批机器排序问题。

例 1.3 (见文献 (唐恒永等, 2002)) 假设某个机场有若干条不同长度的跑道, 每天有上百架飞机起飞和降落。不同飞机起飞和降落所需要的滑行距离是不同的, 每架飞机只能使用长度比其滑行距离长的跑道。一般来说, 大型飞机只能选择较长的跑道起飞和降落, 而小型飞机则有更多可供选择的跑道。如果某个飞机在它预定时间之后起飞或者降落, 则称该飞机晚点。追求的目标是最小化晚点飞机的数量, 这也是一个排序问题。在这个问题中, 跑道是机器, 飞机为工件, 飞机所需跑道长度和预定时间为限制条件。

现代社会是一个竞争的社会, 企业之间的商业竞争尤其激烈。为了提高企业的市场竞争力, 良好的生产计划和有效的成本控制已经成为企业之间竞争的关键因素。在这种情况下, 企业决策者必须设计一个好的生产计划 (即排序), 从而能够有效地利用有限的资源并尽早生产出具有竞争性的产品以满足顾客的需求。

1.1.2 定义和符号

Graham 等 (1979) 提出了排序问题中的三参数表示方法, 即使用 $\alpha|\beta|\gamma$ 来表示排序问题。其中, α 区域代表机器的环境、类型与种类; β 区域代表对工件的约束以及工件具有的一些特征; γ 区域代表我们所需要的目标函数。下面给出排序问题中常用的定义和符号。

(1) α 区域参数

- 1: 单机, 表示加工生产过程中只有一台机器并且机器一次只能加工一个工件。
- Pm: m 台同速机 (或者同型机), 即有 m 台平行的 (功能一样的) 机器 $M_1, M_2, \cdots, M_m$, 并且每台机器 M_i 的加工速度 s_i 相同。不失一般性, 假设 $s_1 = s_2 = \cdots = s_m = 1$。
- Qm: m 台恒速机 (或者同类机), 即有 m 台机器 $M_1, M_2, \cdots, M_m$, 并且每台机器 M_i 的加工速度 s_i 是不变的。不失一般性, 假设 $s_1 \geqslant s_2 \geqslant \cdots \geqslant s_m$。
- Rm: m 台变速机 (或者非同类机), 即有 m 台机器 $M_1, M_2, \cdots, M_m$, 并且每台机器 M_i 的加工速度和要加工的工件 J_j 有关。
- Fm: m 台流水作业机器, 即每个工件 J_j 在机器 M_i 上有一道工序 O_{ij}, 这些工序必须依次在 $M_1, M_2, \cdots, M_m$ 上进行加工。
- Om: m 台自由作业机器, 即每个工件 J_j 在机器 M_i 上有一道工序 O_{ij}, 这些工序在机器 $M_1, M_2, \cdots, M_m$ 上加工的次序是自由的。
- Jm: m 台异序作业机器, 即每个工件 J_j 在机器 M_i 上有一道工序 O_{ij}, 这些工序在机器 $M_1, M_2, \cdots, M_m$ 上加工的次序是不同的。

(2) β 区域参数

- p_j：表示工件 J_j 的加工时间。
- p_{ij}：表示工件 J_j 在机器 M_i 上的加工时间。
- w_j：表示工件 J_j 的权重。
- r_j：表示工件 J_j 的到达时间 (就绪时间), 工件必须在 r_j 时刻或者在 r_j 时刻之后才能被加工。
- d_j：表示工件 J_j 的工期。
- $\overline{d}_j$：表示工件 J_j 的截止工期, 工件必须在 $\overline{d}_j$ 时刻或者在 $\overline{d}_j$ 时刻之前完工。
- $d_{[i]}$：表示第 i 个位置上工件的工期。
- e_j：表示工件 J_j 的拒绝费用。
- q_j：表示工件 J_j 的运输时间。
- pmtn：工件允许中断抢先加工。
- prec：工件之间有序约束。
- p-batch：平行批, 表示机器可以把多个工件作为一批同时进行加工, 并且该批的加工时间等于该批中最长工件的加工时间。
- s-batch：继列批, 表示机器可以把多个工件作为一批同时进行加工, 并且该批的加工时间等于该批中所有工件的加工时间之和。
- $c \geqslant 1$：批容量, 即每一个加工批中至多能包含 c 个工件。
- $s > 0$：批安装 (设置) 时间, 即每个加工批在加工之前必须有一个安装 (设置) 时间 s。

(3) γ 区域参数

- C_j：表示工件 J_j 的完工时间。
- $D_j = C_j + q_j$：表示工件 J_j 的运输完工时间。
- $L_j = C_j - d_j$：表示工件 J_j 的延迟时间。
- $T_j = \max\{0, C_j - d_j\}$：表示工件 J_j 的误工时间。
- $E_j = \max\{0, d_j - C_j\}$：表示工件 J_j 的提前时间。
- U_j：工件 J_j 的误工计数。$U_j = 1$ 表示工件 J_j 误工; $U_j = 0$ 表示工件 J_j 不误工。
- $C_{\max}$：表示工件的最大完工时间, 即 $C_{\max} = \max\{C_j : 1 \leqslant j \leqslant n\}$。
- $D_{\max}$：表示工件的最大运输完工时间, 即 $D_{\max} = \max\{D_j : 1 \leqslant j \leqslant n\}$。
- $L_{\max}$：表示工件的最大延误时间, 即 $L_{\max} = \max\{L_j : 1 \leqslant j \leqslant n\}$。
- $E_{\max}$：表示工件的最大提前时间, 即 $E_{\max} = \max\{E_j : 1 \leqslant j \leqslant n\}$。
- $\sum C_j$：表示工件的总完工时间, 即 $\sum C_j = \sum_{j=1}^{n} C_j$。

- $\sum w_jC_j$：表示工件的总加权完工时间，即 $\sum w_jC_j = \sum_{j=1}^{n} w_jC_j$。
- $\sum T_j$：表示工件的总误工时间，即 $\sum T_j = \sum_{j=1}^{n} T_j$。
- $\sum w_jT_j$：表示工件的总加权误工时间，即 $\sum w_jT_j = \sum_{j=1}^{n} w_jT_j$。
- $\sum(E_j + T_j)$：表示工件总的误工时间与提前时间，即 $\sum(E_j + T_j) = \sum_{j=1}^{n}(E_j + T_j)$。
- $\sum U_j$：表示误工工件的总个数，即 $\sum U_j = \sum_{j=1}^{n} U_j$。
- $\sum w_jU_j$：表示工件的总加权误工个数，即 $\sum w_jU_j = \sum_{j=1}^{n} w_jU_j$。

1.1.3　研究内容

对一个排序问题来说，找到一个最优解 (即最优排序) 是至关重要的。然而，在众多的可行解中找到最优解可能并不容易。比如，对单机排序问题 $1||\sum C_j$ 来说，n 个工件的每一个排列都是一个可行解。因此，该问题至少有 $n!$ 个不同的可行解。同样，对问题 $P2||C_{\max}$，每个工件都有两种可能，即要么在机器 M_1 上加工，要么在机器 M_2 上加工。因此，即使不考虑同一台机器上工件的加工顺序，该问题也至少有 2^n 个不同的可行解。在这种情形下，尽管枚举所有的可行解也能找到一个最优解，然而花费的时间特别长。当工件数 n 较大时，即使使用当前最快的计算机，枚举完所有的可行解可能也需要几十年甚至上百年时间。因此，枚举并不是一个好的算法。

那么，什么样的算法是一个好的算法呢? Cobham (1964) 和 Edmonds (1965) 建议，一个好的、有效的算法应该是一个多项式时间算法。也就是说，存在一个整数 k，使得算法在 $O(n^k)$ 时间内完成求解。例如，针对单机排序问题 $1||\sum C_j$，Smith (1955) 提出的最短处理时间优先 (shortest processing time first, SPT) 规则 (按处理时间从小到大进行排列) 可以在 $O(n\log n)$ 时间内找到最优解，计算机只需要很短时间就能完成。

然而，不幸的是，对于大多数排序问题，很难找到一个多项式时间的最优算法。因此，Karp (1972) 提出了 NP-完全的和 NP-困难的概念。给定一个判定问题，如果 NP 类中的所有问题都可以在多项式时间内转化为该问题的一个实例，就称这个问题是 NP-完全的。对一个排序问题，如果一个 NP-完全的判定问题能够在多项式时间内归结为该问题的一个实例, 那么就称该排序问题是 NP-困难的。为了证明一个排序问题是 NP-困难的, 通常将一个 NP-完全的判定问题多项式转化 (归结) 为该排序问题的判定形式。在证明一个排序问题是一般 (二元)NP-困难时, 通常用 "划分、奇偶划分、等规模划分、子集和问题、背包问题" 等问题进行归结; 在证明一个排序问题是强 (一元)NP-困难时, 通常用 "3-划分、可满足性问题、三维匹配、图的点覆盖问题、图的独立集问题、装箱问题、旅行商问题" 等进行归结。

对一个 NP-困难的排序问题, 找到一个多项式时间的最优算法是非常困难的。但是, 如果降低一些要求, 寻找一个拟多项式时间算法, 或者一个多项式时间的近似算法, 这都是有可能的。寻找一个比较有效的近似算法和拟多项式时间算法, 已经成为当前排序论研究中最活跃、最主要的一个方向。下面将介绍有关拟多项式时间算法和近似算法的一些定义。

设 P 是一个具有非负权的排序问题, 且每个实例 I 的元素都是整数。设 $\text{size}(I)$ 为实例 I 中元素的个数且 $\text{largest}(I)$ 为其中最大的整数, 如果算法 A 的运行时间为 $\text{size}(I)$ 和 $\text{largest}(I)$ 的一个多项式, 则称算法 A 是 P 的一个拟多项式时间算法。

设 P 是一个具有非负权的排序问题并且 $k \geqslant 1$, 如果 P 的一个多项式时间算法 A, 对 P 的每一个实例 I 都有 $A(I) \leqslant k\text{OPT}(I)$, 则称多项式时间算法 A 是排序问题 P 的一个 k-近似算法。使得 $A(I) \leqslant k\text{OPT}(I)$ 成立的最小的 k, 就称为算法 A 的近似比。

对任何一个固定的 $\epsilon > 0$, 如果算法 A_ϵ 为问题 P 的一个 $(1+\epsilon)$-近似算法, 则称算法 A_ϵ 是 P 的一个多项式时间近似方案 (polynomial time approximation scheme, PTAS)。特别地, 如果 A_ϵ 的运行时间为 $\text{size}(I)$ 和 $\dfrac{1}{\epsilon}$ 的一个多项式, 则称算法 A_ϵ 是 P 的一个完全多项式时间近似方案 (fully polynomial time approximation scheme, FPTAS)。

在一个排序问题中, 如果所有的工件信息都是事先已知的, 则称这个问题为一个 "离线" 排序问题。对一个离线排序问题来说, 一般主要从三个方面进行研究: ①给出一个多项式时间算法; ②证明该问题是 (一般或者强) NP-困难的; ③对那些 NP-困难的问题, 给出一个近似算法、拟多项式时间算法或者多项式时间近似方案。

还有一种与 "离线" 排序问题相对应的问题称为 "在线" 排序问题。在在线排序模型中, 工件的信息事先不知道, 只有在它到达或者加工完毕才知道。目前, 人们主要研究两种在线排序模型。第一种模型是 "按列表在线", 假设工件按照列表顺序依次到达, 在线算法必须立即安排当前到达的工件然后列表中的下一个工件才会出现; 第二种模型是 "按时间在线", 假设每一个工件有一个到达时间, 工件的所有信息只有在它到达之后才被释放。除了到达时间, 更主要的区别在于, 当一个工件到达后在线算法不需要立即安排当前的工件, 可以等待一段时间再做出决定。除此之外, 还有一种排序模型介于离线排序和在线排序之间，即一部分信息是已知的而另一部分是未知的。这种模型称为半在线排序问题。

在线排序问题的算法称为“在线算法”，在线算法的近似比也称为“竞争比”。由于信息的缺乏，这个竞争比往往有一个下界。因此，对一个给定的在线排序问题，主要的研究方法有两个方面：首先，采用对手法获得在线算法竞争比的一个下界；其次，利用最优值下界估计、SPT 规则、EDD 规则、列表算法和延迟算法等，设计一个有效的在线算法。如果一个在线算法的竞争比等于该问题竞争比的下界，则称该在线算法是最好可能的。

1.2　单目标排序问题介绍

在早期的经典排序中，往往只有一个目标函数，这些问题也被称为单目标排序问题。Johnson (1954) 研究了排序问题 $F2||C_{\max}$，并给出了著名的**Johnson 规则**：首先将 n 个工件 $J_1, J_2, \cdots, J_n$ 分为两个集合 $A_1 = \{J_j : p_{1j} < p_{2j}\}$ 与 $A_2 = \{J_j : p_{1j} \geqslant p_{2j}\}$，工件在两台机器上均按照先 A_1 后 A_2 的顺序加工，其中 A_1 中的工件按照 p_{1j} 的非减顺序加工，而 A_2 中的工件按照 p_{2j} 的非增顺序加工。Johnson 规则可以在 $O(n\log n)$ 时间内得到问题 $F2||C_{\max}$ 的一个最优排序。自此以后，有关排序问题的研究得到了迅速的发展。下面给出单目标排序问题的一些经典结果。

对于单机排序问题 $1|r_j|C_{\max}$，Lawler (1973) 证明了**最早到达时间优先加工 (earliest release date first, ERD) 规则**在 $O(n\log n)$ 时间内得到该问题的一个最优排序，即工件按照到达时间 r_j 非减顺序进行加工。对于排序问题 $1||L_{\max}$，Jackson (1955) 证明了**最早工期优先加工 (earliest due date first, EDD) 规则**在 $O(n\log n)$ 时间内得到该问题的一个最优排序，即工件按照工期 d_j 非减顺序进行加工。对于排序问题 $1||\sum w_jC_j$，Smith (1955) 证明了**加权最短加工时间优先 (weighted shortest processing time first, WSPT) 规则**在 $O(n\log n)$ 时间内得到该问题的一个最优排序，即工件按照加工时间和权重比值 $\dfrac{p_j}{w_j}$ 的非减顺序进行加工。当所有的权重 $w_j = 1$ 时，**WSPT 规则**等价于 **SPT 规则**，即工件按照加工时间 p_j 非减顺序进行加工。Smith (1955) 证明了 **SPT 规则**在 $O(n\log n)$ 时间内得到问题$1||\sum C_j$ 和 $P||\sum C_j$ 的一个最优排序。Lawler (1973) 也证明了 **Lawler 规则**在 $O(n^2)$ 时间内得到问题 $1|\text{prec}|f_{\max}$ 的一个最优排序，即从最后一个位置开始，从当前可用的工件中挑选一个放在当前最后位置且使得目标函数值最小的工件进行加工。对于问题 $1||\sum U_j$，Moore (1968) 给出了一个 $O(n\log n)$ 时间的最优算法：先把所有工件按 EDD 规则排好顺序，即 $d_1 \leqslant d_2 \cdots \leqslant d_n$。算法从 $k = 1$ 开始，一共迭代 n 次。令 S_k 是第 k 次迭代之前可以按时完工的工件集合并且 $S_1 = \varnothing$，安排当前的工件 J_j 到当前工件集合 S 末尾进

行加工。如果 J_k 没有误工, 则令 $k=k+1$ 并且 $S_{k+1}=S_k\bigcup J_k$; 否则从 $S_k\bigcup J_k$ 选出加工时间最长的工件 J_j, 则令 $k=k+1$ 并且 $S_{k+1}=(S_k\bigcup J_k)\setminus J_j$。该算法也称为 **Moore 算法**。对于问题 $1||\sum w_jU_j$, Karp (1972) 证明了该问题是一般 NP-困难的并且 Sahni (1976) 给出了一个拟多项式时间的动态规划算法。对于问题 $1||\sum T_j$, Du 等 (1990) 证明了该问题是一般 NP-困难的并且 Lawler (1977; 1982) 分别给出了一个拟多项式时间最优算法和一个全多项式时间近似方案。Karp (1972) 证明了问题 $1||\sum w_jT_j$ 是强 NP-困难的。

对于平行机排序问题 $Pm||C_{\max}$, Garey 等 (1979) 证明了该问题是强 NP-困难的。对于该问题, Graham (1966) 证明了**列表算法**的近似比为 $2-\dfrac{1}{m}$, 即当有机器空闲时, 当前列表中的第一个工件被排在负载量最小的机器上进行加工。进一步, Graham (1969) 证明了**最长加工时间优先 (longest processing time first, LPT) 算法**有更好的近似比 $\dfrac{4}{3}-\dfrac{1}{3m}$, 即首先把工件按照加工时间 p_j 非增顺序进行排列形成一个列表, 然后再使用列表算法安排工件进行加工。Gonzalez 等 (1976) 对问题 $O2||C_{\max}$ 给出了一个多项式时间的最优算法, 他们也进一步证明了

$$C_{\max}^*=\max\left\{\sum_{j=1}^{n}p_{1,j},\sum_{j=1}^{n}p_{2,j},\max_{1\leqslant j\leqslant n}(p_{1,j}+p_{2,j})\right\}$$

当 $m\geqslant 3$ 时, 问题 $Fm||C_{\max}$ 和 $Om||C_{\max}$ 都是 NP-困难的。与流水作业排序和自由作业排序相比, 异序作业排序更难, 甚至问题 $J2||C_{\max}$ 都是 NP-困难的。

1.3 多目标排序问题介绍

在生产管理中, 决策者经常要同时对多个目标函数进行优化。因此, 必须同时对多个目标进行均衡考虑。目前, 有关多目标排序的论文多达几千篇, Lee 等 (1993), Hoogeveen (2005), T'kindt 等 (2006) 综述了大量的研究成果。

在多目标排序中, 假设有 $k\geqslant 2$ 个需要最小化的目标函数 $f^{(1)},f^{(2)},\cdots,f^{(k)}$, 可行排序 π 的目标向量记为 $(f^{(1)}(\pi),f^{(2)}(\pi),\cdots,f^{(k)}(\pi))$。若不存在其他可行排序 σ, 使得 $(f^{(1)}(\sigma),f^{(2)}(\sigma),\cdots,f^{(k)}(\sigma))\leqslant(f^{(1)}(\pi),f^{(2)}(\pi),\cdots,f^{(k)}(\pi))$ 并且 $(f^{(1)}(\sigma),f^{(2)}(\sigma),\cdots,f^{(k)}(\sigma))\neq(f^{(1)}(\pi),f^{(2)}(\pi),\cdots,f^{(k)}(\pi))$, 就称 π 是一个 Pareto 最优排序, 并称 $(f^{(1)}(\pi),f^{(2)}(\pi),\cdots,f^{(k)}(\pi))$ 为对应于 π 的 Pareto 最优点。针对 k 个目标函数 $f^{(1)},f^{(2)},\cdots,f^{(k)}$, 多目标排序的四个模型可以表示如下。

(1) $\alpha|\beta|\mathrm{Lex}(f^{(1)},f^{(2)},\cdots,f^{(k)})$ (分层目标优化排序模型)

“分层目标优化排序模型” 在实际应用中适用于多个目标的重要性程度有明显区别的情形; 此时人们将目标按照重要性程度先后排列, 而最优排序必须首先使得第一

目标 $f^{(1)}$ 达到最优, 在此前提下使得第二目标 $f^{(2)}$ 达到最优, 并依次类推。

(2) $\alpha|\beta|f^{(1)}: f^{(i)} \leqslant Q_i, 2 \leqslant i \leqslant k$ (约束目标优化排序模型)

"约束目标优化排序模型" 在实际应用中适用于多个辅助目标被限制为不超过费用预算的情形, 即在 $f^{(i)} \leqslant Q_i$ 的前提下寻求最优排序使得目标 $f^{(1)}$ 达到最优。

(3) $\alpha|\beta|\lambda_1 f^{(1)} + \lambda_2 f^{(2)} + \cdots + \lambda_k f^{(k)}$ (正组合目标优化排序模型)

"正组合目标优化排序模型" 在实际应用中适用于多个目标的权重在整体费用目标中的比例可以预测的情形, 最优排序将使得多个目标的加权和达到最优。

(4) $\alpha|\beta|\#(f^{(1)}, f^{(2)}, \cdots, f^{(k)})$(Pareto 最优化排序模型)

"Pareto 最优化排序模型" 在实际应用中适用于多个目标的重要性及权重不可区分的情形; 当生成所有 Pareto 最优点后, 管理者可依据实际需求选择理想作业。通常, Pareto 最优点的数目是有限的。当工件允许中断或拆分时, 那么 Pareto 最优点的数目可能变成无限多个。Hoogeveen (1996) 称包含所有 Pareto 最优点的曲线为**均衡曲线**。

Pareto 最优化排序, 也称为折衷排序, 具有理论难度大而应用性强的特点。当排序目标给定时, Pareto 最优化排序模型的求解会蕴含其他三个模型的求解, 而其他三个模型的求解也对 Pareto 最优化排序的求解构成支持, 有时甚至起着不可或缺的作用。此外, 前三个模型也分别有独立的应用背景, 而且在多数情形下, 相比 Pareto 最优化排序模型的求解, 前三个模型的直接求解在时间计算复杂性上会更为有效。因此, 多目标排序研究具有重要的理论意义和广阔的应用前景。

在实际应用中, 两个目标的排序问题最为常见, 因而文献中也以双目标排序的研究居多。此时, 对两个目标 f 和 g 而言, 上述四个模型可以分别表示为: $\alpha|\beta|\text{Lex}(f, g)$, $\alpha|\beta|f: g \leqslant Q$, $\alpha|\beta|\lambda_1 f + \lambda_2 g$ 和 $\alpha|\beta|\#(f, g)$。为了方便叙述, 我们将关于两个目标 f 和 g 的上述四个模型统一记为 $\alpha|\beta|(f, g)$。

对问题 $1|\bar{d}_j|\sum C_j$ (与 $1||\sum C_j : L_{\max} \leqslant 0$ 等价), Smith (1955) 给出了一个 $O(n\log n)$ 时间的最优算法。该算法每次选择最长的可排工件排在最后位置。Hoogeveen 等 (1995) 首次对折衷排序 $1||\#(\sum C_j, f_{\max})$ 给出了多项式时间算法。Hoogeveen (1996) 研究了问题 $1||\#(f_{\max}^{(1)}, f_{\max}^{(2)}, \cdots, f_{\max}^{(m)})$, 对一般情形给出了强 NP-困难性证明, 对 $m = 2, 3$ 的情形给出了多项式时间算法。后人的工作中大量沿用了两篇文献 (Hoogeveen et al., 1995; Hoogeveen, 1996) 的基本研究方法。Huo 等 (2007) 证明问题 $1||\sum C_j : \sum U_j \leqslant Q$ 和 $1||\sum T_j : \sum U_j \leqslant Q$ 是一般 NP-困难的。

在近 30 年来, 也出现了很多新的双目标排序模型, 例如加工时间可控排序、工件可拒绝排序、重新排序和多代理排序等。特别地, 多代理排序也是一种新型的多目标排序。在该模型中多个竞争的代理使用共同的机器对各自的工件进行加工, 每个代理都有一个目标函数仅仅对应各自的工件。Agnetis 等 (2014) 的专著对该领域的研究进行了全面的综述。

1.4 求解多目标排序问题的常用方法

1.4.1 最优算法设计

在实际应用中，两个目标的排序问题最为常见，文献中也以双目标排序的研究居多。因此，在这里只考虑双目标排序问题。显然，对于问题 $\alpha|\beta|f:g\leqslant Q$ 和 $\alpha|\beta|\lambda_1 f+\lambda_2 g$，可以把它们看成一个新的单目标排序问题来求解。对于问题 $\alpha|\beta|\mathrm{Lex}(f,g)$，可以先求出单目标问题 $\alpha|\beta|f$ 的最优解 f^*，剩下的问题就可以转化为 $\alpha|\beta|g:f\leqslant f^*$，也可以看成一个单目标问题来求解。这里主要介绍的问题是 Pareto 优化问题 $\alpha|\beta|\#(f,g)$，下面给出求 $\alpha|\beta|\#(f,g)$ 的 Pareto 最优排序的两种典型方法。

1. ϵ-约束方法

该方法的求解步骤如下：

(1) 解分层优化问题 $\alpha|\beta|\mathrm{Lex}(f,g)$，产生第 1 个 Pareto 最优序 σ_1 及对应的第 1 个 Pareto 最优点 $(x^1,y^1)=(f(\sigma_1),g(\sigma_1))$。

(2) 如果第 i 个 Pareto 最优序 σ_i 及它对应的 Pareto 最优点 (x^i,y^i) 已求出，则解约束问题 $\alpha|\beta|f:g<y^i$(如果 g 取整数，则解约束问题 $\alpha|\beta|f:g\leqslant y^i-1$)。

(3) 如果上述约束问题无解，则得到所有的 Pareto 最优序 $\sigma_1,\sigma_2,\cdots,\sigma_i$，算法停止。否则，假设它的最优值为 x^{i+1}，然后解约束问题 $\alpha|\beta|g:f\leqslant x^{i+1}$，得到最优值 y^{i+1}，从而得到它的第 $i+1$ 个 Pareto 最优序 σ_{i+1}，以及它所对应的第 $i+1$ 个 Pareto 最优点 $(x^{i+1},y^{i+1})=(f(\sigma_{i+1}),g(\sigma_{i+1}))$；置 $i:=i+1$，并转到 (2)。

为了利用 ϵ-约束方法，必须能同时解决两个约束问题 $\alpha|\beta|g:f\leqslant x$ 与 $\alpha|\beta|f:g\leqslant y$。对这两个问题，如果只有其中的一个可有效解决，比如 $\alpha|\beta|f:g\leqslant y$，那么 ϵ-约束方法不再有效。但是只要对它进行一些修改，仍可解决问题 $\alpha|\beta|\#(f,g)$。这就是所谓的单边枚举法。

2. 单边枚举法

不失一般性，下面假设 $\alpha|\beta|f:g\leqslant y$ 可有效解决，该方法的求解步骤如下：

(1) 解问题 $\alpha|\beta|f$，得到最优序 π_1 及点 $(x^1,y^1)=(f(\pi_1),g(\pi_1))$。

(2) 如果第 i 个点 (x^i,y^i) 已求出，则解约束问题 $\alpha|\beta|f:g<y^i$ (如果 g 取整数，则解约束问题 $\alpha|\beta|f:g\leqslant y^i-1$)。

(3) 如果上述约束问题无解，则转到 (4)。否则，假设它的最优序为 π^{i+1} 及对应的 Pareto 最优点 $(x^{i+1},y^{i+1})=(f(\pi_{i+1}),g(\pi_{i+1}))$；置 $i:=i+1$，并转到 (2)。

(4) 删除所有的弱 Pareto 最优点，剩余的点即全部的 Pareto 最优点，算法结束。

注 ①仅当 Pareto 最优点的个数有限时，这种算法才有效。

②利用这种算法, 迭代次数可能大大增加。因此, 使用这种方法时, 常常会结合一些技巧, 例如二分法等。

1.4.2　NP-困难性证明

注意到, 前三种模型 $\alpha|\beta|\text{Lex}(f,g)$, $\alpha|\beta|f:g \leqslant Q$ 和 $\alpha|\beta|\lambda_1 f+\lambda_2 g$ 都可以看成一个单目标排序问题。因此, 要证明这类问题是 NP-困难的, 方法和之前的单目标排序问题是一样的, 都是通过把划分问题、3-划分问题等已知的 NP-完全问题任意实例多项式归结 (转化) 为该问题的一个具体实例。显然, 如果前三个问题中的任何一个是 NP-困难的, 则对应的 Pareto 优化排序问题 $\alpha|\beta|\#(f,g)$ 也是 NP-困难的。除此之外, 对问题 $\alpha|\beta|\#(f,g)$ 来说, 如果可以构造一个特殊的实例使得对应的 Pareto 最优点 (极点) 个数为指数个或者拟多项式个, 则此问题 $\alpha|\beta|\#(f,g)$ 也是 NP-困难的。

1.4.3　近似算法和在线算法设计

由于前三种模型都可以看作单目标排序问题, 因此它们的近似算法或者在线算法和单目标排序问题是相似的。本节主要考虑 Pareto 优化排序问题 $\alpha|\beta|\#(f,g)$。Chakrabarti 等 (1996) 提出了 Pareto 优化排序问题 $\alpha|\beta|\#(f,g)$ 中的近似算法概念。设 f^* 和 g^* 分别为单目标排序问题 $\alpha|\beta|f$ 和 $\alpha|\beta|g$ 的最优值, 假设近似算法 A 输入的目标值分别为 f^A 和 g^A, 如果对所有的实例, 都有 $f^A \leqslant \rho_1 f^*$ 和 $g^A \leqslant \rho_2 g^*$, 则称算法 A 是问题 $\alpha|\beta|\#(f,g)$ 的一个 (ρ_1,ρ_2)-近似算法。

如果问题 $\alpha||C_{\max}$ 和 $\alpha||\sum w_jC_j$ 都是多项式时间可解的。Chakrabarti 等 (1996) 找到了一种方法构造问题 $\alpha||\#\left(C_{\max}, \sum w_jC_j\right)$ 的 $(2,2)$-近似算法, Torng 等 (1999) 研究了问题 $1|r_j|\#\left(C_{\max}, \sum w_jC_j\right)$。对于每一个 $\rho \in [0,1]$, 他们给出了一个 $\left(1+\rho, \dfrac{e^\rho}{e^\rho-1}\right)$-近似算法。Eck 等 (1993) 考虑了问题 $P2||\text{Lex}\left(\sum C_j, C_{\max}\right)$, 他们找到了一个近似解。在关于目标函数 $\sum C_j$ 最优的条件下, $C_{\max}$ 不超过最优的最大完工时间的 $\dfrac{28}{27}$ 倍。他们也进一步将 Graham(1966) 对问题 $Pm||C_{\max}$ 的 $\left(2-\dfrac{1}{m}\right)$-近似算法与 Kawaguchi 等 (1986) 对问题 $Pm||\sum w_jC_j$ 的 $\dfrac{\sqrt{2}+1}{2}$-近似算法相结合, 得到了问题 $Pm||\#(C_{\max}, \sum w_jC_j)$ 的一个 $\left(2-\dfrac{1}{m}, \dfrac{\sqrt{2}+1}{2}\right)$-近似算法。

对于多个目标的在线排序问题, 相关的研究成果并不多。如果算法 A 也是一个在线算法使得 $f^A \leqslant \rho_1 f^*$ 和 $g^A \leqslant \rho_2 g^*$, 则称在线算法 A 的竞争比为 (ρ_1,ρ_2)。进一步, 如果没有其他竞争比为 (ρ_1',ρ_2') 的在线算法 A' 满足 $(\rho_1',\rho_2') \leqslant (\rho_1,\rho_2)$ 并且 $\rho_1' < \rho_1$ 或者 $\rho_2' < \rho_2$, 则称竞争比为 (ρ_1,ρ_2) 的在线算法 A 是非支配的。而如果

一个在线算法 A 是非支配, 也称 A 对于最小化 f_1 和 f_2 来说是一个最好可能的在线折衷排序算法。对于排序问题 $1|\text{online}, r_j|\#\left(C_{\max}, \sum w_jC_j\right)$, Ma 等 (2013) 给出了非支配的竞争比为 $\left(1+\alpha, 1+\dfrac{1}{\alpha}\right)$ 的在线算法, 这里 $0<\alpha\leqslant 1$。对于排序问题 $1|\text{online}, r_j|\#(C_{\max}, D_{\max})$, Liu 等 (2016) 给出了非支配的竞争比为 $\left(1+\alpha, 1+\dfrac{1}{\alpha}\right)$ 的在线算法, 其中 $0<\alpha\leqslant\dfrac{\sqrt{5}+1}{2}$。

参考文献

AGNETIS A, BILLAUT J C, GAWIEJNOWICZ S, et al, 2014. Multiagent scheduling: Models and algorithms[M]. Berlin: Springer.

BAKER K R, 1974. Introduction to sequencing and scheduling[M]. New York: Wiley.

BAKER K R, TRIETSCH D, 2009. Principles of sequencing and scheduling[M]. New York: Wiley.

BLAZEWICZ J, ECKER K H, PESCH E, et al, 2007. Handbook on scheduling: from theory to applications[M]. New York: Springer.

BRUCKER P, 2001. Scheduling algorithms[M]. Berlin: Springer.

CHAKRABARTI S, PHILLIPS C A, SCHULZ A S, et al, 1996. Improved scheduling algorithms for minsum criteria[C]//In: Meyer auf der Heide, F. Monien, B. (Eds.), Lecture Notes in Computer Science, 1099: 646-657.

COBHAM J, 1964. The intrinsic computational difficulty of functions[C]//Proceedings of the 1964, Congress for Logic, Mathematics and the Philosophy of Science, Amsterdam, North Holland.

DU J Z, LEUNG J Y T, 1990. Minimizing total tardiness on one machine is NP-hard[J]. Mathematics of Operations Research, 15: 483-495.

ECK B T, PINEDO M L, 1993. On the minimization of the makespan subject to flowtime optimality[J]. Operations Research, 41: 797-801.

EDMONDS J, 1965. Paths, trees and flowers[J]. Canadian Journal of Mathematics, 17: 449-467.

GAREY M R, JOHNSON D S, 1979. Computers and intractability: a guide to the theory of NP-completeness[M]. San Francisco: Freeman & Company.

GONZALEZ T, SAHNI S, 1976. Open shop scheduling to minimize finish time[J]. Journal of the ACM, 23: 665-679.

GRAHAM R L, 1966. Bounds for certain multiprocessing anomalies[J]. Bell System Technical Journal, 45: 1563-1581.

GRAHAM R L, 1969. Bounds for multiprocessing anomalies[J]. SIAM Journal on Applied Mathematics, 17: 416-429.

GRAHAM R L, LAWLER E L, LENSTRA J K, et al, 1979. Optimization and approximation in deterministic sequencing and scheduling: a survey[J]. Annals of Discrete Mathematics, 5: 169-231.

HOOGEVEEN J A, VAN DE VELDE S L, 1995. Minimizing total completion time and maximum cost simultaneously is solvable in polynomial time[J]. Operations Research Letters, 17: 205-208.

HOOGEVEEN J A, 1996. Single machine scheduling to minimize a function of two or three maximum cost criteria[J]. Journal of Algorithms, 21: 415-433.

HOOGEVEEN H, 2005. Multicriteria scheduling[J]. European Journal of Operational Research, 167: 592-623.

HUO Y M, LEUNG J Y T, ZHAO H R, 2007. Complexity of two-dual criteria scheduling problems[J]. Operations Research Letters, 35: 211-220.

JACKSON J R, 1955. Scheduling a production line to minimize maximum tardiness[R]// Research Report 43, Management Science Research Project, University of California, Los Angeles.

JOHNSON S M, 1954. Optimal two- and three-stage production schedules with set-up times included[J]. Naval Research Logistics Quarterly, 1: 61-68.

KARP R M, 1972. Reducibility among combinatorial problems[C]//Complexity of computer computations (Proc. Sympos., IBM Thomas J. Watson Res. Center, Yorktown Heights, N.Y.), Plenum, New York, 85-103.

KAWAGUCHI T, KYAN S, 1986. Worst case bound of an LRF schedule for the mean weighted flow time problem[J]. SIAM Journal on Computing, 15: 1119-1129.

LAWLER E L, 1973. Optimal sequencing a single machine subject to precedence constraints[J]. Management Science, 19: 544-546.

LAWLER E L, 1977. A pseudopolynomial algorithm for sequencing jobs to minimize total tardiness[J]. Annals of Discrete Mathematics, 1: 331-342.

LAWLER E L, 1982. A fully polynomial time approximation scheme for the total tardiness problem[J]. Operations Research Letters, 1: 207-208.

LEE C Y, UZSOY R, MARTIN-VEGA L A, 1992. Efficient algorithms for scheduling semiconductor burn-in operations[J]. Operations Research, 40: 764-775.

LEE C Y, VAIRAKTARAKIS G L, 1993. Complexity of single machine hierarchical scheduling: A survey[C]//in: P.M. Pardalos (Ed.), Complexity in Numerical Optimization, World Scientific Publishing Co., New Jersey, USA, 269-298.

LIU Q J, YUAN J J, 2016. Online tradeoff scheduling on a single machine to minimize makespan and maximum lateness[J]. Journal of Combinatorial Optimization, 32: 385-395.

MA R, YUAN J J, 2013. Online tradeoff scheduling on a single machine to minimize makespan and total weighted completion time[J]. International Journal of Production Economics, 158: 114-119.

MOORE J M, 1968. An n job, one machine sequencing algorithm for minimizing the number of late jobs[J]. Management Science, 15: 102-109.

MUTH J F, THOMPSON G L, 1963. Industrial scheduling[M]. New Jersey: Prentice Hall.

PINEDO M, 2005. Planning and scheduling in manufacturing and services[M]. New York: Springer-Verlag.

PINEDO M, 1995. Scheduling theory, algorithms and systems[M]. 5th ed. New York: Springer-Verlag.

SAHNI S, 1976. Algorithms for scheduling independent tasks[J]. Journal of the ACM, 23: 116-127.

SMITH W E, 1955. Various optimizers for single-stage production[J]. Naval Research Logistics Quarterly, 3: 59-66.

T'KINDT V, BILLAUT J C, 2006. Multicriteria scheduling: theory, models and algorithms[M]. 2nd ed. Berlin: Springer.

TORNG E, UTHAISOMBUT P, 1999. Lower bounds for srpt-subsequence algorithms for nonpreemptive scheduling[C]//In: Proceedings of the 10th ACM-SIAM Symposium on Discrete Algorithms, 973-974.

陈荣秋, 1987. 排序的理论与方法 [M]. 武汉：华中科技大学出版社.

林诒勋, 1997. 动态规划与序贯最优化 [M]. 开封：河南大学出版社.

唐国春, 张峰, 刘丽丽, 2003. 现代排序论 [M]. 上海：上海科学普及出版社.

唐恒永, 赵传立, 2002. 排序引论 [M]. 北京：科学出版社.

万国华, 2019. 排序与调度的理论、模型和算法 [M]. 北京：清华大学出版社.

越民义, 韩继业, 1975. n 个零件在 m 台机床上的加工顺序问题 [J]. 中国科学, 5: 462-470.

越民义, 2001. 组合优化导论 [M]. 杭州：浙江科学技术出版社.

第 2 章 单机多目标排序

单机双目标排序是多目标排序文献中研究最多的方向。Lee 等 (1993), Hoogeveen (2005), T'kindt 等 (2006) 已经综述了大量的研究成果。在 2.1 节中, 考虑了排序问题 $1|\text{GDD}|\sum(E_i+T_i)$ 和 $1|\text{ADD}|\sum(E_i+T_i)$, 并且证明了这两个问题都是强 NP-困难的。该部分内容来自于 Gao 等 (2015) 的论文以及高园 (2018) 的博士论文。在 2.2 节中, 考虑了问题 $1|\sigma[J_j]\leqslant k_j,\text{prec}|\#(f_{\max},g_{\max})$, 其中 "$\sigma[J_j]\leqslant k_j$" 表示工件的位置限制。对于该问题, 给出了一个 $O(n^4)$ 时间的最优算法。该部分内容来自 Gao 等 (2017) 的论文。在 2.3 节, 考虑了在线问题 $1|\text{online},r_j|(C_{\max},D_{\max})$, 并给出了非支配的竞争比为 $\left(1+\alpha,1+\dfrac{1}{\alpha}\right)$ 的在线算法, 其中 $0<\alpha\leqslant\dfrac{\sqrt{5}+1}{2}$。该部分内容来自于 Liu 等 (2016) 的论文以及刘其佳 (2015) 的博士论文。

2.1 问题 $1|\text{GDD}|\sum(E_i+T_i)$ 和 $1|\text{ADD}|\sum(E_i+T_i)$ 的计算复杂性

2.1.1 引言

本节研究了问题 $1|\text{GDD}|\sum(E_i+T_i)$ 和问题 $1|\text{ADD}|\sum(E_i+T_i)$ 的计算复杂性, 并证明了两个问题都是强 NP-困难的。在广义截止日期 (generalized due dates, GDD) 假设下的排序问题由 Hall (1986) 首次提出并进行研究。在 GDD 排序模型中, 有 n 个工件 $J_1,J_2,\cdots,J_n$, 它们的加工时间分别为 $p_1,p_2,\cdots,p_n$。此外, 还有 n 个与工件无关的工期 $d_{[1]},d_{[2]},\cdots,d_{[n]}$, 它们的大小满足关系式 $d_{[1]}\leqslant d_{[2]}\leqslant\cdots\leqslant d_{[n]}$。对给定的排序 π, 用 $C_j(\pi)$ 表示工件 J_j 在排序 π 中的完工时间。首先, 将 n 个工件排成一个顺序为 $J_{\pi(1)},J_{\pi(2)},\cdots,J_{\pi(n)}$, 使得 $C_{\pi(1)}(\pi)\leqslant C_{\pi(2)}(\pi)\leqslant\cdots\leqslant C_{\pi(n)}(\pi)$, 也就是说, $J_{\pi(i)}$ 是排序 π 中第 i 个完工的工件; 然后, 将工期 $d_{[i]}$ 分配给工件 $J_{\pi(i)}$。因此, 工件 $J_{\pi(i)}$ 在排序 π 中与工期有关的指标可以由 $C_{\pi(i)}(\pi)$ 和 $d_{[i]}$ 进行计算。

Qi 等 (2002) 研究了广义形式的可分配工期 (assignable due dates, ADD) 模型,

在这个模型中, 工期在分配时没有限制, 也就是说, n 个工期在分配给 n 个工件的时候是相互独立的。注意到, GDD 假设是 ADD 假设的一种特殊情形。正如文献 (Hall, 1986) 中描述的那样, GDD 假设下的排序问题的研究主要源于其在公用事业规划、调查设计和柔性制造中的应用。Qi 等 (2002) 指出, ADD 假设比 GDD 假设在某些应用中更加灵活。此外, 他们还给出了 ADD 假设下的排序在航空公司中的一个应用。

本节采用文献 (Qi et al., 2002) 中的问题描述。在 ADD 假设下, n 个预先给出的工期 $d_1, d_2, \cdots, d_n$ 可独立分配给 n 个工件 $J_1, J_2, \cdots, J_n$。对于单机上的排序 π, 用 $d_{\pi[i]}$ 来表示分配给第 i 个加工的工件 $J_{\pi(i)}$ 的工期, 从而在排序 π 中, 工件 $J_{\pi(i)}$ 与工期有关的指标可以通过 $C_{\pi(i)}(\pi)$ 和 $d_{\pi[i]}$ 来计算。注意到, GDD 假设是 ADD 假设的一个特殊情形。对于 GDD 假设下的每个排序 π, 都有 $d_{\pi[i]} = d_{[i]}$, $1 \leqslant i \leqslant n$。

对于单机上 n 个工件 $J_1, J_2, \cdots, J_n$ 的排序 π, 分别用 $E_{\pi(i)}(\pi) = \max\{d_{\pi[i]} - C_{\pi(i)}(\pi),\ 0\}$ 和 $T_{\pi(i)}(\pi) = \max\{C_{\pi(i)}(\pi) - d_{\pi[i]},\ 0\}$ 来表示工件 $J_{\pi(i)}$ 在排序 π 中的提前完工时间和误工时间。因此, 排序 π 的总提前完工时间和误工时间可以表示为

$$\sum_{1\leqslant i\leqslant n} (E_i(\pi) + T_i(\pi)) = \sum_{1\leqslant i\leqslant n} (E_{\pi(i)}(\pi) + T_{\pi(i)}(\pi)) = \sum_{1\leqslant i\leqslant n} |C_{\pi(i)}(\pi) - d_{\pi[i]}|$$

根据三参数表示法, 可用 $1|\text{GDD}|\sum(E_i + T_i)$ 表示 GDD 假设下最小化总提前完工时间和误工时间的单机排序问题, 用 $1|\text{ADD}|\sum(E_i + T_i)$ 表示 ADD 假设下最小化总提前完工时间和误工时间的单机排序问题。

由文献 (Qi et al., 2002) 可知, 对于问题 $1|\text{ADD}|\sum(E_i + T_i)$, 存在一个最优排序使得 n 个工件的工期按照 EDD 规则进行分配。因此, GDD 分配下的一个最优解在 ADD 分配下也是最优的。正如文献 (Hall et al., 1991) 中所描述的, 问题 $1|d_i = d|\sum(E_i+T_i)$ 是一般 NP-困难的。由于问题 $1|d_i = d|\sum(E_i+T_i)$ 是 $1|\text{GDD}|\sum(E_i+T_i)$ 和 $1|\text{ADD}|\sum(E_i + T_i)$ 这两个问题的特殊情形, 因此 $1|\text{GDD}|\sum(E_i + T_i)$ 和 $1|\text{ADD}|\sum(E_i + T_i)$ 这两个问题也是一般 NP-困难的。

Qi 等 (2002) 指出了 $1|\text{GDD}|\sum(E_i + T_i)$ 和 $1|\text{ADD}|\sum(E_i + T_i)$ 这两个问题的精确复杂性 (强 NP-困难性或拟多项式时间可解) 仍是未解的, 因此研究这两个问题的确切复杂性是有意义的。本节证明了排序问题 $1|\text{GDD}|\sum(E_i + T_i)$ 和 $1|\text{ADD}|\sum(E_i + T_i)$ 都是强 NP-困难的。实际上, 使用 3-划分问题进行归结证明了一个更强的结论, 即两个问题都是常数界不可近似的。

2.1.2 强 NP-困难性证明

本节利用强 NP-完全的 3-划分问题 (Garey et al., 1979) 进行归结来证明排序问

题 $1|\text{GDD}|\sum(E_i+T_i)$ 和 $1|\text{ADD}|\sum(E_i+T_i)$ 都是常数界不可近似的, 也就是说, 对任意的正数 $k>0$, 除非 $P=\text{NP}$, 这两个问题都不存在 k-近似算法。下面首先介绍 3-划分问题。

问题 2.1　3-划分问题。给定 $3t+1$ 个正整数 $\{a_1,a_2,\cdots,a_{3t};B\}$, 满足 $\sum_{i=1}^{3t}a_i=tB$, 并且对每个 $i=1,2,\cdots,3t$, $\frac{B}{4}<a_i<\frac{B}{2}$, 是否可以将指标集合 $\{1,2,\cdots,3t\}$ 划分成 t 个不交的子集 A_j 使得对所有的 $j=1,2,\cdots,t$, 都有 $|A_j|=3$ 和 $\sum_{i\in A_j}a_i=B$?

定理 2.1　排序问题 $1|\text{GDD}|\sum(E_i+T_i)$ 是常数界不可近似的, 因此, 排序问题 $1|\text{ADD}|\sum(E_i+T_i)$ 也是常数界不可近似的。

证明　(反证法)。不妨假设, 存在某个正整数 k 使得问题 $1|\text{GDD}|\sum(E_i+T_i)$ 有一个 k-近似算法 H。给定 3-划分问题的一个实例 $(a_1,a_2,\cdots,a_{3t};B)$, 构造问题 $1|\text{GDD}|\sum(E_i+T_i)$ 的判定形式的一个工件实例 I 如下:

(1) 有 $n=3t+2t^2B=(3+h)t$ 个工件 $J_1,J_2,\cdots,J_n$, 其中 $h=2tB$。

(2) 前 $3t$ 个工件称为正常工件, 加工时间定义为

$$p_i=a_i, i=1,2,\cdots,3t$$

(3) 接下来的 ht 个工件称为限制工件, 加工时间定义为

$$p_i=4ktB, i=3t+1,3t+2,\cdots,n$$

(4) 待分配的 n 个工期 $d_{[1]},d_{[2]},\cdots,d_{[n]}$ 定义为

$$d_{[(j-1)(h+3)+1]}=d_{[(j-1)(h+3)+2]}=d_{[(j-1)(h+3)+3]}=(j-1)(4kht+1)B+B, 1\leqslant j\leqslant t$$

和

$$d_{[(j-1)(h+3)+3+i]}=(j-1)(4kht+1)B+B+4ktBi, 1\leqslant j\leqslant t,\ 1\leqslant i\leqslant h$$

(5) 门槛值 $Y=ktB$。

上面的构造可以在拟多项式时间内完成。由 $d_{[i]}$ 的定义, 有 $d_{[1]}\leqslant d_{[2]}\leqslant\cdots\leqslant d_{[n]}$。首先分别用 $\mathcal{N}$ 表示 $3t$ 个正常工件的集合, 并用 $\mathcal{R}$ 表示 $n-3t=ht$ 个限制工件的集合, 然后将 $\mathcal{R}$ 划分成 t 个相同规模的子集 $\mathcal{R}_1,\mathcal{R}_2,\cdots,\mathcal{R}_t$ 使得

$$\mathcal{R}_j=\{J_i:3t+(j-1)h+1\leqslant i\leqslant 3t+jh\},\ j=1,2,\cdots,t$$

注意到, 每个 $\mathcal{R}_j$ 恰好包含 h 个限制工件, 假设 3-划分实例有解, 那么指标集合

$\{1,2,\cdots,3t\}$ 存在一个划分 $(A_1,A_2,\cdots,A_t)$ 使得 $|A_j|=3$ 且 $\sum\limits_{i\in A_j} a_i = B$ 对所有的 $j=1,2,\cdots,t$ 都是成立的。通过令 $\mathcal{N}_j=\{J_i : i\in A_j\}$, $j=1,2,\cdots,t$, 得到 $3t$ 个正常工件的一个划分 $\mathcal{N}_1,\mathcal{N}_2,\cdots,\mathcal{N}_t$ 使得每个 $\mathcal{N}_j$ 刚好包含三个总加工时间为 B 的工件。接下来, 构造一个可行排序 π: n 个工件从 0 时刻开始, 按照顺序 $\mathcal{N}_1\prec\mathcal{R}_1\prec\mathcal{N}_2\prec\mathcal{R}_2\prec\cdots\prec\mathcal{N}_t\prec\mathcal{R}_t$ 连续进行加工, 并且每个 $\mathcal{N}_j$ 中的三个工件按照 LPT 规则进行加工。图 2.1 展示了排序 π 的结构。

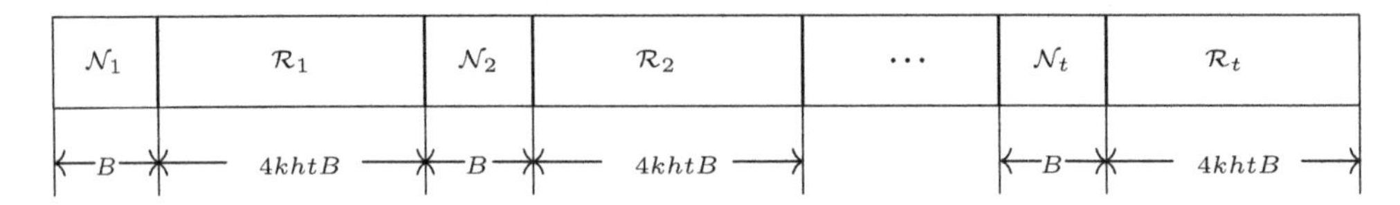

图 2.1 定理 2.1 中的排序 π

对每个 $j=1,2,\cdots,t$, $\mathcal{N}_j$ 中的三个工件在排序 π 中都被分配了一个相同的工期 $(j-1)(4kht+1)B+B$, 并且这三个工件在时间区间 $[(j-1)(4kht+1)B,\ (j-1)(4kht+1)B+B]$ 内进行加工。由于 $\mathcal{N}_j$ 中的三个工件是按照 LPT 规则进行加工的, 因此 $\mathcal{N}_j$ 中第一个加工工件的提前完工时间至多为 $2B/3$, 第二个加工工件的提前完工时间至多为 $B/3$, 以及第三个加工工件的提前完工时间为 0。这意味着 $\sum\limits_{J_i\in\mathcal{N}_j}(E_i(\pi)+T_i(\pi))\leqslant B$。注意到, 在排序 π 中, 每个限制工件都刚好在分配给它的工期时刻完工。因此, 有 $\sum\limits_{i=1}^{n}(E_i(\pi)+T_i(\pi))=\sum\limits_{j=1}^{t}\sum\limits_{J_i\in\mathcal{N}_j}(E_i(\pi)+T_i(\pi))\leqslant tB=Y/k$。由此, 可以得出下面的命题。

命题 1 如果 3-划分实例有解, 那么实例 I 存在一个可行排序 π 使得 $\sum\limits_{i=1}^{n}(E_i(\pi)+T_i(\pi))\leqslant Y/k$。

对命题 1 的证明。若用 $\mathrm{H}(I)$ 表示算法 H 求解实例 I 得到的目标值, 并用 $\mathrm{OPT}(I)$ 表示实例 I 的最优值, 由于 H 是一个 k-近似的算法, 因此 $\mathrm{H}(I)\leqslant k\cdot\mathrm{OPT}(I)$。下面对 $\mathrm{H}(I)$ 的值分以下两种情形进行讨论。

(1) 如果 $\mathrm{H}(I)>Y$, 那么 $\mathrm{OPT}(I)\geqslant\mathrm{H}(I)/k>Y/k$。因此, 对实例 I 的任意一个可行排序 σ, 都有 $\sum\limits_{i=1}^{n}(E_i(\sigma)+T_i(\sigma))\geqslant\mathrm{OPT}(I)>Y/k$。由命题 2.1, 可以得出 3-划分实例无解。

(2) 如果 $\mathrm{H}(I)\leqslant Y$, 下面证明 3-划分实例有解。令 π 是算法 H 求解实例 I 得到

的排序, 则 $\sum_{i=1}^{n}(E_i(\pi)+T_i(\pi)) \leqslant Y$。由于所有的限制工件有相同的加工时间, 不妨假设这些限制工件在排序 π 中的加工顺序为 $J_{3t+1} \prec J_{3t+2} \prec \cdots \prec J_n$。注意到, 在排序 π 中, $J_{\pi(i)}$ 是第 i 个完工的工件。将 n 个工件划分成 $2t$ 个子集 $\mathcal{J}_j^N$ 和 $\mathcal{J}_j^R$, $1 \leqslant j \leqslant t$, 使得 $\mathcal{J}_j^N = \{J_{\pi(i)} : i = (j-1)(h+3)+1, (j-1)(h+3)+2, (j-1)(h+3)+3\}$ 和 $\mathcal{J}_j^R = \{J_{\pi((j-1)(h+3)+3+i)} : 1 \leqslant i \leqslant h\}$。注意到, $|\mathcal{J}_j^N| = 3$, $|\mathcal{J}_j^R| = h$, 以及所有工件在排序 π 中是按照顺序 $\mathcal{J}_1^N \prec \mathcal{J}_1^R \prec \mathcal{J}_2^N \prec \mathcal{J}_2^R \prec \cdots \prec \mathcal{J}_t^N \prec \mathcal{J}_t^R$ 进行加工。命题 1 得证。 □

命题 2　对每个 $j = 1, 2, \cdots, t$, $\mathcal{J}_j^N$ 中的三个工件都是正常工件且 $\mathcal{J}_j^R$ 中的 h 个工件都是限制工件。

对命题 2 的证明。如有可能, 不妨令 j 是使得命题 2 中的结论不成立的最小值。那么, 对每个 $k \in \{1, 2, \cdots, j-1\}$, $\mathcal{J}_k^N$ 中的三个工件都是正常工件且 $\mathcal{J}_k^R$ 中的 h 个工件都是限制工件。因此, 恰好有 $(j-1)h$ 个限制工件在 $\mathcal{J}_j^N$ 中的工件加工之前完工。这就意味着, $\mathcal{J}_j^N$ 中工件的开工时间至少是 $(j-1)h \times 4ktB = 4(j-1)khtB$。

注意到, 在排序 π 中, 对每个 $i \in \{1, 2, \cdots, n\}$, 工期 $d_{[i]}$ 被分配给第 i 个完工的工件 $J_{\pi(i)}$。由于 $\mathcal{J}_j^N = \{J_{\pi(i)} : i = (j-1)(h+3)+1, (j-1)(h+3)+2, (j-1)(h+3)+3\}$, 再根据工期的定义, 易知 $\mathcal{J}_j^N$ 中的三个工件具有相同的工期 $d^{(j)} = (j-1)(4kht+1)B + B$。如果存在某个工件 $J \in \mathcal{J}_j^N$ 是限制工件, 那么工件 J 的完工时间至少是 $4(j-1)khtB + 4ktB$。这就意味着, 工件 J 的误工时间至少是 $4(j-1)khtB + 4ktB - d^{(j)} > ktB = Y$, 这与 π 的选择相矛盾。因此, $\mathcal{J}_j^N$ 中的三个工件都是正常工件。

根据 j 的选择, $\mathcal{J}_j^R$ 至少包含一个正常工件, 不妨设为 $J_{\pi((j-1)(h+3)+3+i)}$, $1 \leqslant i \leqslant h$。注意到, $d_{[(j-1)(h+3)+3+i]} = (j-1)(4kht+1)B + B + 4ktBi$。为了保证工件 $J_{\pi((j-1)(h+3)+3+i)}$ 的提前完工时间不超过 $Y = ktB$, 应该有

$$C_{\pi((j-1)(h+3)+3+i)}(\pi) \geqslant (j-1)(4kht+1)B + B + 4ktBi - ktB$$

在排序 π 中, 因为至少有 $h-i+1+(t-j)h$ 个限制工件是在工件 $J_{\pi((j-1)(h+3)+3+i)}$ 之后才进行加工的, 所以有

$$C_{\pi(n)} \geqslant C_{\pi((j-1)(h+3)+3+i)}(\pi) + (h-i+1+(t-j)h) \times 4ktB > d_{[n]} + ktB = d_{[n]} + Y$$

因此, 在排序 π 中, 最后一个加工的工件的误工时间是大于 Y 的, 这与 π 的选择相矛盾。命题 2 得证。 □

命题 3　$\mathcal{J}_t^N$ 中最后一个加工的工件 $J_{\pi((t-1)(h+3)+3)}$ 是在 $4kht(t-1)B + tB$ 时刻完工的, 因此, 在排序 π 中, 时间区间 $[0, 4kht(t-1)B + tB]$ 上没有空闲时间。

对命题 3 的证明。由命题 2 可知, 在排序 π 中, 所有的正常工件和恰好 $(t-1)h$ 个限制工件在时间 $C_{\pi((t-1)(h+3)+3)}(\pi)$ 之前已经完工。因此, 可得

$$C_{\pi((t-1)(h+3)+3)}(\pi) \geqslant tB + (t-1)h \times 4ktB = 4kht(t-1)B + tB$$

注意到, 分配给 $\mathcal{J}_t^R$ 中的第 i 个加工的工件的工期是

$$d_{[(t-1)(h+3)+3+i]} = (t-1)(4kht+1)B + B + 4ktBi,\ 1 \leqslant i \leqslant h$$

如果 $C_{\pi((t-1)(h+3)+3)}(\pi) \geqslant 4kht(t-1)B + tB + 1$, 那么在排序 π 中, $\mathcal{J}_t^R$ 中第 i 个加工的工件的完工时间至少是 $4kht(t-1)B + tB + 4ktBi + 1$, 这大于分配给它的工期, $1 \leqslant i \leqslant h$。这意味着, $\mathcal{J}_t^R$ 中的 h 个工件的总误工时间至少是 $h = 2ktB > Y$, 这与 π 的选择相矛盾。因此, 有 $C_{\pi((t-1)(h+3)+3)}(\pi) = 4kht(t-1)B + tB$。上面的证明也进一步意味着, 在排序 π 中, 时间区间 $[0, 4kht(t-1)B + tB]$ 中没有空闲时间。命题 3 得证。 □

命题 4 对每个 $j = 1, 2, \cdots, t-1$, $\mathcal{J}_j^R$ 中第一个加工的工件是在 $(j-1)\ (4kht + 1)B + B$ 时刻开工, 且 $\mathcal{J}_j^R$ 中最后一个加工的工件是在 $j(4kht+1)B$ 时刻完工。

对命题 4 的证明。由命题 3 可知, 在排序 π 中, $\mathcal{J}_j^R$ 中的所有工件在加工时没有空闲时间。注意到, $\mathcal{J}_j^R$ 中的第 i 个加工的工件被分配的工期是 $d_{[(j-1)(h+3)+3+i]} = (j-1)(4kht+1)B + B + 4ktBi$, $1 \leqslant i \leqslant h$。如果在排序 π 中, $\mathcal{J}_j^R$ 中的第一个加工工件的开工时间小于 $(j-1)(4kht+1)B + B$, 那么对每个 $i \in \{1, 2, \cdots, h\}$, $\mathcal{J}_j^R$ 中的第 i 个加工工件的完工时间小于分配给它的工期。因此, $\mathcal{J}_j^R$ 中的 h 个工件的总提前完工时间至少是 $h = 2ktB > Y$, 这与 π 的选择相矛盾。如果在排序 π 中, $\mathcal{J}_j^R$ 中的第一个加工工件的开工时间大于 $(j-1)(4kht+1)B + B$, 那么对每个 $i \in \{1, 2, \cdots, h\}$, $\mathcal{J}_j^R$ 中的第 i 个加工工件的完工时间大于分配给它的工期。因此, $\mathcal{J}_j^R$ 中的 h 个工件的总误工时间至少是 $h = 2ktB > Y$, 这也与 π 的选择相矛盾。

上面的讨论意味着, 在排序 π 中, $\mathcal{J}_j^R$ 中的第一个加工工件的开工时间是 $(j-1)(4kht+1)B + B$。由于在排序 π 中, $\mathcal{J}_j^R$ 中的 h 个工件是连续进行加工的, 因此 $\mathcal{J}_j^R$ 中的最后一个加工工件的完工时间是 $(j-1)(4kht+1)B + B + 4khtB = j(4kht+1)B$。命题 4 得证。 □

由命题 2～命题 4 可知, 在排序 π 中, 对每个 $j \in \{1, 2, \cdots, t\}$, $\mathcal{J}_j^N$ 中的三个工件是在长度为 B 的时间区间 $[(j-1)(4kht+1)B,\ (j-1)(4kht+1)B + B]$ 上进行加工的。令 $A_j = \{i : J_i \in \mathcal{J}_j^N\}$, $1 \leqslant j \leqslant t$, 可以观察到 $(A_1, A_2, \cdots, A_t)$ 是 3-划分实例的一个解。

上面的讨论意味着, 可以根据 $\mathrm{H}(I)$ 与 Y 的大小关系来判定 3-划分实例是否有解。因此, 3-划分问题可以在拟多项式时间内可解, 这与 3-划分问题是强 NP-完全问题

相矛盾。定理 2.1 得证。 □

根据定理 2.1, 可以得到以下推论。

推论 2.1　排序问题 $1|\text{GDD}|\sum(E_i+T_i)$ 和 $1|\text{ADD}|\sum(E_i+T_i)$ 都是强 NP-困难的。

2.2　工件有位置限制且最小化 $(f_{\max}, g_{\max})$ 的 Pareto 排序问题

2.2.1　引言

本节研究单机上工件有位置限制且最小化 $(f_{\max}, g_{\max})$ 的 Pareto 排序问题。在这个排序模型中, 有 n 个工件 $J_1, J_2, \cdots, J_n$, 每个工件 J_j 都有一个位置指标 $k_j \in \{1, 2, \cdots, n\}$, 其中 k_j 被称为工件 J_j 的位置期限 (due index)。在一个可行排序中, 要求每个工件 J_j 的加工位置至多为 k_j。给定一个包含 n 个工件 $J_1, J_2, \cdots, J_n$ 的排序 σ, 如果工件 J_j 在排序 σ 中是在第 x 个位置上进行加工, 那么就称工件 J_j 在排序 σ 中的加工位置是 x, 并用 $\sigma[J_j]$ 来表示此时的 x。如果排序 σ 满足位置限制条件 $\sigma[J_j] \leqslant k_j$, $j = 1, 2, \cdots, n$, 那么 σ 是一个可行排序。

本节所研究的单机上工件有位置和约束限制最小化两个最大费用函数 $f_{\max}$ 和 $g_{\max}$ 的双指标 Pareto 排序问题, 由排序的三参数法, 其可以表示为

$$1|\sigma[J_j] \leqslant k_j, \text{prec}|\#(f_{\max}, g_{\max})$$

其中, “$\sigma[J_j] \leqslant k_j$” 表示工件的位置限制, “prec” 表示工件的约束限制 (也就是说, $J_i \prec J_j$ 意味着在任意的一个可行排序中, 工件 J_i 必须在工件 J_j 之前进行加工)。

对于问题 $1||\#(f_{\max}, g_{\max})$, Hoogeveen (1996) 给出了一个时间为 $O(n^4)$ 的最优算法。然而, 文献 (Hoogeveen, 1996) 中相关结果的推导存在一个错误。本节首先给出了一种方法去修正文献 (Hoogeveen, 1996) 中的错误; 然后, 通过使用文献 (Hoogeveen, 1996) 和上述修正方法, 证明了问题 $1|\sigma[J_j] \leqslant k_j, \text{prec}|\#(f_{\max}, g_{\max})$ 在 $O(n^4)$ 时间内可解。

2.2.2　Hoogeveen 算法的改进

对于问题 $1||\#(f_{\max}, g_{\max})$, Hoogeveen (1996) 给出了一个时间为 $O(n^4)$ 的最优算法。然而, 文献 (Hoogeveen, 1996) 中对定理 3 的证明存在一个错误。基于假设条件函数 $g_j(t)$ 关于 $t \geqslant 0$ 是非降的, Hoogeveen (1996) 在对定理 3 的证明中写道: 由于

$g_j(C_j(\sigma_a)) = g_{\max}(\sigma_a) \geqslant g_{\max}(\sigma_b) = g_j(C_j(\sigma_b))$, 因此有 $C_j(\sigma_a) \geqslant C_j(\sigma_b)$。但是, 按照数学的逻辑推理, 仅仅根据函数 $g_j(t)$ 关于 t 是非降的这个假设, 不能得出上述结论 $C_j(\sigma_a) \geqslant C_j(\sigma_b)$。然而, 却可以得出下面的引理。

引理 2.1 当函数 $g_j(t)$ 关于 t 是严格递增时, 上述推导确实是有效的。

引理 2.1 意味着, 当函数 $g_j(t)$ 关于 t 是严格递增时, 问题 $1||\#(f_{\max}, g_{\max})$ 由文献 (Hoogeveen, 1996) 中给出的全梯度下降 (full gradient descent, FG) 算法在 $O(n^4)$ 时间内可解。下面给出一个技巧去避开函数 $g_j(t)$ 严格递增性的假设, 首先假设 β 域是任意的。

考虑工件集为 $\{J_1, J_2, \cdots, J_n\}$ 的问题 $1|\beta|\#(f_{\max}, g_{\max})$, 其中对每个 $j = 1, 2, \cdots, n$, 函数 $f_j(t)$ 和 $g_j(t)$ 都是整数取值的, 并且关于 $t \geqslant 0$ 是非减的。通过对每个 $g_j(t)$ 增加一个相同且足够大的正整数, 不妨假设对所有的 $t \geqslant 0$ 和 $j = 1, 2, \cdots, n$, $g_j(t) \geqslant 1$ 都成立。这种处理显然并不影响讨论。假设只考虑所有工件的完工时间都是整数的排序。下面的讨论将会用到以下记号。

(1) L 是一个足够大的整数, 使得对每个合理的排序 σ, 有 $C_{\max}(\sigma) \leqslant L$。对所有工件在 0 时刻都已经到达的这种情形, 不妨定义 $L = p_1 + p_2 + \cdots + p_n$。

(2) $M = L + 1$。定义这样的 M 是为了保证下面引理 2.2 的正确性。

(3) $F_j(t) = f_j(t)$ 和 $G_j(t) = Mg_j(t) + t$。那么函数 $F_j(t)$ 关于 $t \geqslant 0$ 是非减的, 并且函数 $G_j(t)$ 关于 $t \geqslant 0$ 是严格递增的。

(4) 定义一个工件集为 $\{J_1, J_2, \cdots, J_n\}$ 的辅助问题 $1|\beta|\#(F_{\max}, G_{\max})$。

由于问题 $1|\beta|\#(f_{\max}, g_{\max})$ 和 $1|\beta|\#(F_{\max}, G_{\max})$ 定义在相同的工件集 $\{J_1, J_2, \cdots, J_n\}$ 上, 因此这 n 个工件的排序对这两个问题都是适用的。由 M 和函数 $G_j(t)$ 的定义, 首先给出一些引理。

引理 2.2 假设 g', g'', x, y 都是正整数, 其中 $x, y \in \{1, 2, \cdots, L\}$。如果 $Mg' + x \leqslant Mg'' + y$, 那么 $g' \leqslant g''$。此外, 如果 $Mg' + x = Mg'' + y$, 那么 $g' = g''$, $x = y$。

引理 2.3 对每个排序 σ, 存在 $y \in \{1, 2, \cdots, L\}$ 使得 $G_{\max}(\sigma) = Mg_{\max}(\sigma) + y$。

证明 假设存在某个 $y \in \{1, 2, \cdots, L\}$ 使得 $G_{\max}(\sigma) = Mg + y$, 从而只需要证明 $g_{\max}(\sigma) = g$。

令 $i, j \in \{1, 2, \cdots, n\}$ 使得 $G_{\max}(\sigma) = G_i(C_i(\sigma))$, $g_{\max}(\sigma) = g_j(C_j(\sigma))$。因为 $Mg + y = G_{\max}(\sigma) = G_i(C_i(\sigma)) = Mg_i(C_i(\sigma)) + C_i(\sigma)$, 所以 $y = C_i(\sigma)$, $g_i(y) = g$, 因此, $g_{\max}(\sigma) \geqslant g_i(y) = g$。此外, 由于 $G_{\max}(\sigma) \geqslant G_j(C_j(\sigma))$, 有 $Mg + y \geqslant Mg_j(C_j(\sigma)) + C_j(\sigma) = Mg_{\max}(\sigma) + C_j(\sigma)$。由引理 2.2 可得 $g_{\max}(\sigma) \leqslant g$, 由此可得 $g_{\max}(\sigma) = g$。引理 2.3 得证。 □

下面的引理 2.4 揭示了问题 $1|\beta|\#(f_{\max}, g_{\max})$ 和辅助问题 $1|\beta|\#(F_{\max}, G_{\max})$ 之间的关系。

引理 2.4　考虑工件集为 $\{J_1, J_2, \cdots, J_n\}$ 的问题 $1|\beta|\#(f_{\max}, g_{\max})$ 和对应的辅助问题 $1|\beta|\#(F_{\max}, G_{\max})$。如果 (f, g) 是问题 $1|\beta|\#(f_{\max}, g_{\max})$ 的一个 Pareto 最优点, 那么存在某个 $y \in \{1, 2, \cdots, L\}$, 使得 $(f, Mg + y)$ 是辅助问题 $1|\beta|\#(F_{\max}, G_{\max})$ 的一个 Pareto 最优点。

证明　(反证法)。假设 (f, g) 是问题 $1|\beta|\#(f_{\max}, g_{\max})$ 的一个 Pareto 最优点, 并且令 σ 是对应于 (f, g) 的一个 Pareto 最优排序, 那么 $F_{\max}(\sigma) = f_{\max}(\sigma) = f$, $g_{\max}(\sigma) = g$。由引理 2.3, 可得 $G_{\max}(\sigma) = Mg + y^*$, 其中 $y^* \in \{1, 2, \cdots, L\}$。由此得出 $(f, Mg + y^*)$ 是问题 $1|\beta|\#(F_{\max}, G_{\max})$ 的一个目标向量。

假设对每个 $y \in \{1, 2, \cdots, L\}$, $(f, Mg + y)$ 都不是辅助问题 $1|\beta|\#(F_{\max}, G_{\max})$ 的一个 Pareto 最优点, 那么 $(f, Mg + y^*)$ 也不是问题 $1|\beta|\#(F_{\max}, G_{\max})$ 的一个 Pareto 最优点。因此, 问题 $1|\beta|\#(F_{\max}, G_{\max})$ 存在一个 Pareto 最优排序 π 使得 $(F_{\max}(\pi), G_{\max}(\pi)) \leqslant (f, Mg + y^*)$, 并且 $F_{\max}(\pi) < f$ 或者 $F_{\max}(\pi) = f$ 且 $G_{\max}(\pi) < Mg + y^*$。由引理 2.3 可知, $G_{\max}(\pi) = Mg_{\max}(\pi) + y'$, 其中 $y' \in \{1, 2, \cdots, L\}$。由于 $(F_{\max}(\pi), G_{\max}(\pi)) \leqslant (f, Mg + y^*)$, 因此有 $Mg_{\max}(\pi) + y' \leqslant Mg + y^*$。再由引理 2.2 可得 $g_{\max}(\pi) \leqslant g$。

如果 $F_{\max}(\pi) < f$, 那么 $f_{\max}(\pi) = F_{\max}(\pi) < f$, 因此, (f, g) 不是问题 $1|\beta|\#(f_{\max}, g_{\max})$ 的一个 Pareto 最优点。这与假设 (f, g) 是问题 $1|\beta|\#(f_{\max}, g_{\max})$ 的一个 Pareto 最优点相矛盾。由此得出 $F_{\max}(\pi) = f$, $G_{\max}(\pi) < Mg + y^*$。

注意到, 对每个 $y \in \{1, 2, \cdots, L\}$, $(f, Mg+y)$ 都不是辅助问题 $1|\beta|\#(F_{\max}, G_{\max})$ 的一个 Pareto 最优点。再由 $g_{\max}(\pi) \leqslant g$ 和 $G_{\max}(\pi) = Mg_{\max}(\pi) + y'$, 有 $g_{\max}(\pi) < g$。因此, (f, g) 不是问题 $1|\beta|\#(f_{\max}, g_{\max})$ 的一个 Pareto 最优点, 这与假设 (f, g) 是问题 $1|\beta|\#(f_{\max}, g_{\max})$ 的一个 Pareto 最优点相矛盾。引理 2.4 得证。　□

引理 2.4 中的结果意味着, 如果 $\mathcal{P}(F_{\max}, G_{\max}) = \{(f^{(i)}, Mg^{(i)} + y^{(i)}) : 1 \leqslant i \leqslant K\}$ 是辅助问题 $1|\beta|\#(F_{\max}, G_{\max})$ 的所有 Pareto 最优点构成的集合, 那么问题 $1|\beta|\#(f_{\max}, g_{\max})$ 的所有 Pareto 最优点构成的集合 $\mathcal{P}(f_{\max}, g_{\max})$ 是 $\{(f^{(i)}, g^{(i)}) : 1 \leqslant i \leqslant K\}$ 的子集。不妨假设 $f^{(1)} < f^{(2)} < \cdots < f^{(K)}$, 那么 $\mathcal{P}(f_{\max}, g_{\max})$ 可以由 $\{(f^{(i)}, g^{(i)}) : 1 \leqslant i \leqslant K\}$ 在 $O(K)$ 时间内得到。

上面的讨论意味着, 可以通过使用辅助问题 $1|\beta|\#(F_{\max}, G_{\max})$ 的解来求解问题 $1|\beta|\#(f_{\max}, g_{\max})$, 这便修正了文献 (Hoogeveen, 1996) 中求解问题 $1|\beta|\#(f_{\max}, g_{\max})$ 的错误。因此, 问题 $1||\#(f_{\max}, g_{\max})$ 在 $O(n^4)$ 时间内可解。

2.2.3 最小化 $f_{\max}$ 和 $g_{\max}$

本节研究问题 $1|\sigma[J_j]\leqslant k_j,\text{prec}|\#(f_{\max},g_{\max})$。对于问题 $1|\sigma[J_j]\leqslant k_j,\text{prec}|f_{\max}$, Zhao 等 (2017) 给出一个多项式时间算法。下面将该算法进行改进用来求解限制问题 $1|\sigma[J_j]\leqslant k_j,\text{prec}|g_{\max}:f_{\max}\leqslant F$。

算法 2.1 求解工件集为 $\{J_1,J_2,\cdots,J_n\}$ 的问题 $1|\sigma[J_j]\leqslant k_j,\text{prec}|g_{\max}:f_{\max}\leqslant F$。

步骤 1 将 n 个工件排成拓扑序列为 $J_1,J_2,\cdots,J_n$ 使得 $J_i\prec J_j$ 意味着 $i<j$。

步骤 2 令 $\lambda:=n$, $\mathcal{J}:=\{J_1,J_2,\cdots,J_n\}$, $t:=p_1+p_2+\cdots+p_n$。

步骤 3 用 $\mathcal{J}^{(\lambda)}$ 来表示满足下述条件的工件 $J_j\in\mathcal{J}$ 的集合: $k_j\geqslant\lambda$, $f_j(t)\leqslant F$, 并且 J_j 在 $\mathcal{J}$ 中没有后继工件。如果 $\mathcal{J}^{(\lambda)}$ 是空集, 那么该问题没有可行解, 从而终止算法。

步骤 4 确定 $J_k\in\mathcal{J}^{(\lambda)}$ 使得 $g_k(t)=\min\{g_j(t):J_j\in\mathcal{J}^{(\lambda)}\}$。

步骤 5 将工件 J_k 作为第 λ 个工件在区间 $[t-p_k,t]$ 中进行加工。

步骤 6 重置 $\lambda:=\lambda-1$, $\mathcal{J}:=\mathcal{J}\setminus\{J_k\}$, $t:=t-p_k$。

步骤 7 如果 $t>0$, 那么返回步骤 3; 如果 $t=0$, 那么终止算法。

类似于文献 (Zhao et al., 2017) 中对问题 $1|\sigma[J_j]\leqslant k_j,\text{prec}|f_{\max}$ 的讨论, 可以验证下面的引理成立。

引理 2.5 算法 2.1 可以在 $O(n^2)$ 时间内求解问题 $1|\sigma[J_j]\leqslant k_j,\text{prec}|g_{\max}:f_{\max}\leqslant F$。

基于上述讨论, 不妨假设问题 $1|\sigma[J_j]\leqslant k_j,\text{prec}|\#(f_{\max},g_{\max})$ 中的函数 $g_j(t)$ 关于 $t\geqslant 0$ 是严格递增的, 其中 $j\in\{1,2,\cdots,n\}$。我们将工件位置限制和约束限制加入到文献 (Hoogeveen, 1996) 中的算法和讨论中来求解所研究的问题。

给定问题 $1|\sigma[J_j]\leqslant k_j,\text{prec}|\#(f_{\max},g_{\max})$ 的一个工件实例 $\{J_1,J_2,\cdots,J_n\}$, 用 F_0 来表示问题 $1|\sigma[J_j]\leqslant k_j,\text{prec}|f_{\max}$ 的最优值, 那么 F_0 可以由文献 (Zhao et al., 2017) 中给出的算法在 $O(n^2)$ 时间内得到。

假设 $F\geqslant F_0$, 用 σ 来表示使用算法 2.1 求解问题 $1|\sigma[J_j]\leqslant k_j,\text{prec}|g_{\max}:f_{\max}\leqslant F$ 得到的排序, 并且令 J_j 表示一个关键工件使得 $g_j(C_j(\sigma))=g_{\max}(\sigma)$。因为函数 $g_j(\cdot)$ 是严格递增的, 所以只能通过将至少一个在 J_j 之前加工的工件移至 J_j 的后面来减少 $g_{\max}$。因此, 需要通过下面的算法来增加 F。

算法 2.2 为了增加 F 的值。

步骤 1 给定一个由算法 2.1 求解问题 $1|\sigma[J_j]\leqslant k_j,\text{prec}|g_{\max}:f_{\max}\leqslant F$ 得到的排序 σ, 令 Ω 是排序 σ 所有关键工件构成的集合。

步骤 2　对每个工件 $J_j \in \Omega$, 用 $\mathcal{U}_j$ 来表示在工件 J_j 之前加工的满足下述条件的工件 J_i 的集合: $g_i(C_j(\sigma)) < g_{\max}(\sigma)$, $\sigma[J_j] \leqslant k_i$, 并且在排序 σ 中, 工件 J_i 没有后继工件在 J_i 和 J_j 之间进行加工。如果存在某个工件 $J_j \in \Omega$ 使得 $\mathcal{U}_j = \varnothing$, 那么 $g_{\max}(\sigma)$ 不可以再减少, 从而终止算法。

步骤 3　对每个工件 $J_j \in \Omega$, 计算 $\mathcal{F}_j$, 其中 $\mathcal{F}_j = \min\{f_i(C_j(\sigma)) : J_i \in \mathcal{U}_j\}$。

步骤 4　新的上界 F 为 $\max\{\mathcal{F}_j : J_j \in \Omega\}$。

正如文献 (Hoogeveen, 1996) 中所讨论的那样, 对算法 2.2, 可推出下面的引理。由于需要考虑工件的位置限制和约束限制条件, 下面引理的证明与 Hoogeveen (1996) 中的证明会有一些不同。

引理 2.6　考虑问题 $1|\sigma[J_j] \leqslant k_j, \text{prec}|\#(f_{\max}, g_{\max})$ 的一个 Pareto 最优点 $(\widehat{F}, \widehat{G})$, 用 σ 来表示用算法 2.1 求解问题 $1|\sigma[J_j] \leqslant k_j, \text{prec}|g_{\max} : f_{\max} \leqslant \widehat{F}$ 得到的排序, 令 F 是算法 2.2 作用于 σ 得到的 $f_{\max}$ 新的上界, 那么不存在 Pareto 最优点 $(\widetilde{F}, \widetilde{G})$ 使得 $\widehat{F} < \widetilde{F} < F$。

证明　(反证法)。假设存在一个 Pareto 最优点 $(\widetilde{F}, \widetilde{G})$ 使得 $\widehat{F} < \widetilde{F} < F$, 用 π 来表示用算法 2.1 求解问题 $1|\sigma[J_j] \leqslant k_j, \text{prec}|g_{\max} : f_{\max} \leqslant \widetilde{F}$ 得到的排序。令 J_j 是排序 σ 中的关键工件使得 $F = \mathcal{F}_j$, 由于 $\widetilde{F} > \widehat{F}$, 有 $\widetilde{G} < \widehat{G}$。这意味着 $C_j(\pi) < C_j(\sigma)$。因此, 可以挑选一个在排序 σ 中是在工件 J_j 之前进行加工, 而在排序 π 中是在工件 J_j 之后进行加工的工件 J_i 使得 $C_i(\pi)$ 越大越好。这意味着 $C_i(\pi) \geqslant C_j(\sigma)$, $\sigma[J_j] \leqslant k_i$, 并且在排序 σ 中, 工件 J_i 没有后继工件在工件 J_i 和 J_j 之间进行加工。由于 $g_{\max}(\sigma) = \widehat{G} > \widetilde{G} \geqslant g_i(C_i(\pi)) \geqslant g_i(C_j(\sigma))$, 有 $J_i \in \mathcal{U}_j$, 那么 $\widetilde{F} < F = \mathcal{F}_j \leqslant f_i(C_j(\sigma)) \leqslant f_i(C_i(\pi)) \leqslant \widetilde{F}$。显然这个结果是矛盾的。引理 2.6 得证。 □

现在可以用下面的算法来求解问题 $1|\sigma[J_j] \leqslant k_j, \text{prec}|\#(f_{\max}, g_{\max})$。

算法 2.3　求解工件集为 $\{J_1, J_2, \cdots, J_n\}$ 的问题 $1|\sigma[J_j] \leqslant k_j, \text{prec}|\#(f_{\max}, g_{\max})$。

步骤 1　分别用 F^* 和 G^* 来表示求解问题 $1|\sigma[J_j] \leqslant k_j, \text{prec}|f_{\max}$ 和 $1|\psi[J_j] \leqslant k_j, \text{prec}|g_{\max}$ 得到的最优值。令 $F := F^*$, $\mathcal{P} := \varnothing$, $k := 0$。

步骤 2　令 $\sigma^{(k)}$ 是算法 2.1 求解问题 $1|\sigma[J_j] \leqslant k_j, \text{prec}|g_{\max} : f_{\max} \leqslant F$ 得到的排序, 然后区分下面两种情形。

(1) 如果 $(f_{\max}(\sigma^{(k)}), g_{\max}(\sigma^{(k)}))$ 不能被 $\mathcal{P}$ 中的 Pareto 最优点所支配, 那么令 $\mathcal{P} := \mathcal{P} \bigcup \{(f_{\max}(\sigma^{(k)}), g_{\max}(\sigma^{(k)}))\}$, $k := k + 1$。

(2) 如果 $g_{\max}(\sigma^{(k)}) = G^*$, 那么转到步骤 4。

步骤 3　通过将算法 2.2 运用到排序 $\sigma^{(k-1)}$ 中, 可以得到 F 的一个新上界, 然后返回到步骤 2。

步骤 4 输出所有 Pareto 最优点构成的集合 $\mathcal{P}$。

令 $\sigma^{(0)},\sigma^{(1)},\cdots,\sigma^{(K)}$ 是算法 2.3 依次产生的排序, 则问题 $1|\sigma[J_j]\leqslant k_j,\text{prec}|\#(f_{\max},g_{\max})$ 至多有 $K+1$ 个 Pareto 最优点。给定一个排序 $\sigma\in\{\sigma^{(0)},\sigma^{(1)},\cdots,\sigma^{(K-1)}\}$, 若存在一对工件指标 (i,j) 满足下述条件, 则称其为排序 σ 的一个改善对。

①工件 J_j 是排序 σ 中的一个关键工件 (也就是说, $g_j(C_j(\sigma))=g_{\max}(\sigma)$);

②在满足①的前提下, $\mathcal{F}_j$ 是最大值;

③工件 $J_i\in\mathcal{U}_j$ 使得 $f_i(C_j(\sigma))=\mathcal{F}_j$。

由算法 2.2 的执行规则, 每个排序 $\sigma\in\{\sigma^{(0)},\sigma^{(1)},\cdots,\sigma^{(K-1)}\}$ 至少有一个改善对。对于问题 $1||\#(f_{\max},g_{\max})$, Hoogeveen (1996) 证明了对每两个不同的工件指标 i 和 j, (i,j) 和 (j,i) 中至多有一个是 $\{\sigma^{(0)},\sigma^{(1)},\cdots,\sigma^{(K-1)}\}$ 中某个排序的改善对, 并且这些排序的改善对都是不相同的。这意味着 $K\leqslant\dfrac{n(n-1)}{2}$。因此, 问题 $1||\#(f_{\max},g_{\max})$ 在 $O(n^4)$ 时间内可解。

令人惊讶的是, 不需要改变任何一个字, Hoogeveen (1996) 中关于改善对的讨论对我们所研究的问题 $1|\sigma[J_j]\leqslant k_j,\text{prec}|\#(f_{\max},g_{\max})$ 仍然是有效的。因此, 问题 $1|\sigma[J_j]\leqslant k_j,\text{prec}|\#(f_{\max},g_{\max})$ 在 $O(n^4)$ 时间内可解。

上面的讨论基于一个很强的假设, 即对所有的 $j\in\{1,2,\cdots,n\}$, 函数 $g_j(t)$ 关于 $t\geqslant 0$ 是严格递增的。上述讨论能够避免这种很强的假设, 并且得到最终的结果如下。

定理 2.2 问题 $1|\sigma[J_j]\leqslant k_j,\text{prec}|\#(f_{\max},g_{\max})$ 在 $O(n^4)$ 时间内可解, 其中函数 $f_j(t)$ 和 $g_j(t)$ 关于 $t\geqslant 0$ 是非减的, $j\in\{1,2,\cdots,n\}$。

2.3 最小化 $(C_{\max},D_{\max})$的在线 Pareto 最优化排序问题

2.3.1 引言

本节研究了单台机器上最小化 $(C_{\max},D_{\max})$ 的在线 Pareto 排序问题。该问题具体描述如下: 有一台机器以及 n 个工件 $J_1,J_2,\cdots,J_n$ 和充分多的运输车辆, 工件按时间逐步到达。每个工件 J_j 有一个加工时间 p_j, 一个运输时间 q_j 和一个到达时间 r_j。工件的相关信息只有在工件到达时才能获知, 如 q_j 和 p_j。因为有充足的运输车辆, 一旦一个工件 J_j 在机器上加工完成, 可以立刻用运输车辆将其运往目的地, 而机器和目的地之间所花费的运输时间为 q_j, 工件在加工的过程中是不允许中断的。在给定的排序中, 用 C_j 表示工件 J_j 在机器上的完工时间, 用 $D_j=C_j+q_j$ 表示 J_j 被送到目的地的时间。所研究的目标函数是同时最小化最大完工时间 $C_{\max}=\max\limits_{1\leqslant j\leqslant n}C_j$ 和最大

运输完成时间 $D_{\max} = \max\{D_j : 1 \leqslant j \leqslant n\}$。根据三参数表示法, 上述在线排序模型可以记为

$$1|\text{online}, r_j|\#(C_{\max}, D_{\max})$$

本章中在线折衷排序的概念由 Ma 等 (2013) 首先提出。对于最小化两个给定的目标 (f_1, f_2) 的在线排序问题, 如果一个在线算法 A 对于最小化 f_1 问题是 ρ_1 竞争的, 同时对于最小化 f_2 问题是 ρ_2 竞争的, 就称在线算法 A 是 (ρ_1, ρ_2)-竞争的。在这个定义中, 可以知道 ρ_1 是在线算法 A 对于最小化 f_1 问题的竞争比, ρ_2 是在线算法 A 对于最小化 f_2 问题的竞争比, 因而称在线算法 A 有一个折衷竞争比 (ρ_1, ρ_2)。如果没有其他竞争比为 (ρ_1', ρ_2') 的在线算法 A' 满足 $(\rho_1', \rho_2') \leqslant (\rho_1, \rho_2)$ 并且 $\rho_1' < \rho_1$ 或者 $\rho_2' < \rho_2$, 则称竞争比为 (ρ_1, ρ_2) 的在线算法 A 是非支配的。而如果一个在线算法 A 是非支配的, 也称 A 对于最小化 f_1 和 f_2 来说是一个最好可能的在线折衷排序算法。对于问题 $1|\text{online}, r_j|\#(C_{\max}, \sum w_j C_j)$, Ma 等 (2013) 给出了最好可能的在线算法, 其竞争比为 $\left(1+\alpha, 1+\dfrac{1}{\alpha}\right)$, 其中 $0 < \alpha < 1$。

2.3.2 节将给出一个在线算法并定义一些记号。2.3.3 节将分析及证明该在线算法的竞争比是 $\left(\rho, 1+\dfrac{1}{\rho}\right)$, 其中 $1 \leqslant \rho \leqslant \dfrac{\sqrt{5}+1}{2}$, 同时证明这个算法是最好可能的在线折衷算法。

2.3.2 在线算法

对于上述问题, 给出一个算法 2.4(在线算法)。该算法是 Hoogeveen 等 (2000) 的算法 D-LDT 的推广。在算法 2.4 中, 有一个变量 ρ 满足 $1 \leqslant \rho \leqslant \dfrac{\sqrt{5}+1}{2}$, 因而可得 $\rho \leqslant 1 + \dfrac{1}{\rho}$。对于一个实例 I, 用 σ 表示由 D-LDT(ρ) 生成的排序。为了简化描述, 定义下面的一些记号:

(1) $s_k(\sigma)$ 表示在排序 σ 中工件 J_k 在机器上的开工时间;

(2) $C_k(\sigma)$ 表示在排序 σ 中工件 J_k 在机器上的完工时刻;

(3) $p(S)$ 表示集合 S 里所有工件的加工时间和;

(4) $U(t)$ 表示在时刻 t, 所有已经到达但是还没有在机器上开始加工的工件的集合, 并称 $U(t)$ 里的工件在时刻 t 是**可用的**;

(5) $a^{(t)}$ 表示时刻 t 之前机器上最后一个空闲时间区间的右端点, 如果 t 之前机器上没有空闲时间, 则定义 $a^{(t)} = 0$;

(6) $A(t)$ 表示所有在时刻 t 已经到达且在 $a^{(t)}$ 时刻及之后加工的工件的集合, 也可以表示成 $A(t) = \{J_j : r_j \leqslant t \text{且} s_j(\sigma) \geqslant a^{(t)}\}$;

(7) $x(t)$ 表示 $U(t)$ 里加工时间最长的工件的标号;

(8) $y(t)$ 表示 $U(t)$ 里运输时间最长的工件的标号。

集合 $U(t)$ 也可以表示为所有在时刻 t 已经到达且将在 t 时刻及之后加工的工件集合, 注意到, $U(t) \subseteq A(t)$ 且 $A(t) \setminus U(t)$ 是所有在时刻 t 之前连续加工的工件的集合。另外, 如果 $p_j > \frac{1}{\rho}p(A(t))$, 则称工件 J_j 在时刻 t 是**大工件**。因为 $\frac{\sqrt{5}-1}{2} \leqslant \frac{1}{\rho} \leqslant 1$, 在任一时刻最多有一个大工件。现在, 算法 2.4 可以表述如下:

算法 2.4　在线算法

步骤 1　在当前时刻 t, 如果机器是空闲的而且 $U(t) \neq \varnothing$, 确定标号 $x(t)$ 和 $y(t)$; 否则, 等待机器空闲且有工件是可用的时刻。

步骤 2　如果时刻 t 没有可用的大工件, 那么在时刻 t 在机器上加工工件 $J_{y(t)}$ 并且转到步骤 1。

步骤 3　如果时刻 t 有可用的大工件, 那么

步骤 3.1　如果 $t + p(U(t)) \geqslant r_{x(t)} + \rho p_{x(t)}$, 则执行以下运算:

步骤 3.1.1　如果 $q_{y(t)} > (\rho - 1)p_{x(t)}$, 则在时刻 t 在机器上加工 $J_{y(t)}$;

步骤 3.1.2　否则, 在时刻 t 在机器上加工 $J_{x(t)}$。

步骤 3.2　如果 $t + p(U(t)) < r_{x(t)} + \rho p_{x(t)}$, 则执行如下运算:

步骤 3.2.1　如果 $J_{x(t)} \neq J_{y(t)}$, 则在时刻 t 在机器上加工 $J_{y(t)}$;

步骤 3.2.2　如果 $J_{x(t)} = J_{y(t)}$ 和 $|U(t)| \geqslant 2$, 在时刻 t 在机器上加工除 $J_{x(t)}$ 之外的任意一个工件;

步骤 3.2.3　如果时刻 t, $J_{x(t)}$ 是唯一一个可用的工件, 那么等待到时刻 $r_{x(t)} + (\rho - 1)p_{x(t)}$ 或者有新工件到达。

步骤 4　回到步骤 1。

算法 2.4 的主旨是尽可能地避免加工一个大工件。也就是说, 只要有条件去加工其他工件, 就加工除大工件之外的工件。

在当前时刻 t, 如果机器是忙碌的或者 $U(t) = \varnothing$, 就除了等待什么也不做。

在当前时刻 t, 如果机器是空闲的而且 $U(t) \neq \varnothing$, 那么当前时刻 t 称为这个算法中的决策时刻。在决策时刻 t, 下面这些情形之一会发生。

(1) 如果在时刻 t 没有可用的大工件, 那么时刻 t 运输时间最大的工件 $J_{y(t)}$ 将会被机器加工。

(2) 如果在时刻 t 有可用的大工件, 那么 $J_{x(t)}$ 是时刻 t 唯一的大工件, 这个时候算法会检测其他的可用工件能否保证机器在时刻 t 和 $r_{x(t)} + \rho p_{x(t)}$ 之间始终是忙碌的。

①如果可以保证机器在时刻 t 和 $r_{x(t)} + \rho p_{x(t)}$ 之间始终是忙碌的, 那么算法进一步

检测 $q_{y(t)}$ 和 $p_{x(t)}$ 的关系：在 $q_{y(t)} > (\rho-1)p_{x(t)}$ 的情形，算法选择在时刻 t 加工 $J_{y(t)}$；相反地，在 $q_{y(t)} \leqslant (\rho-1)p_{x(t)}$ 的情形，算法选择在时刻 t 加工 $J_{x(t)}$。

②如果不能保证机器在时刻 t 和 $r_{x(t)}+\rho p_{x(t)}$ 之间始终是忙碌的，那么算法进一步检测是否有 $J_{x(t)}=J_{y(t)}$：在 $J_{x(t)}\neq J_{y(t)}$ 的情形，算法选择在时刻 t 加工 $J_{y(t)}$；而在 $J_{x(t)}=J_{y(t)}$ 和 $|U(t)|\geqslant 2$ 的情形，算法选择在时刻 t 加工除 $J_{x(t)}=J_{y(t)}$ 之外的任意一个工件；最后在 $J_{x(t)}=J_{y(t)}$ 且 $J_{x(t)}$ 是 $U(t)$ 中唯一工件的情形，算法等待到时刻 $r_{x(t)}+(\rho-1)p_{x(t)}$ 或者是有新的工件到达。注意这种情形也是所有情形中唯一会出现不必要的空闲时间的情形。

下面通过一个实例来进一步解释算法 2.4 是如何运行的。

因为 ρ 是一个变量且 $1\leqslant\rho\leqslant\dfrac{\sqrt{5}+1}{2}$，不妨令 $\rho=\dfrac{5}{4}$。在 0 时刻，工件 J_1 和 J_2 到达，其中 $p_1=1, q_1=1$ 和 $p_2=2, q_2=0$。依据算法 2.4，在 0 时刻，机器是空闲的且 $U(0)=\{J_1,J_2\}\neq\varnothing$，进而可以确定 $x(0)=2$ 和 $y(0)=1$。按照 $A(t)$ 的定义，可知 $A(0)=\{J_1,J_2\}$ 且有 $P(A(0))=3$，则 $\dfrac{4}{5}\cdot 3=\dfrac{1}{\rho}\cdot p(A(0))>p_2>p_1$，即 0 时刻没有大工件。因而此刻执行步骤 2，在 0 时刻加工工件 J_2 (图 2.2)。在时刻 2，工件 J_2 已经完工，立刻被运送，进而有 $C_2=2$ 和 $D_2=C_2+q_2=2$。

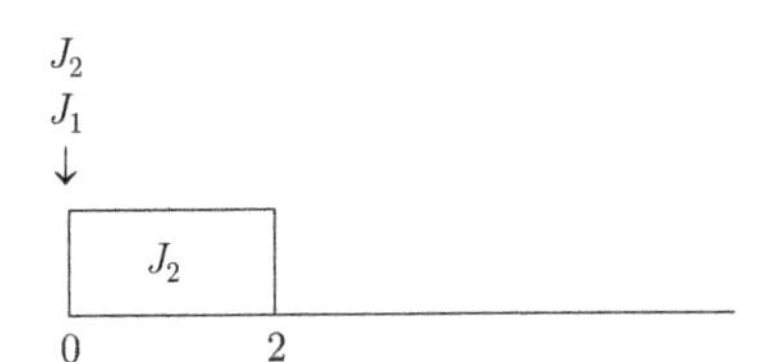

图 2.2　步骤 2 中工件 J_1 和 J_2 的加工过程

在时刻 1，工件 J_3 到达，其中 $p_3=13, q_3=0$。因而在时刻 2，机器是空闲且 $U(2)=\{J_1,J_3\}\neq\varnothing$，确定 $x(2)=3$ 和 $y(2)=1$。而 $A(2)=\{J_1,J_2,J_3\}$ 且 $p(A(2))=p_1+p_2+p_3=16$，则有 $13=p_3>\dfrac{1}{\rho}\cdot p(A(2))=0.8\cdot 16=12.8$，即在时刻 2，$J_3$ 是一个大工件，因而执行步骤 3。这时依据算法的执行，将比较 $t+p(U(t))$ 和 $r_{x(t)}+\rho p_{x(t)}$ 的大小：$t+p(U(t))=2+p(U(2))=2+14=16$ 且 $r_{x(t)}+\rho p_{x(t)}=r_3+\dfrac{5}{4}p_3=17.25$。因而有 $t+p(U(t))<r_{x(t)}+\rho p_{x(t)}$ 成立，且 $J_3\neq J_4$，故在时刻 2 加工工件 J_1 (图 2.3)。在时刻 3，工件 J_1 已经完工，立刻被运送，进而有 $C_1=3$ 和 $D_1=C_1+q_1=4$。

在时刻 3，机器再次空闲且 $U(3)=\{J_3\}\neq\varnothing$，确定 $x(3)=y(3)=3$。而 $A(3)=\{J_1,J_2,J_3\}$ 且 $p(A(3))=p_1+p_2+p_3=16$，则在时刻 3，依旧有 $13=p_3>\dfrac{1}{\rho}\cdot p(A(3))=0.8\cdot 16=12.8$，即在时刻 3，$J_3$ 是一个大工件，因而执行步骤 3。此刻，

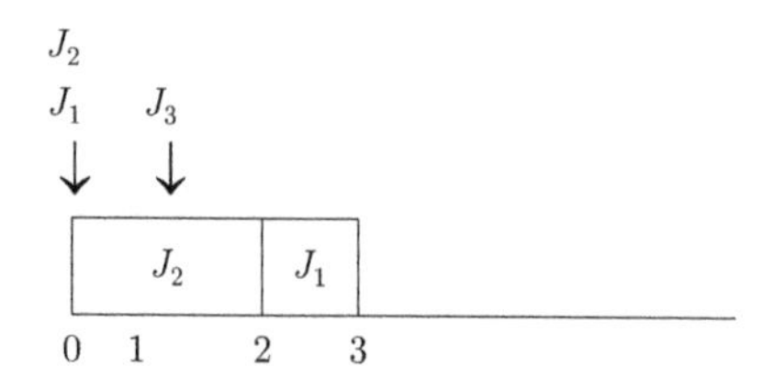

图 2.3 步骤 3 中工件 J_1、J_2 和 J_3 的加工过程

再次比较 $t+p(U(t))$ 和 $r_{x(t)}+\rho p_{x(t)}$ 的大小。注意到 $t+p(U(t)) = 3+p(U(3)) = 3+13 = 16$ 且 $r_{x(t)}+\rho p_{x(t)} = r_3+\dfrac{5}{4}p_3 = 17.25$。因此有 $t+p(U(t)) < r_{x(t)}+\rho p_{x(t)}$ 成立。又因为 $J_{x(3)} = J_{y(3)}$ 且 J_3 是唯一可用的工件。依据算法步骤 3.2.3, 需要等待到时刻 $r_{x(t)}+(\rho-1)p_{x(t)}$ 或者有新工件到达。

之后不再有新工件到达, 因而需要等待到时刻 $r_{x(t)}+(\rho-1)p_{x(t)} = 1+\dfrac{13}{4} = 4.25$。在时刻 4.25 时, $U(4.25) = \{J_3\}$, 确定 $x(4.25) = y(4.25) = 3$。而 $A(4.25) = \{J_3\}$ 且 $p(A(4.25)) = 13$, 依旧有 $13 = p_3 > \dfrac{1}{\rho}\cdot p(A(4.25))$, 即在时刻 4.25 时, J_3 是一个大工件, 因而执行步骤 3。此刻, 再次比较 $t+p(U(t))$ 和 $r_{x(t)}+\rho p_{x(t)}$ 的大小。注意到 $t+p(U(t)) = 4.25+p(U(4.25)) = 4.25+13 = 17.25$ 且 $r_{x(t)}+\rho p_{x(t)} = r_3+\dfrac{5}{4}p_3 = 17.25$。这样 $t+p(U(t)) \geqslant r_{x(t)}+\rho p_{x(t)}$, 且 $q_{y(4.25)} = q_3 \leqslant \left(\dfrac{5}{4}-1\right)p_{x(4.25)}$, 则依据算法步骤 3.1.2, 在时刻 4.25, 加工工件 J_3 (图 2.4)。在时刻 17.25, 工件 J_3 已经完工, 立刻被运送, 进而有 $C_3 = 17.25$ 和 $D_3 = C_3+q_3 = 17.25$。依据算法执行, 得到该实例最终的目标函数值: $C_{\max} = \max\{C_1, C_2, C_3\} = C_3 = 17.25$ 和 $D_{\max} = \max\{D_1, D_2, D_3\} = D_3 = 17.25$。

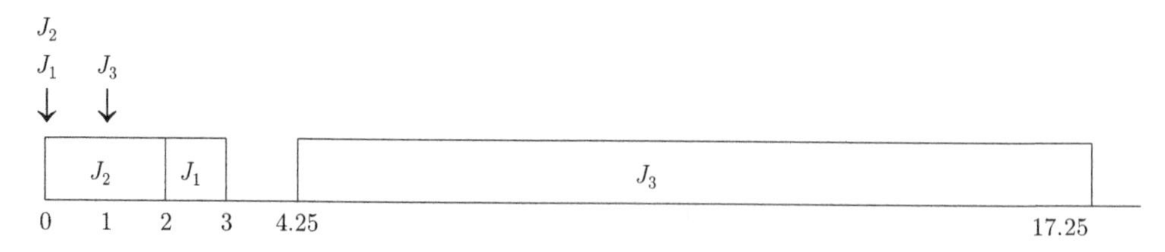

图 2.4 步骤 3.1.2 中工件 J_1、J_2 和 J_3 的加工过程

2.3.3 算法竞争比的分析

给定实例 I, 令 $\sigma = \sigma(I)$ 是算法 2.4 生成的排序。令 $C_{\max}(\sigma)$ 和 $D_{\max}(\sigma)$ 分别表示排序 σ 的最大完工时间和最大运输完工时间, $C^*_{\max}$ 和 $D^*_{\max}$ 分别表示排序问题 $1|r_j|C_{\max}$ 和 $1|r_j|D_{\max}$ 的最优目标值, π_L 是 $1|r_j|D_{\max}$ 的最优排序, 显然, 有

$C^*_{\max} \leqslant C_{\max}(\pi_L) \leqslant D^*_{\max}$。令 J_l 是排序 σ 中第一个达到最大运输完工时间的工件, 也就是说 $D_{\max}(\sigma) = D_l(\sigma)$。接下来对于排序 $1|\text{online}, r_j|\#(C_{\max}, D_{\max})$, 证明算法 2.4 是最好可能的在线折衷排序, 其竞争比是 $\left(\rho, 1+\dfrac{1}{\rho}\right)$, 其中 $1 \leqslant \rho \leqslant \dfrac{\sqrt{5}+1}{2}$。

引理 2.7　如果 $\rho = 1$, 那么算法 2.4 的竞争比为 $(1, 2)$。

证明　注意到在任一时刻 t 且 $U(t) \neq \varnothing$, 始终有 $p_{x(t)} \leqslant p(B(t))$。因为 $\rho = 1$, 在算法 D-LDT(ρ) 中不会有大工件出现。因而算法 D-LDT(ρ) 只会执行步骤 1 和步骤 2, 进而算法不会产生不必要的空闲时间。因此, 有 $C_{\max}(\sigma) = C^*_{\max}$。另外, $D_{\max}(\sigma) = D_l(\sigma) = C_l(\sigma) + q_l \leqslant 2D^*_{\max}$。引理 2.7 得证。 □

接下来考虑 $1 < \rho \leqslant \dfrac{\sqrt{5}+1}{2}$ 的情形。不失一般性, 令 J_1 是实例 I 中第一个到达的工件, 在排序 σ 中一个块表示连续加工的一组工件集合。对于排序 σ 中的每一个块 B, 用 $S_B(\sigma)$ 和 $C_B(\sigma)$ 来分别表示 B 中第一个工件的开工时刻和最后一个工件的完工时刻。

引理 2.8　如果 $1 < \rho \leqslant \dfrac{\sqrt{5}+1}{2}$, 那么有 $C_{\max}(\sigma) \leqslant \rho C^*_{\max}$。

证明　因为 J_1 是第一个到达的工件, 故有 $s_1(\sigma) = \min\{r_1 + (\rho-1)p_1, r_2\}$, 其中 r_2 是实例 I 中第二个到达工件的到达时间。现在讨论以下两种情形:

(1) 排序 σ 中只包含一个块 B。如果 J_1 在排序 π_C 中被排在第一个加工, 那么有 $C_{\max}(\sigma) \leqslant r_1 + (\rho-1)p_1 + p(B)$ 并且 $C^*_{\max} \geqslant r_1 + p(B)$, 因而得到 $C_{\max}(\sigma) \leqslant \rho C^*_{\max}$。如果 J_1 在排序 π_C 中不是被排在第一个加工, 那么排序 π_C 中第一个开始加工的工件的开工时间至少是排序 σ 中第一个开工工件的开工时间, 那就意味着 $C_{\max}(\sigma) \leqslant C^*_{\max}$。

(2) 排序 σ 中包含不止一个块。假定 B' 和 B'' 分别是排序 σ 中最后一个块和倒数第二个块, 令 $C_{B''}$ 和 $S_{B'}$ 分别是 B'' 里最后一个工件的完工时刻和 B' 里第一个工件的开工时刻。如果在时刻 t 有可用的工件, $t \in [C_{B''}, S_{B'})$, 那么时刻 t 只有一个可用的工件, 记为 J_j。因为如果 $U(t)$ 里有不止一个可用的工件, 那么算法是不可能在时刻 t 产生空闲时间的。而且注意到 J_j 是时刻 t 的大工件, 因而, 依据步骤 3.2.3, 在时刻 t, 工件 $J_{x(t)}$ 是唯一可用的工件, 需要等待时刻 $r_{x(t)} + (\rho-1)p_{x(t)}$ 或者有新工件到达。因而可得 $S_{B'} = \min\{r_j + (\rho-1)p_j, r_{j+1}\}$, 其中 r_{j+1} 是块 B' 里面第二个到达工件的到达时间。进而推出 $C_{\max}(\sigma) = S_{B'} + p(B') \leqslant r_j + (\rho-1)p_j + p(B')$ 和 $C^*_{\max} \geqslant r_j + p(B')$, 从而就得到了 $C_{\max}(\sigma) \leqslant \rho C^*_{\max}$。

接下来假定在时刻 t 没有可用的工件, $t \in [C_{B''}, S_{B'})$, 那么在时刻 $S_{B'}$ 有不止一个工件到达。由于已知 B' 是排序 σ 中的最后一个块, 从而有 $C_{\max}(\sigma) = S_{B'} + p(B')$。因为块 B' 中最早的到达时间是 $S_{B'}$, 所以 $C^*_{\max} \geqslant S_{B'} + p(B')$, 进而有 $C_{\max}(\sigma) \leqslant C^*_{\max}$。引理 2.8 得证。 □

接下来将证明 $D_{\max}(\sigma) \leqslant \left(1+\frac{1}{\rho}\right)D^*_{\max}$, 其中 $1<\rho\leqslant\frac{\sqrt{5}+1}{2}$。对此将用最小反例法来证明。令 I 是最小可能的反例, 其中 "最小可能" 是指 I 中包含的工件数目最小。现在给出排序 σ 所满足的性质。

引理 2.9 排序 σ 中只包含一个块。

证明 (反证法)。假定排序 σ 中包含不止一个块, 令 B 是包含工件 J_l 的块。

首先, 假定在排序 σ 中块 B 之前至少有一个块。因为算法 2.4 在每一个决策时刻 t 选择集合 $A(t)$ 里面的可用工件去加工, 那些在时刻 $S_B(\sigma)$ 之前完工的工件并不会影响块 B 里的工件的排序。将在时刻 $S_B(\sigma)$ 之前完工的工件从实例 I 中去掉, 从而得到一个新的实例, 而这个新的实例是一个更小的反例, 因为它没有改变 $D_{\max}(\sigma)$ 而且也没有增大 $D^*_{\max}$。这与 I 的定义相矛盾, 因此可以假设 B 是排序 σ 中的第一个块。

因为 I 是一个最小反例, 在 σ 中没有工件是在 J_l 的开工时刻之后到达的。由算法 2.4 可知, 对于集合 $I\setminus B$ 中的所有工件在 J_l 的开工时刻都是可用的。

在排序 σ 中, 令 B' 是紧挨在块 B 之后的块, 那么在排序 σ 中, 每一个时刻 $t\in[C_B(\sigma),S_{B'}(\sigma))$ 是一个空闲时刻, 这是对照着步骤 3.2.3 得到的。注意到算法 D-LDT(ρ) 在时刻 t 且 $|U(t)|\geqslant 2$ 时不会产生空闲时间, 因而, 块 $B'=I\setminus B$ 只包含了一个工件, 并记该工件为 J_i。依据步骤 3.2.3, 在时刻 t, 工件 $J_{x(t)}$ 是唯一可用的工件, 需要等待时刻 $r_{x(t)}+(\rho-1)p_{x(t)}$, 或者有新工件到达。因而可以知道 J_i 在时刻 t 是大工件, 其中 $t\in[C_B(\sigma),S_{B'}(\sigma))$。因为

$$p_i>\frac{1}{\rho}p(A(C_B(\sigma)))$$

和

$$A(C_B(\sigma))=B\bigcup B'=B\bigcup\{J_i\}$$

所以

$$p_i>\frac{1}{\rho}p(A(C_B(\sigma)))=\frac{1}{\rho}(p_i+p(B))$$

即 $p(B)<(\rho-1)p_i$。注意到 J_1 是第一个到达的工件, 它有可能就是 J_i, 则有 $s_1(\sigma)=\min\{r_1+(\rho-1)p_1,r_2\}$, 其中 r_2 是第二个工件的到达时间。因为 $J_l\in B$, 因此有

$$D_{\max}(\sigma)=D_l(\sigma)=C_l(\sigma)+q_l\leqslant C_B(\sigma)+q_l \tag{2.1}$$

如果 J_1 是排序 π_L 中第一个加工的工件, 那么 $D^*_{\max}\geqslant D_1(\pi_L)\geqslant r_1+p_1+q_l>$

$S_B(\sigma)+q_l$。依据式 (2.1), 有 $D_{\max}(\sigma)-D^*_{\max}<C_B(\sigma)-S_B(\sigma)=p(B)<(\rho-1)p_i\leqslant(\rho-1)D^*_{\max}$, 从而 $D_{\max}(\sigma)\leqslant\rho D^*_{\max}\leqslant\left(1+\dfrac{1}{\rho}\right)D^*_{\max}$。这与 I 是一个最小反例矛盾。

如果 J_1 不是排序 π_L 中第一个加工的工件, 那么排序 π_L 中第一个加工工件的开工时刻至少是时刻 $r_2\geqslant S_B(\sigma)$, 则有 $D^*_{\max}\geqslant D_1(\pi_L)>S_B(\sigma)+q_l$, 从而 $D_{\max}(\sigma)-D^*_{\max}<C_B(\sigma)-S_B(\sigma)\leqslant(\rho-1)D^*_{\max}$。这与 I 是一个最小反例矛盾。引理 2.9 得证。 □

引理 2.10　对于每一个 $j>1$, 都有 $p_j\leqslant\dfrac{1}{\rho}p(I)$。

证明　(反证法)。假设存在一个工件 $J_j\in I\setminus\{J_1\}$ 且 $p_j>\dfrac{1}{\rho}p(I)$, 这也说明工件 J_j 在每一个时刻 t, $t\geqslant r_j$, 都是大工件。因此, J_j 在时刻 $t=s_j(\sigma)$ 是一个大工件, 进一步可得

$$\begin{aligned}t+p(U(t))&=S_B(\sigma)+p(A(t)\setminus U(t))+p(U(t))\\&\leqslant r_j+p(A(t))\leqslant r_j+p(I)\\&<r_j+\rho p_j\end{aligned}$$

因而, 有 $s_j(\sigma)<r_j+(\rho-1)p_j$。

注意到在步骤 3.1.1、步骤 3.1.2、步骤 3.2.1 和步骤 3.2.2 中, 只有算法执行步骤 3.1.2 时, 一个大工件才能在时刻 t 被安排到机器上加工。因而在在线算法 2.4 中, 大工件 J_j 的开工时刻不早于 $r_j+(\rho-1)p_j$, 也就是说 $s_j(\sigma)\geqslant r_j+(\rho-1)p_j$, 这与 $s_j(\sigma)<r_j+(\rho-1)p_j$ 相矛盾。引理 2.10 得证。 □

如同文献 (Hoogeveen et al., 2000) 中的一样, 在排序 σ 中, 如果 J_l 之前有工件的运输时间小于 q_l, 则记 J_k 是 J_l 之前最后一个满足运输时间小于 q_l 的加工工件。如果这样的工件 J_k 存在, 令 $G(l)$ 表示排序 σ 中在 J_k 和 J_l 之间的工件的集合, 并且包括 J_l。如果这样的工件 J_k 不存在, 令 $G(l)$ 表示排序 σ 中在 J_l 之前的所有工件的集合, 并且包括 J_l。

注意到 $G(l)$ 中的每一个工件的运输时间大于等于 q_l, 而之前定义的 J_k 称为排序 σ 中的干扰工件。

引理 2.11　排序 σ 中确实存在干扰工件 J_k。

证明　(反证法)。假设排序 σ 中不存在干扰工件, 因为 $G(l)$ 中的每一个工件的运输时间大于等于 q_l, 则有 $D^*_{\max}\geqslant p(G(l))+q_l$。依据算法 2.4, 排序 σ 中第一个被加工工件的开工时刻不晚于 $(\rho-1)p_1$。因为排序 σ 中不存在干扰工件, $G(l)$ 包含了排序 σ 中在 J_l 之前的所有工件的集合, 并且包括 J_l。因而可得

$$D_{\max}(\sigma)=C_l(\sigma)+q_l\leqslant(\rho-1)p_1+p(G(l))+q_l \tag{2.2}$$

而且 $D_{\max}(\sigma)-D^*_{\max}\leqslant(\rho-1)p_1\leqslant(\rho-1)D^*_{\max}$。由式 (2.2) 可得，$D_{\max}(\sigma)\leqslant\rho D^*_{\max}\leqslant\left(1+\dfrac{1}{\rho}\right)D_{\max}(\pi)$，这与 I 是一个最小反例相矛盾。引理 2.11 得证。 □

引理 2.12 $p_k>\dfrac{1}{\rho}p(I)$。

证明 (反证法)。假定 $p_k\leqslant\dfrac{1}{\rho}p(I)$，只要证明了 $D_{\max}(\sigma)\leqslant\left(1+\dfrac{1}{\rho}\right)D^*_{\max}$，这就意味着实例 I 不是一个反例，这与 I 是最小可能的反例相矛盾。已知

$$D_{\max}(\sigma)=C_l+q_l=s_k(\sigma)+p_k+p(G(l))+q_l\leqslant\left(1+\frac{1}{\rho}\right)D^*_{\max} \tag{2.3}$$

因而证明的关键点是确定 $s_k(\sigma)$ 的大小。注意到集合 $G(l)$ 中每一个工件的运输时间至少是 q_k，因此算法 2.4 在时刻 $s_k(\sigma)$ 选择加工 J_k 而不加工 $G(l)$ 里面的工件有以下三种情形存在:

(1) 集合 $G(l)$ 里面的每一个工件的到达时间都大于 $s_k(\sigma)$;

(2) 在时刻 $s_k(\sigma)$，J_k 是一个大工件，而且 $G(l)$ 里面可用的工件的运输时间最多是 $(\rho-1)p_k$，这种情形对应着算法中的步骤 3.1.2;

(3) 在时刻 $s_k(\sigma)$，$G(l)$ 里面有一个可用的大工件 (记为 J_i)，但是算法选择加工 J_k 而不是 J_i，这种情形对应着算法中的步骤 3.2.2。

下面开始逐一分析这三种情形。

对于情形 (1)，已知 $D^*_{\max}\geqslant\min\limits_{J_j\in G(l)}r_j+p(G(l))+q_l>s_k(\sigma)+p(G(l))+q_l$，并且 $D_{\max}(\sigma)=s_k(\sigma)+p_k+p(G(l))+q_l$，那么可得 $D_{\max}(\sigma)-D^*_{\max}<p_k\leqslant\dfrac{1}{\rho}p(I)\leqslant\dfrac{1}{\rho}D^*_{\max}$。因此 $D_{\max}(\sigma)\leqslant\left(1+\dfrac{1}{\rho}\right)D^*_{\max}$，这与 I 是最小反例相矛盾。

对于情形 (2)，可以观察到在时刻 $s_k(\sigma)$，$G(l)$ 中可用的工件的运输时间最多是 $(\rho-1)p_k$ 而且 $q_l\leqslant(\rho-1)p_k$。如果 J_1 不是排序 π_C 中第一个被加工的工件，那排序 π_C 中第一个被加工的工件的开工时间大于等于排序 σ 中第一个被加工的工件的开工时间，则可得 $C_{\max}(\sigma)\leqslant C^*_{\max}$。因此，

$$\begin{aligned}D_{\max}(\sigma)&=D_l(\sigma)=C_l(\sigma)+q_l\leqslant C_{\max}(\sigma)+(\rho-1)p_k\\&\leqslant C^*_{\max}+(\rho-1)p_k\leqslant C_{\max}(\pi_L)+(\rho-1)p_k\\&\leqslant D^*_{\max}+(\rho-1)p_k\leqslant\rho D^*_{\max}\\&\leqslant\left(1+\frac{1}{\rho}\right)D^*_{\max}\end{aligned}$$

这与 I 是最小反例相矛盾。

接下来假定 J_1 是排序 π_C 中第一个被加工的工件。注意到排序 σ 中第一个被加工的工件的开工时间不晚于 $(\rho-1)p_1$, 那么就有 $C_{\max}(\sigma) \leqslant C^*_{\max} + (\rho-1)p_1$。因此, 有

$$\begin{aligned} D_{\max}(\sigma) = D_l(\sigma) = C_l(\sigma) + q_l &\leqslant C_{\max}(\sigma) + (\rho-1)p_k \\ &\leqslant C^*_{\max} + (\rho-1)p_1 + (\rho-1)p_k \\ &\leqslant C_{\max}(\pi_L) + (\rho-1)p_1 + (\rho-1)p_k \\ &\leqslant D^*_{\max} + (\rho-1)(p_1+p_k) \end{aligned}$$

如果 $J_1 \neq J_k$, 那么 $p_1 + p_k \leqslant p(I) \leqslant D^*_{\max}$, 这就意味着 $D_{\max}(\sigma) \leqslant \rho D^*_{\max} \leqslant \left(1+\dfrac{1}{\rho}\right)D^*_{\max}$, 这与 I 是最小反例相矛盾。

如果 $J_1 = J_k$, 有 $D^*_{\max} \geqslant p_k + p(G(l)) + q_l$, 那么 $D_{\max}(\sigma) - D^*_{\max} \leqslant s_k(\sigma)$, 这意味着 $s_k(\sigma) = s_1(\sigma) > (\rho-1)p_1$。因为 $J_1 = J_k$, 在时刻 $s_1(\sigma)$ 是一个大工件, 那么机器应该在 J_1 之前加工其他可用的工件。也就是说, 算法应该在排 J_1 (步骤 3.1.2) 之前执行步骤 3.1.1。令 J_m 是排序 σ 中在时刻 $(\rho-1)p_1$ 之后完工的第一个工件, 令 M 是所有在 $s_m(\sigma)$ 到 $s_1(\sigma)$ 之间加工的工件集合, 因为 M 中的工件均排在 J_1 之前加工, 所以 M 中每一个工件的运输时间大于 $(\rho-1)p_1 > q_l$, 那么 $D^*_{\max} \geqslant p_1 + p(M) + p(G(l)) + q_l$。又因为 $D_{\max}(\sigma) = s_m(\sigma) + p(M) + p_1 + p(G(l)) + q_l$, 就有 $D_{\max}(\sigma) - D^*_{\max} \leqslant s_m(\sigma) \leqslant (\rho-1)p_1 \leqslant (\rho-1)D^*_{\max}$。因此 $D_{\max}(\sigma) \leqslant \rho D^*_{\max} \leqslant \left(1+\dfrac{1}{\rho}\right)D^*_{\max}$, 这与 I 是最小反例相矛盾。

对于情形 (3), 在时刻 $s_k(\sigma)$, 机器加工 J_k 而不是 J_i, 而且 $q_i \geqslant q_l > q_k$。当 $t = s_k(\sigma)$ 时, 有 $s_k(\sigma) + p_k \leqslant s_k(\sigma) + p(A(s_k(\sigma))) \leqslant r_i + (\rho-1)p_i$ (因为 $t + p(U(t)) < r_{x(t)} + \rho p_{x(t)}$), 因此 $D^*_{\max} \geqslant \min_{J_j \in G(l)} r_j + p(G(l)) + q_l = r_i + p(G(l)) + q_l$。因为 $D_{\max}(\sigma) = C_l + q_l = s_k(\sigma) + p_k + p(G(l)) + q_l$, 就有

$$D_{\max}(\sigma) - D^*_{\max} \leqslant s_k(\sigma) + p_k - r_i \leqslant r_i + (\rho-1)p_i - r_i \leqslant (\rho-1)p_i \leqslant (\rho-1)D^*_{\max}$$

从而得到 $D_{\max}(\sigma) \leqslant \rho D^*_{\max} \leqslant \left(1+\dfrac{1}{\rho}\right)D^*_{\max}$, 这与 I 是最小反例相矛盾。引理 2.12 得证。 □

由引理 2.10 和引理 2.12, 可以得出 $J_1 = J_k$。这也意味着对于算法 2.4, 在实例 I 中第一个到达的工件 $J_1 = J_k$ 在每一个时刻都是大工件并且运输时间比 J_l 的运输时间少。

引理 2.13 $q_k > (\rho-1)p_k$。

证明 (反证法)。假定 $q_k \leqslant (\rho-1)p_k$, 这种情况是和引理 2.15 的证明中的情形 (2) 一样的。注意到条件 $p_k \leqslant \dfrac{1}{\rho}p(I)$ 并没有在引理 2.15 中的情形 (2) 中的证明中用到。因

而在条件 $q_k \leqslant (\rho-1)p_k$ 下, 依旧有 $D_{\max}(\sigma) = C_l + q_l = s_k(\sigma) + p_k + p(G(l)) + q_l \leqslant \left(1+\frac{1}{\rho}\right)D^*_{\max}$, 这与 I 是最小反例相矛盾。引理 2.13 得证。 □

引理 2.14 当 $1 < \rho \leqslant \frac{\sqrt{5}+1}{2}$ 时, 有 $D_{\max}(\sigma) \leqslant \left(1+\frac{1}{\rho}\right)D^*_{\max}$。

证明 (反证法)。假定 $D_{\max}(\sigma) > \left(1+\frac{1}{\rho}\right)D^*_{\max}$, 之前已经研究了最小反例 I 的一些性质。令 J_1 是排序 σ 中第一个可用的工件, 依据之前的引理, 有 $p_1 > \frac{1}{\rho}p(I)$, 而且在排序 σ 中 J_1 是排在 J_l 之前最后一个运输时间小于 q_l 的工件。和引理 2.12 的证明类似, 将证明 $D_{\max}(\sigma) = C_l + q_l = s_k(\sigma) + p_k + p(G(l)) + q_l \leqslant \left(1+\frac{1}{\rho}\right)D^*_{\max}$, 这与 I 是最小反例相矛盾, 而证明的关键同样是界定 $s_k(\sigma)$ 的大小。因为 $J_1 = J_k$ 是大工件, 所以有以下两种情形导致算法在时刻 $s_k(\sigma)$ 加工 J_1 而不加工 $G(l)$ 里面的可用工件:

(1) 集合 $G(l)$ 里面的每一个工件的到达时间都大于 $s_k(\sigma)$;

(2) 在时刻 $s_1(\sigma) = s_k(\sigma)$, $J_1 = J_k$ 是一个大工件, 而且 $G(l)$ 里面可用的工件的运输时间最多是 $(\rho-1)p_k$, 这种情形对应着算法中的步骤 3.1.2。

但是依据引理 2.13, 情形 (2) 是不可能出现的, 因此只需要讨论情形 (1)。

而对于情形 (1), 当 $J_i \in G(l)$, 有 $r_i > s_1(\sigma)$, 因此有 $D^*_{\max} > s_1(\sigma) + p(G(l)) + q_l$, 并且 $D_{\max}(\sigma) = s_1(\sigma) + p_1 + p(G(l)) + q_l$, 所以 $D_{\max}(\sigma) - D^*_{\max} < p_1$。

如果 J_1 不是排序 π_C 中第一个被加工的工件, 则排序 π_C 中第一个加工的工件的开工时间至少是 $s_1(\sigma)$, 那么就得到

$$D^*_{\max} \geqslant C_{\max}(\pi_L) \geqslant C^*_{\max} \geqslant C_{\max}(\sigma) \geqslant s_1(\sigma) + p_1 \geqslant (\rho-1)p_1 + p_1 = \rho p_1$$

并且 $p_1 \leqslant \frac{1}{\rho}D^*_{\max}$, 所以 $D_{\max}(\sigma) \leqslant \left(1+\frac{1}{\rho}\right)D^*_{\max}$, 这与 I 是最小反例相矛盾。

如果 J_1 是排序 π_C 中第一个被加工的工件, 有 $D^*_{\max} > p_1 + p(G(l)) + q_l$, 所以

$$D_{\max}(\sigma) - D^*_{\max} \leqslant s_1(\sigma) \leqslant (\rho-1)p_1 \leqslant (\rho-1)D^*_{\max} \leqslant \frac{1}{\rho}D^*_{\max}$$

这与 I 是最小反例相矛盾。引理 2.14 得证。 □

以上的讨论说明对于问题 $1|\text{online}, r_j|\#(C_{\max}, D_{\max})$, 给出的在线算法 2.4 的竞争比是 $\left(\rho, 1+\frac{1}{\rho}\right)$, 其中 ρ 满足 $1 \leqslant \rho \leqslant \frac{\sqrt{5}+1}{2}$。进一步, 可以得到如下引理。

引理 2.15 对于每一个满足 $1 \leqslant \rho \leqslant \frac{\sqrt{5}+1}{2}$ 的 ρ 来说, 不存在一个竞争比为

(α,β) 的在线算法, 使得 $(\alpha,\beta)\leqslant\left(\rho,1+\frac{1}{\rho}\right)$ 和 $\alpha<\rho$ 或者 $\beta<1+\frac{1}{\rho}$。

证明　给定一个在线算法 A, 令 σ 是由在线算法 A 生成的排序, π_L 是排序问题 $1|r_j|D_{\max}$ 的最优排序, π_C 是排序问题 $1|r_j|C_{\max}$ 的最优排序。现在给出下面这个实例。

工件 J_1 在 0 时刻到达, 加工时间为 $p_1=1$, 运输时间为 $q_1=0$, 假定在算法 A 中, 工件 J_1 在时刻 s_1 开工。如果 $s_1>\rho-1$, 那么不再有工件到达。因为在离线最优排序中机器可以在 0 时刻加工工件 J_1, 因此有 $\frac{C_{\max}(\sigma)}{C_{\max}(\pi_C)}>\rho$。

如果 $s_1\leqslant\rho-1$, 那么在时刻 s_1 工件 J_2 到达, 它的加工时间是 $p_2=0$, 运输时间是 $q_2=1$, 则可以得到 $D_{\max}(\sigma)=D_2(\sigma)=s_1+1+1$ 和 $D_{\max}(\pi_L)=D_1(\pi_L)=D_2(\pi_L)=s_1+1$。因为在离线最优排序中机器在时刻 s_1 加工 J_2, 因此, 可得

$$\frac{C_{\max}(\sigma)}{C_{\max}(\pi_C)}\leqslant\rho$$

和

$$\frac{D_{\max}(\sigma)}{D_{\max}(\pi_L)}\geqslant\frac{s_1+2}{s_1+1}=1+\frac{1}{s_1+1}\geqslant1+\frac{1}{\rho}$$

注意到 $\frac{D_{\max}(\sigma)}{D_{\max}(\pi_L)}=1+\frac{1}{\rho}$ 当且仅当 $s_1=\rho-1$, 或者等价地有 $\frac{C_{\max}(\sigma)}{C_{\max}(\pi_C)}=\rho$。引理 2.15 得证。 □

根据上述引理, 可以推出如下的定理。

定理 2.3　对于排序问题 $1|\text{online},r_j|\#(C_{\max},D_{\max})$, 在线算法 D-LDT$(\rho)$ 是一个竞争比为 $\left(\rho,1+\frac{1}{\rho}\right)$ 的最好可能的在线折衷排序算法, 其中 $1\leqslant\rho\leqslant\frac{\sqrt{5}+1}{2}$。

参考文献

GAO Y, YUAN J J, 2015. Unary NP-hardness of minimizing the total deviation with generalized or assignable due dates[J]. Discrete Applied Mathematics, 189: 49-52.

GAO Y, YUAN J J, 2017. Bi-criteria Pareto-scheduling on a single machine with due indices and precedence constraints[J]. Discrete Optimization, 25: 105-119.

GAREY M R, JOHNSON D S, 1979. Computers and intractability: a guide to the theory of NP-completeness[M]. San Francisco: Freeman&company.

HALL N G, 1996. Scheduling problems with generalized due dates[J]. IIE Transactions, 18:220-222.

HALL N G, SETHI S P, SRIKANDARAJAH S, 1991. On the complexity of generalized due date scheduling problems[J]. European Journal of Operational Research, 51(1): 100-109.

HOOGEVEEN H, 2005. Multi-criteria scheduling[J]. European Journal of Operational Research, 167: 592-623.

HOOGEVEEN J A, 1996. Single machine scheduling to minimize a function of two or three maximum cost criteria[J]. Journal of Algorithms, 21: 415-433.

HOOGEVEEN J A, VESTJENS A P A, 2000. A best possible deterministic on-line algorithm for minimizing maximum delivery time on a single machine[J]. SIAM Journal on Discrete Mathematics,13: 56-63.

LEE C Y, VAIRAKTARAKIS G L, 1993. Complexity of single machine hierarchical scheduling: A survey[C]//Complexity in numerical optimization[M]. Hackensack:World Scientific Publishing Company, 269-298.

LIU Q J, YUAN J J, 2016. Online tradeoff scheduling on a single machine to minimize makespan and maximum lateness[J]. Journal of Combinatorial Optimization, 32: 385-395.

MA R, YUAN J J, 2013. Online tradeoff scheduling on a single machine to minimize makespan and total weighted completion time[J]. International Journal of Production Economics, 158: 114-119.

QI X T, YU G, BARD J F, 2002. Single machine scheduling with assignable due dates[J]. Discrete Applied Mathematics, 122: 211-233.

T'KINDT V, BILLAUT J C, 2006. Multi-criteria scheduling: theory, models and algorithms[M]. 2nd ed. Berlin: Springer.

ZHAO Q L, YUAN J J, 2017. Rescheduling to minimize the maximum lateness under the sequence disruptions of original Jobs[J]. Asia-Pacific Journal of Operational Research, 34(5): 1750024.

高园, 2018. 新兴排序问题的计算复杂性研究 [D]. 郑州：郑州大学.

刘其佳, 2015. 带有工件运输的在线排序研究 [D]. 郑州：郑州大学.

第 3 章　单机批加工多目标排序

在经典的排序问题中, 机器一次只能加工一个工件。在一个工件完工之后, 下一个工件才可以安排在机器上加工。在批加工排序中, 可以把若干个工件放在一批中同时在机器上加工。人们广泛研究的批加工模型主要有两种: 一种是平行批; 另一种为继列批。两者主要的区别在于: 一个平行批 B 的加工时间 $p(B)$ 等于该批中最长工件的加工时间, 即 $p(B)=\max\{p_j : J_j \in B\}$; 而一个继列批 B 的加工时间 $p(B)$ 等于该批中所有的加工时间之和, 即 $p(B)=\sum\limits_{J_j\in B} p_j$。除此之外, 每个继列批 B 在加工之前必须有一个安装时间 s。显然, 工件分批加工比工件单个加工速度更快、成本更低。

Lee 等 (1992) 首先提出了平行批排序问题的基本模型。在这个模型中, 在一个批中机器至多同时加工 b 个工件。这种有界的平行批排序模型能够广泛应用在半导体加工的烘烤检验过程中。例如, 一些集成电路 (工件) 被成批地装到一个有容量限制的烤箱中加热以检验它们的受热能力。集成电路在烤箱中被加热直到所有的电路都被烧断, 每个集成电路被烧断的时间 (工件的加工时间) 是不一样的。当一个集成电路被烧断后, 必须等待到所有的集成电路都被烧断。因此, 一个批的加工时间等于批里面最长工件的加工时间, Brucker 等 (1998) 广泛讨论了平行批排序问题的无界形式。

继列批排序问题在近几十年里也已经被广泛研究。Karp (1972) 证明了最小化加权误工工件数的单机继列批问题是 NP-困难的。当目标是最小化完工时间和时, Coffman 等 (1990) 对该问题给出了一个多项式时间算法。Albers 等 (1993) 证明了最小化加权完工时间和问题是强 NP-困难的。Webster 等 (1995) 对最小化最大延迟问题给出了一个多项式时间算法。有关继列批排序的更多结果见文献 (Potts et al., 2000)。

本章分为两节。其中, 3.1 节主要介绍了在平行批机器上的双目标排序问题; 3.2 节主要介绍了在继列批机器上的双目标排序问题。本章内容主要改编于耿志超 (2016) 的博士论文。

3.1 单机平行分批的双目标排序

3.1.1 引言

本节研究的问题可以描述如下: 设 $J_1, J_2, \cdots, J_n$ 是 n 个给定的工件, 现需要将这些工件安排在一台无界平行批机器上加工。假设工件和机器均是从零时刻起可利用的, 每个工件 J_j 有加工时间 p_j 和费用函数 $f_j(\cdot)$。假设 p_j 取值为正整数, $f_j(\cdot)$ 是关于完工时间 C_j 的正则函数, 它取值为非负整数。并且, 对于每个给定的时刻 $t > 0$, $f_j(t)$ 的值可在常数时间计算。问题的目标是同时最小化最大完工时间 $C_{\max}$ 和最大费用 $f_{\max}$。利用多指标排序问题的记号, 该 Pareto 优化问题可以表示为 $1|\text{p-batch}, b \geqslant n|\#(C_{\max}, f_{\max})$, 两个与此相关联的限制问题可分别表示为 $1|\text{p-batch}, b \geqslant n|C_{\max} : f_{\max} \leqslant F$ 和 $1|\text{p-batch}, b \geqslant n|f_{\max} : C_{\max} \leqslant C$。

He 等 (2007) 研究了 $f_{\max} = L_{\max}$ 的特殊情形。对于限制问题 $1|\text{p-batch}, b \geqslant n|C_{\max} : L_{\max} \leqslant L$, 她们给出了一个线性时间算法; 对于问题 $1|\text{p-batch}, b \geqslant n|\#(C_{\max}, L_{\max})$, 她们证明了 Pareto 最优点至多有 $\dfrac{n(n-1)}{2} + 1$ 个。因而, 这也说明了问题 $1|\text{p-batch}, b \geqslant n|\#(C_{\max}, L_{\max})$ 可以在 $O(n^3)$-时间求解。He 等 (2014) 进一步研究了问题 $1|\text{p-batch}, b \geqslant n|\#(C_{\max}, f_{\max})$, 并说明由限制条件 $f_{\max} \leqslant F$ 可以导出每个工件 J_j 的截止日期 $d_j = \max\{t : f_j(t) \leqslant F\}$; 进而, 可将限制问题 $1|\text{p-batch}, b \geqslant n|C_{\max} : f_{\max} \leqslant F$ 在 $O(n \log \sum p_j)$-时间转化为问题 $1|\text{p-batch}, b \geqslant n|C_{\max} : L_{\max} \leqslant 0$。应用文献 (He et al., 2007) 中的技巧, He 等 (2014) 给出了限制问题 $1|\text{p-batch}, b \geqslant n|C_{\max} : f_{\max} \leqslant F$ 的一个 $O(n \log P)$-时间的最优算法, 并证明了至多有 $\dfrac{n(n-1)}{2} + 1$ 个 Pareto 最优点。因而, 问题 $1|\text{p-batch}, b \geqslant n|\#(C_{\max}, f_{\max})$ 可以在 $O(n^3 \log P)$-时间求解, 但该时间复杂性是弱多项式的。

本节直接给出了限制问题 $1|\text{p-batch}, b \geqslant n|C_{\max} : f_{\max} \leqslant F$ 的一个 $O(n^2)$-时间的最优算法。以此为基础, 可以迭代生成所有的 Pareto 最优点。He 等 (2014) 已证明至多有 $\dfrac{n(n-1)}{2} + 1$ 个 Pareto 最优点, 因此, 问题 $1|\text{p-batch}, b \geqslant n|\#(C_{\max}, f_{\max})$ 可在 $O(n^4)$-时间求解。此外, 本节还构造了一个实例, 并证明了该实例恰好有 $\dfrac{n(n-1)}{2} + 1$ 个 Pareto 最优点, 从而也说明了由 He 等 (2014) 给出的关于 Pareto 最优点的上界 $\dfrac{n(n-1)}{2} + 1$ 是紧的。

3.1.2　强多项式时间算法

按照文献 (Brucker et al., 1998) 中的定义, 在一个排序 $\sigma=(B_1,B_2,\cdots,B_k)$ 中, 如果对于任意两个工件 J_i 和 J_j, $p_i\leqslant p_j$ 意味着 $C_i(\sigma)\leqslant C_j(\sigma)$ (即加工时间短的工件不迟于加工时间长的工件完工), 则称排序 $\sigma=(B_1,B_2,\cdots,B_k)$ 为 SPT-批排序。如果 σ 是 SPT-批排序, 且任意两个加工时间相等的工件排在同一批加工, 则也称其为严格 SPT-批排序。

引理 3.1　对应于问题 $1|\text{p-batch}, b\geqslant n|\#(C_{\max},f_{\max})$ 的每个 Pareto 最优点, 存在一个 Pareto 最优排序使得该排序也是严格 SPT-批排序。

证明　这里给出的证明类似于文献 (Brucker et al., 1998) 中引理 1 的证明。令 (C,F) 是一个 Pareto 最优点, $\sigma=(B_1,B_2,\cdots,B_l)$ 是一个对应的 Pareto 最优排序, 则 $C_{\max}(\sigma)=C$, $f_{\max}(\sigma)=F$。若 σ 不是严格 SPT-批排序, 则存在一对工件 $J_i\in B_u$ 和 $J_j\in B_v$, 使得 $1\leqslant v<u\leqslant l$, 且 $p_i<p_j$ 或 $p_i=p_j$ 成立。也就是说, 某个短工件排在某个长工件之前加工, 或某两个等长工件没有排在同一批加工。通过在 σ 中将 J_i 从 B_u 移至 B_v 构造一个新排序 $\sigma'=(B_1,B_2,\cdots,B_v\bigcup\{J_i\},\cdots,B_u\backslash\{J_i\},\cdots,B_l)$, 因为 $p_i\leqslant p_j$, 所以对任意的工件 J_k 有 $C_k(\sigma')\leqslant C_k(\sigma)$ 成立, 因此, $C_{\max}(\sigma')\leqslant C_{\max}(\sigma)$ 且 $f_{\max}(\sigma')\leqslant f_{\max}(\sigma)$。由 σ 的 Pareto 最优性, 有 $C_{\max}(\sigma')=C_{\max}(\sigma)=C$, $f_{\max}(\sigma')=f_{\max}(\sigma)=F$, 即 σ' 也是 Pareto 最优的。经过有限次重复上面的操作, 最终可以得到一个既是 Pareto 最优的又是严格 SPT-批排序。引理 3.1 得证。 □

由引理 3.1 可知, 接下来只考虑那些严格 SPT-批排序即可。为此, 首先将工件按照 SPT 序重新标号, 使得 $p_1\leqslant p_2\leqslant\cdots\leqslant p_n$。这一重新标号过程可以在 $O(n\log n)$ 时间完成。假设所考虑的 n 个工件共有 n^* 个不同的加工时间 $p^{(1)},p^{(2)},\cdots,p^{(n^*)}$, 且满足 $p^{(1)}<p^{(2)}<\cdots<p^{(n^*)}$。对于每个 i $(1\leqslant i\leqslant n^*)$, 定义: $J^{(i)}=\{J_j:p_j=p^{(i)}\}$, $n_i=|J^{(i)}|$ 和 $f^{(i)}(t)=\max\{f_j(t):J_j\in J^{(i)}\}$。由引理 3.1, 可以将每个 $J^{(i)}$ 看作一个 "合并" 工件, 其加工时间为 $p^{(i)}$, 费用函数为 $f^{(i)}(\cdot)$。注意到, 对于固定的 i 和 t, $f^{(i)}(t)$ 的值可以在 $O(n_i)$ 时间计算。引入工件 $J^{(i)}$ 的好处是可以简化后续的表述和讨论。事实上, 在所设计的算法中, 并没有也不必对任意的 $t>0$, 都计算费用函数 $f^{(i)}(t)$ 的值, 即可保证所设计算法的多项式时间复杂性。下面用 $C^{(i)}(\sigma)$ 来表示在可行排序 σ 中工件 $J^{(i)}$ 的完工时间。

假设 F 是一个整数使得问题 $1|\text{p-batch}, b\geqslant n|f_{\max}$ 的最优值至多是 F。对于限制问题: $1|\text{p-batch}, b\geqslant n|C_{\max}:f_{\max}\leqslant F$, 给出一个动态规划算法。

对每个 $j=1,2,\cdots,n^*$, 用 $\mathcal{P}(F,j)$ 表示限制问题 $1|\text{p-batch}, b\geqslant n|C_{\max}:f_{\max}\leqslant F$ 的子问题, 其中, 只有工件 $J^{(1)},J^{(2)},\cdots,J^{(j)}$ 需要安排加工。令 $C(F,j)$ 为问题

$\mathcal{P}(F,j)$ 的所有可行 SPT-批排序的最大完工时间的最小值, 对于任意一个最大完工时间为 $C(F,j)$ 的最优排序而言, 总存在某个整数 k, 使得该排序的最后一批为 $\{J^{(k+1)},J^{(k+2)},\cdots,J^{(j)}\}$, 且 $f^{(i)}(C(F,k)+p^{(j)})\leqslant F$ 对于任意 i $(k+1\leqslant i\leqslant j)$ 均成立, 这里 $0\leqslant k\leqslant j-1$。

注意, 问题 $\mathcal{P}(F,n^*)$ 就是本节所需考虑的限制问题: $1|\text{p-batch}, b\geqslant n|C_{\max}: f_{\max}\leqslant F$。基于上面的讨论, 可以描述动态规划算法如下。

算法 3.1 对问题: $1|\text{p-batch}, b\geqslant n|C_{\max}: f_{\max}\leqslant F$。

(1) 初始条件: $C(F,0)=0$。

(2) 迭代关系: 对于 $j=1,2,\cdots,n^*$,

$$C(F,j)=\min\{C(F,k)+p^{(j)}:0\leqslant k<j,\max_{k+1\leqslant i\leqslant j}f^{(i)}(C(F,k)+p^{(j)})\leqslant F\} \tag{3.1}$$

(3) 最优值等于 $C(F,n^*)$, 对应的最优排序可以通过反向追踪找到。

由前面的讨论可知, 算法 3.1 显然是正确的, 并且也容易看出算法 3.1 的运行时间是 $O(n^3)$。下面将说明, 通过细致的分析, 算法的时间复杂性可以降至 $O(n^2)$。为此, 需要先揭示算法 3.1 的一些重要性质。

性质 1 对于任意的 $j=2,3,\cdots,n^*$, 不等式 $C(F,j-1)<C(F,j)$ 成立。

证明 假设 $j\geqslant 2$, $\sigma=(B_1,B_2,\cdots,B_l)$ 是问题 $\mathcal{P}(F,j)$ 的一个最优 SPT-批排序, 其最大完工时间为 $C(F,j)$。因为 σ 是 SPT-批排序, 所以 $J^{(j)}\in B_l$。若 $J^{(j-1)}\in B_l$, 考虑新排序 $\sigma'=(B_1,B_2,\cdots,B_l\setminus\{J^{(j)}\})$; 若 $J^{(j-1)}\notin B_l$, 考虑新排序 $\sigma''=(B_1,B_2,\cdots,B_{l-1})$。在两种情形下, σ' 和 σ'' 对于问题 $\mathcal{P}(F,j-1)$ 都是可行的, 并且有 $C_{\max}(\sigma)-C_{\max}(\sigma')=p^{(j)}-p^{(j-1)}>0$ 和 $C_{\max}(\sigma)-C_{\max}(\sigma'')=p^{(j)}>0$ 成立。由于 $C(F,j-1)$ 是问题 $\mathcal{P}(F,j-1)$ 的最优值, 因此, 可以得到 $C(F,j-1)\leqslant\min\{C_{\max}(\sigma'),C_{\max}(\sigma'')\}<C_{\max}(\sigma)=C(F,j)$。性质 1 得证。 □

对于任意的 $j=1,2,\cdots,n^*$, 令 $\bar{k}_j(F)\in\{0,1,\cdots,j-1\}$ 为式 (3.1) 中取得 $C(F,k)+p^{(j)}$ 的最小值的标号 k, 由性质 1 可知,

$$\bar{k}_j(F)=\min\{k:0\leqslant k<j,\max_{k+1\leqslant i\leqslant j}f^{(i)}(C(F,k)+p^{(j)})\leqslant F\} \tag{3.2}$$

并且, 在问题 $\mathcal{P}(F,j)$ 的每个最优 SPT-批排序中, 最后一批均可以表示为 $\{J^{(i)}:\bar{k}_j(F)+1\leqslant i\leqslant j\}$。

性质 2 对于任意的 $j=2,3,\cdots,n^*$, 不等式 $\bar{k}_{j-1}(F)\leqslant\bar{k}_j(F)$ 成立。

证明 (反证法)。假设对某个 $j\in\{2,3,\cdots,n^*\}$, 有 $\bar{k}_{j-1}(F)>\bar{k}_j(F)$ 成立。由式 (3.2) 可知, 存在某个 $i\in\{\bar{k}_j(F)+1,\cdots,j-1\}$, 使得 $f^{(i)}(C(F,\bar{k}_j(F))+p^{(j-1)})>F$

和 $f^{(i)}(C(F,\bar{k}_j(F))+p^{(j)})\leqslant F$。然而, 由费用函数 $f^{(i)}(\bullet)$ 的正则性可知,

$$F<f^{(i)}(C(F,\bar{k}_j(F))+p^{(j-1)})\leqslant f^{(i)}(C(F,\bar{k}_j(F))+p^{(j)})\leqslant F$$

这是矛盾的。性质 2 得证。 □

鉴于性质 1 和性质 2, 可以给出下面改进的动态规划算法。

算法 3.2　对问题: $1|\text{p-batch}, b\geqslant n|C_{\max}:f_{\max}\leqslant F$。

(1) 初始条件: $C(F,0)=0$, $\bar{k}_0(F)=0$。

(2) 迭代关系: 对于任意的 $j=1,2,\cdots,n^*$,

$$\begin{cases}\bar{k}_j(F)=\min\{k:\bar{k}_{j-1}(F)\leqslant k<j,\max\limits_{k+1\leqslant i\leqslant j}f^{(i)}(C(F,k)+p^{(j)})\leqslant F\}\\ C(F,j)=C(F,\bar{k}_j(F))+p^{(j)}\end{cases}\tag{3.3}$$

(3) 最优值等于 $C(F,n^*)$, 对应的最优排序可以通过反向追踪找到。

显然, 问题 $1|\text{p-batch}, b\geqslant n|f_{\max}\leqslant F$ 有可行解, 当且仅当对于任意的 $j=1,2,\cdots,n^*$, 由式 (3.3) 定义的 $\bar{k}_j(F)$ 的值小于 $+\infty$。

假设问题 $1|\text{p-batch}, b\geqslant n|f_{\max}\leqslant F$ 有可行解, 由式 (3.2) 和性质 1 可知, $\bar{k}_j(F)$ 可由式 (3.3) 正确定义。因此, 算法 3.2 也是正确的。

在算法 3.2 中, 可以通过从标号集合 $\{\bar{k}_{j-1}(F),\bar{k}_{j-1}(F)+1,\cdots,j-1\}$ 找到最小标号 k 来计算 $\bar{k}_j(F)$, 这里 k 满足 $\max\limits_{k+1\leqslant i\leqslant j}f^{(i)}(C(F,k)+p^{(j)})\leqslant F$。而要找到满足上述要求的最小标号, 只需核查集合 $\{\bar{k}_{j-1}(F),\bar{k}_{j-1}(F)+1,\cdots,\bar{k}_j(F)\}$ 中所有可能的 $\bar{k}_j(F)-\bar{k}_{j-1}(F)+1$ 个标号即可。注意到, 对于给定的标号 i $(k+1\leqslant i\leqslant j)$, $f^{(i)}(C(F,k)+p^{(j)})$ 的值可以在 $O(n_i)$ 时间计算, 故对于每个给定的 k, $\max\limits_{k+1\leqslant i\leqslant j}f^{(i)}(C(F,k)+p^{(j)})$ 的值可以在 $O(n)$ 时间计算。因此, 可以在 $O(n(\bar{k}_j(F)-\bar{k}_{j-1}(F)+1))$ 计算得到 $\bar{k}_j(F)$ 的值。这也意味着算法 3.2 的第 j 次迭代需要花费 $O(n(\bar{k}_j(F)-\bar{k}_{j-1}(F)))$ 时间。综上可知, 算法 3.2 的时间复杂性是 $O(n^2)$。总结上述讨论可得如下定理:

定理 3.1　算法 3.2 可以在 $O(n^2)$ 时间求解问题 $1|\text{p-batch}, b\geqslant n|C_{\max}:f_{\max}\leqslant F$。

对任意的 $j(1\leqslant j\leqslant n^*)$, 用 $\sigma(F,j)$ 表示由算法 3.2 得到的问题 $\mathcal{P}(F,j)$ 的最优排序, 则有 $C(F,j)=C_{\max}(\sigma(F,j))$。下面先给出一个引理, 它对接下来的讨论起着关键作用。

引理 3.2　假设问题 $1|\text{p-batch}, b\geqslant n|f_{\max}\leqslant F$ 有可行解, 则排序 $\sigma(F,j)$ 是问题 $\mathcal{P}(F,j)$ 的唯一最优 SPT-批排序。因此, 排序 $\sigma(F,j)$ 是问题 $\mathcal{P}(F,j)$ 的 Pareto 最优排序。

证明 证明的关键是: 对于任意的 $j \in \{1, \cdots, n^*\}$, 在问题 $\mathcal{P}(F, j)$ 的任意一个最优的 SPT-批排序中, 最后一批都是 $\{J^{(i)} : \bar{k}_j(F) + 1 \leqslant i \leqslant j\}$。这里用归纳法进行证明。

当 $j = 1$ 时, 结论显然成立。这是因为问题 $\mathcal{P}(F, 1)$ 只有一个工件 $J^{(1)}$ 需要安排加工, $\sigma(F, 1) = \{J^{(1)}\}$ 是问题 $\mathcal{P}(F, 1)$ 的唯一排序。

归纳假设, $j \geqslant 2$, 且对于任意的 i $(1 \leqslant i \leqslant j - 1)$, 排序 $\sigma(F, i)$ 是问题 $\mathcal{P}(F, i)$ 唯一的最优 SPT-批排序。令 $\sigma^*(F, j)$ 是问题 $\mathcal{P}(F, j)$ 一个最优 SPT-批排序, 只需要说明 $\sigma(F, j) = \sigma^*(F, j)$ 即可。

由于 $\sigma^*(F, j)$ 和 $\sigma(F, j)$ 均是问题 $\mathcal{P}(F, j)$ 的最优排序, 所以可以得到 $C_{\max}(\sigma^*(F, j)) = C_{\max}(\sigma(F, j)) = C(F, j)$, 并且, $\sigma^*(F, j)$ 和 $\sigma(F, j)$ 的最后一批都是 $\{J^{(i)} : \bar{k}_j(F) + 1 \leqslant i \leqslant j\}$。令 $\pi(F, \bar{k}_j(F))$ 为从 $\sigma^*(F, j)$ 通过删除最后一批 $\{J^{(i)} : \bar{k}_j(F) + 1 \leqslant i \leqslant j\}$ 而得到的排序, 则有 $f_{\max}(\pi(F, \bar{k}_j(F))) \leqslant f_{\max}(\sigma^*(F, j)) \leqslant F$ 成立, 因而, $\pi(F, \bar{k}_j(F))$ 是问题 $\mathcal{P}(F, \bar{k}_j(F))$ 的可行排序。因为 $C_{\max}(\pi(F, \bar{k}_j(F))) = C_{\max}(\sigma^*(F, j)) - p^{(j)} = C(F, j) - p^{(j)} = C(F, \bar{k}_j(F))$, 所以 $\pi(F, \bar{k}_j(F))$ 也是问题 $\mathcal{P}(F, \bar{k}_j(F))$ 的最优的 SPT-批排序。由归纳假设可知, $\sigma(F, \bar{k}_j(F)) = \pi(F, \bar{k}_j(F))$, 因而, $\sigma(F, j) = \sigma^*(F, j)$。引理 3.2 得证。 □

引理 3.2 说明, 算法 3.2 是问题 $1|\text{p-batch}, b \geqslant n|C_{\max} : f_{\max} \leqslant F$ 的一个 Pareto 最优算法。因而, 问题 $1|\text{p-batch}, b \geqslant n|\#(C_{\max}, f_{\max})$ 可由下面的算法 3.3 求解。

算法 3.3 对问题: $1|\text{p-batch}, b \geqslant n|\#(C_{\max}, f_{\max})$。

步骤 1 令 $F := +\infty$, 对问题 $1|\text{p-batch}, b \geqslant n|C_{\max} : f_{\max} \leqslant F$ 运行算法 3.2 得到第一个 Pareto 最优点 $(C^{(1)}, F^{(1)})$ 和相对应的 Pareto 最优排序 π_1。

步骤 2 一般地, 如果第 i 个 Pareto 最优点 $(C^{(i)}, F^{(i)})$ 和相对应的 Pareto 最优排序 π_i 已经得到, 置 $F := F^{(i)} - \epsilon$ 并再次运行算法 3.2 得到下一个 Pareto 最优点 $(C^{(i+1)}, F^{(i+1)})$ 和相对应的 Pareto 最优排序 π_{i+1}。

步骤 3 直到遇见一个整数 N 使得 $(C^{(N)}, F^{(N)})$ 和 π_N 已经得到且问题 $1|\text{p-batch}, b \geqslant n|C_{\max} : f_{\max} \leqslant F$ 对于 $F = F^{(N)} - 1$ 变得不可行了, 上述过程终止, 则 $(C^{(i)}, F^{(i)})$, $1 \leqslant i \leqslant N$, 即问题 $1|\text{p-batch}, b \geqslant n|\#(C_{\max}, f_{\max})$ 的所有 Pareto 最优点, 相对应的 Pareto 最优排序可由 π_i, $1 \leqslant i \leqslant N$ 给出。

注意到, He 等 (2014) 已经证明了问题 $1|\text{p-batch}, b \geqslant n|\#(C_{\max}, f_{\max})$ 至多有 $\dfrac{n(n-1)}{2} + 1$ 个 Pareto 最优点。由引理 3.2, 可以得到本章的主要结果。

定理 3.2 问题 $1|\text{p-batch}, b \geqslant n|\#(C_{\max}, f_{\max})$ 可以由算法 3.3 在 $O(n^4)$ 时间求解, 因而, 问题 $1|\text{p-batch}, b \geqslant n|f_{\max}$ 也可以在 $O(n^4)$ 时间求解。

证明　算法 3.3 的正确性由上述讨论保证。由 He 等 (2014) 的结果, 问题 $1|\text{p-batch}, b \geqslant n|\#(C_{\max}, f_{\max})$ 至多有 $O(n^2)$ 个 Pareto 最优点。在算法 3.3 中调用算法 3.2 的时间复杂性为 $O(n^2)$, 因此, 算法 3.3 可以在 $O(n^4)$ 时间求解问题 $1|\text{p-batch}, b \geqslant n|\#(C_{\max}, f_{\max})$。定理 3.2 得证。 □

3.1.3　一个紧的例子

He 等 (2014) 证明了问题 $1|\text{p-batch}, b \geqslant n|\#(C_{\max}, f_{\max})$ 至多有 $O(n^2)$ 个 Pareto 最优点。然而, 仍然有一个问题是未解的, 即问题 $1|\text{p-batch}, b \geqslant n|\#(C_{\max}, L_{\max})$ 的 Pareto 最优点个数的上界 $\dfrac{n(n-1)}{2}+1$ 是紧的吗? 在本节, 通过构造一个实例来说明 He 等 (2014) 给出的关于 Pareto 最优点个数的上界 $\dfrac{n(n-1)}{2}+1$ 是紧的。

实例 I 有 $n(n \geqslant 2)$ 个工件: $J_1, J_2, \cdots, J_n$, 工件 J_j 的加工时间为 $p_j = 2^j$, 这里 $j = 1, 2, \cdots, n$。对每一个 $i = 1, 2, \cdots, n$, 令 $t_i = 2^i$, 同时, 也令 $t_{n+1} = +\infty$。

定义费用函数:

$$f_1(t) = \begin{cases} 0, & \text{若 } 0 \leqslant t < t_1 \\ 2^i - 2, & \text{若 } t_{i-1} \leqslant t < t_i,\ i = 2, 3, \cdots, n+1 \end{cases}$$

对于 $2 \leqslant j \leqslant n-1$,

$$f_j(t) = \begin{cases} 0, & \text{若 } 0 \leqslant t < t_{j+1} + 2^{j-1} \\ f_1(t_{i-1}) - 2(j-1), & \text{若 } t_{i-1} + 2^{j-1} \leqslant t < t_i + 2^{j-1},\ i = j+2, \cdots, n+1 \end{cases}$$

进一步定义, 对于任意的 $t \geqslant 0$, 有 $f_n(t) \equiv 0$。

令 $x_1, x_2, \cdots, x_r$ 是 r 个正整数, 使得对于任意的 $2 \leqslant i \leqslant r$, 有 $x_{i-1} < x_i$ 成立。如果 $2i = 2^{x_1} + 2^{x_2} + \cdots + 2^{x_r}$, 则称偶数 $2i$ 可以由 $2^{x_1}, 2^{x_2}, \cdots, 2^{x_r}$ 生成。通过把每一个正整数看成二进制数, 可容易地观察到下面的引理。

引理 3.3　每个满足条件 $2^n \leqslant 2i \leqslant 2^{n+1} - 2$ 的偶数 $2i$ 都可以由集合 $\{2^j : 1 \leqslant j \leqslant n\}$ 中的某些元素唯一地生成。

令 σ 是实例 I 的一个 SPT-批排序, 由实例中定义的工件加工时间可知, σ 的最大完工时间 $C_{\max}(\sigma)$ 是一个偶数, 且满足 $2^n \leqslant C_{\max}(\sigma) \leqslant 2^{n+1} - 2$。进一步, 由引理 3.2 可知, 对于每个满足条件 $2^n \leqslant N \leqslant 2^{n+1} - 2$ 的偶数 N, 存在唯一的 SPT-批排序使得最大完工时间 $C_{\max}(\sigma) = N$。下面通过一定的方式定义 $\dfrac{n(n-1)}{2}+1$ 个排序 $\sigma_1^{(n)}$ 和 $\sigma_i^{(k)}$, 这里 $2 \leqslant i \leqslant n$ 且 $1 \leqslant k \leqslant n-i+1$。

每个排序 $\sigma_i^{(k)}$ 都有 i 批。其中, 第 1 批是 $\{J_1, J_2, \cdots, J_k\}$; 第 2 批为 $\{J_{k+1}, J_{k+2}, \cdots, J_{n-i+2}\}$; 当 $i \geqslant 3$ 时, 后面的 $i-2$ 批依次是: $\{J_{n-i+3}\}, \{J_{n-i+4}\}, \cdots, \{J_n\}$。因而,

当 $i=1$ 时, 只有一个排序 $\sigma_1^{(n)}=(\{J_1,J_2,\cdots,J_n\})$; 当 $i=2$ 时, 有 $n-1$ 个排序: $\sigma_2^{(k)}=(\{J_1,J_2,\cdots,J_k\},\{J_{k+1},J_{k+2},\cdots,J_n\})$, $1\leqslant k\leqslant n-1$。对于任意的 $i(3\leqslant i\leqslant n)$, 有 $n-i+1$ 个排序:

$$\sigma_i^{(k)}=(\{J_1,J_2,\cdots,J_k\},\{J_{k+1},J_{k+2},\cdots,J_{n-i+2}\},\{J_{n-i+3}\},\cdots,\{J_n\}),\ 1\leqslant k\leqslant n-i+1$$

关于排序 $\sigma_i^{(k)}$, 有以下三个事实:

(1) $C_{\max}(\sigma_1^{(n)})=2^n$, 且对于任意的 $2\leqslant i\leqslant n$, $1\leqslant k\leqslant n-i+1$, 有 $C_{\max}(\sigma_i^{(k)})=2^n+2^{n-1}+\cdots+2^{n-i+2}+2^k$ 成立。特别地, $C_{\max}(\sigma_n^{(1)})=2^n+2^{n-1}+\cdots+2$。

(2) 当 $1\leqslant k\leqslant n-i$, $f_{\max}(\sigma_i^{(k)})=f_{k+1}(C_{k+1}(\sigma_i^{(k)}))=2^{n+3-i}-2(k+1)$。也就是说, 工件 J_{k+1} 能够达到排序 $\sigma_i^{(k)}$ 的最大费用。

(3) 当 $k=n-i+1$, $f_{\max}(\sigma_i^{(k)})=f_1(C_1(\sigma_i^{(k)}))=2^{n+2-i}-2$。也就是说, 工件 J_1 能够达到排序 $\sigma_i^{(k)}$ 的最大费用。

上述三个事实的验证过程如下: 首先需要注意的是, 每个排序 $\sigma_i^{(k)}$ $(i=1,2,\cdots,n)$ 恰好有 i 批。当 $i=1$ 时, 有唯一的排序 $\sigma_1^{(n)}=(\{J_1,J_2,\cdots,J_n\})$。对于排序 $\sigma_1^{(n)}$, 有 $C_{\max}(\sigma_1^{(n)})=p_n=2^n$, 且

$$\begin{cases} f_1(C_1(\sigma_1^{(n)}))=2^{n+1}-2, & \text{对于工件 } J_1 \\ f_j(C_j(\sigma_1^{(n)}))=f_1(t_{n-1})-2(j-1)=2^n-2j, & \text{对于任意工件 } J_j,\ 2\leqslant j\leqslant n-2 \\ f_j(C_j(\sigma_1^{(n)}))=0, & \text{对于工件 } J_j,\ j=n-1,n \end{cases}$$

上述各工件的费用值说明 $f_{\max}(\sigma_1^{(n)})=f_1(C_1(\sigma_1^{(n)}))=2^{n+1}-2$。也就是说, 工件 J_1 达到了排序 $\sigma_1^{(n)}$ 的最大费用, 这也说明上述三个事实对于排序 $\sigma_1^{(n)}$ 成立。

对于任意的 i $(2\leqslant i\leqslant n)$, 有 $n-i+1$ 个排序。每个排序都有 i 批, 并可表示如下:

$$\sigma_i^{(k)}=(\{J_1,J_2,\cdots,J_k\},\{J_{k+1},J_{k+2},\cdots,J_{n-i+2}\},\{J_{n-i+3}\},\cdots,\{J_n\}),\ \ 1\leqslant k\leqslant n-i+1$$

注意到, 当 $i=2$ 时, 有 $n-2$ 个排序: $\sigma_i^{(k)}$, $1\leqslant k\leqslant n-1$。其中, 每个排序 $\sigma_i^{(k)}$ 包含两批: $\{J_1,J_2,\cdots,J_k\}$ 和 $\{J_{k+1},J_{k+2},\cdots,J_n\}$。当 $i=n$ 时, 仅有一个排序: $\sigma_n^{(n)}=(\{J_1\},\{J_2\},\cdots,\{J_n\})$, 它有 n 批, 每批包含一个工件。

对于每个排序 $\sigma_i^{(k)}$ $(2\leqslant i\leqslant n,\ 1\leqslant k\leqslant n-i+1)$, 有 $C_{\max}(\sigma_i^{(k)})=p_k+p_{n+2-i}+p_{n+3-i}+\cdots+p_n=2^k+2^{n+2-i}+2^{n+3-i}+\cdots+2^n$。这说明上面的事实 (1) 对排序 $\sigma_i^{(k)}$ 是成立的。要说明上面的事实 (2) 和事实 (3) 也成立, 先区分如下两种情形:

情形 1 当 $1\leqslant k\leqslant n-i$ 时, 有如下结论。

(1) 对于工件 J_1, 有 $f_1(C_1(\sigma_i^{(k)}))=2^{k+1}-2$。

(2) 对于工件 J_j $(2\leqslant j\leqslant k-2, k\geqslant 4)$, 有 $f_j(C_j(\sigma_i^{(k)}))=f_j(2^k)=f_1(t_{k-1})-2(j-1)=2^k-2j$。

(3) 对于工件 J_j $(j\in\{k-1,k\},k\geqslant 4)$, 有 $f_j(C_j(\sigma_i^{(k)}))=0$。

(4) 对于工件 J_{k+1}, 有 $f_{k+1}(C_{k+1}(\sigma_i^{(k)}))=f_{k+1}(2^{n+2-i}+2^k)=f_1(t_{n+2-i})-2k=2^{n+3-i}-2(k+1)$。

(5) 对于工件 J_j $(k+2\leqslant j\leqslant n-i,k\leqslant n-i-2)$, 有 $f_j(C_j(\sigma_i^{(k)}))=f_j(2^{n+2-i}+2^k)=f_1(t_{n+1-i})-2(j-1)=2^{n+2-i}-2j$。

(6) 对于工件 J_j $(n-i+1\leqslant j\leqslant n)$, 有 $f_j(C_j(\sigma_i^{(k)}))=0$。

因此, $f_{\max}(\sigma_i^{(k)})=f_{k+1}(C_{k+1}(\sigma_i^{(k)}))=2^{n+3-i}-2(k+1)$。也就是说, 工件 J_{k+1} 达到了排序 $\sigma_i^{(k)}$ 的最大费用。从而, 上面的事实 (2) 对于排序 $\sigma_i^{(k)}$ 成立。

情形 2　当 $k=n-i$ 时, 有 $\sigma_1^{(n)}=\sigma_i^{(n-i+1)}$, 且有如下结论。

(1) 对于工件 J_1, 有 $f_1(C_1(\sigma_i^{(n-i+1)}))=2^{n+2-i}-2$。

(2) 对于工件 J_j $(2\leqslant j\leqslant n-i-1)$, 有 $f_j(C_j(\sigma_i^{(n-i+1)}))=f_1(t_{n-i})-2(j-1)=2^{n+1-i}-2j$。

(3) 对于工件 J_j $(n-i\leqslant j\leqslant n)$, 有 $f_j(C_j(\sigma_i^{(n-i+1)}))=0$。

因此, $f_{\max}(\sigma_i^{(n-i+1)})=f_1(C_1(\sigma_i^{(n-i+1)}))=2^{n+2-i}-2$。也就是说, 工件 J_1 达到了排序 $\sigma_i^{(n-i+1)}$ 的最大费用。从而, 上面的事实 (3) 对排序 $\sigma_i^{(k)}$ 也成立。

由上面已证的事实 (1) 可知,

$$\begin{aligned}C_{\max}(\sigma_1^{(n)})&<C_{\max}(\sigma_2^{(1)})<C_{\max}(\sigma_2^{(2)})<\cdots<C_{\max}(\sigma_2^{(n-1)})\\&<\cdots\\&<C_{\max}(\sigma_i^{(1)})<C_{\max}(\sigma_i^{(2)})<\cdots<C_{\max}(\sigma_i^{(n-i+1)})\\&<\cdots\\&<C_{\max}(\sigma_n^{(1)})\end{aligned}$$

为方便表述, 记 $\Delta=\dfrac{n(n-1)}{2}+1$, 并将前面已经定义的 Δ 个排序 $\sigma_i^{(k)}$ 重新标号为: $\sigma_l(l=1,2,\cdots,\Delta)$, 使得 $C_{\max}(\sigma_1)<C_{\max}(\sigma_2)<\cdots<C_{\max}(\sigma_\Delta)$ 成立。由此, 可以证明 $f_{\max}(\sigma_1)>f_{\max}(\sigma_2)>\cdots>f_{\max}(\sigma_\Delta)$ 也成立。

接下来说明每个排序 $\sigma_l(1\leqslant l\leqslant\Delta)$ 都是 Pareto 最优排序。由 Pareto 最优排序的定义, 只需说明引理 3.4 对所有的排序 σ_l 都成立即可。

引理 3.4　如果存在 SPT-批排序 σ 使得 $C_{\max}(\sigma)<C_{\max}(\sigma_l)$, 则有 $f_{\max}(\sigma)>f_{\max}(\sigma_l)$ 成立。

证明　(归纳法)。当 $l=1$ 时, 有 $\sigma_1=\sigma_1^{(n)}=(\{J_1,J_2,\cdots,J_n\})$ 和 $C_{\max}(\sigma_1)=2^n=p_n$。因为不存在排序 σ 使得 $C_{\max}(\sigma)<p_n$, 所以引理 3.4 对排序 σ_1 成立。

归纳假设引理 3.4 对排序 $\sigma_1,\sigma_2,\cdots,\sigma_{l-1}$ 都成立, 这里 $l\geqslant 2$, 即对任意的使得 $C_{\max}(\sigma)<C_{\max}(\sigma_{l-1})$ 成立的 SPT-批排序 σ(若存在), 也有 $f_{\max}(\sigma)>f_{\max}(\sigma_{l-1})$ 成立。

现在考虑排序 σ_l。令 σ 是一个使得 $C_{\max}(\sigma)<C_{\max}(\sigma_l)$ 成立的 SPT-批排序, 注意到, $C_{\max}(\sigma_{l-1})<C_{\max}(\sigma_l)$ 且 $f_{\max}(\sigma_{l-1})>f_{\max}(\sigma_l)$, 因而, 可假设 $\sigma\neq\sigma_{l-1}$。由引理 3.3 可知, $C_{\max}(\sigma)\neq C_{\max}(\sigma_{l-1})$。如果 $C_{\max}(\sigma)<C_{\max}(\sigma_{l-1})$, 由归纳假设可知, $f_{\max}(\sigma)>f_{\max}(\sigma_{l-1})>f_{\max}(\sigma_l)$ 成立。

下面, 假设 $C_{\max}(\sigma_{l-1})<C_{\max}(\sigma)<C_{\max}(\sigma_l)$。如果对于某个 i $(1\leqslant i\leqslant n-1)$ 使得 $\sigma_{l-1}=\sigma_i^{(n-i+1)}$, 那么, 有 $\sigma_l=\sigma_{i+1}^{(1)}$ 且 $C_{\max}(\sigma_l)=C_{\max}(\sigma_{l-1})+2$ 成立。这说明排序 σ 是不存在的, 其原因是 $C_{\max}(\sigma_{l-1})$, $C_{\max}(\sigma)$ 和 $C_{\max}(\sigma_l)$ 的值都是偶数。因此, 存在某个 i 和 k 使得 $\sigma_{l-1}=\sigma_i^{(k)}$ $(2\leqslant i\leqslant n-1,1\leqslant k\leqslant n-i)$。在这种情形下, 有 $\sigma_l=\sigma_i^{(k+1)}$。

由实例 I 和排序 $\sigma_i^{(k)}$ 的构造可知, $f_{k+1}(C_{k+1}(\sigma_i^{(k)}))=f_{\max}(\sigma_i^{(k)})=2^{n+3-i}-2(k+1)$。注意到 $C_{\max}(\sigma_i^{(k)})=2^n+2^{n-1}+\cdots+2^{n-i+2}+2^k$ 和 $C_{\max}(\sigma_i^{(k+1)})=2^n+2^{n-1}+\cdots+2^{n-i+2}+2^{k+1}$, 则存在某个偶数 $N(2^k<N<2^{k+1})$ 使得 $C_{\max}(\sigma)=2^n+2^{n-1}+\cdots+2^{n-i+2}+N$。由引理 3.2 可知, 在 σ 中, 最后 $i-1$ 批的加工时间分别是 $2^{n-i+2},2^{n-i+3},\cdots,2^n$, 倒数第 i 批的加工时间是 2^k, 并且倒数第 i 批之前的所有批的总加工时间为 $N-2^k>0$。由此也可知, 在排序 σ 中工件 J_{k+1} 一定被安排在了加工时间为 2^{n-i+2} 的那一批中, 故 $C_{k+1}(\sigma)=N+2^{n-i+2}>2^{n-i+2}=C_{k+1}(\sigma_i^{(k)})$。因此, $f_{\max}(\sigma)\geqslant f_{k+1}(C_{k+1}(\sigma))\geqslant f_{k+1}(C_{k+1}(\sigma_i^{(k)}))=f_{\max}(\sigma_i^{(k)})=f_{\max}(\sigma_{l-1})>f_{\max}(\sigma_l)$。引理 3.4 得证。 □

为了更清楚地说明上述紧例子的构造过程, 给出下面的算例。

例 3.1 有 $n=4$ 个工件 J_1,J_2,J_3,J_4, 加工时间分别为 $p_1=2$, $p_2=4$, $p_3=8$, $p_4=16$, 时刻点分别为 $t_1=2$, $t_2=4$, $t_3=8$, $t_4=16$, 费用函数分别为

$$f_1(t)=\begin{cases}0, & 0\leqslant t<2\\ 2, & 2\leqslant t<4\\ 6, & 4\leqslant t<8\\ 14, & 8\leqslant t<16\\ 30, & t\geqslant 16\end{cases}$$

$$f_2(t)=\begin{cases}0, & 0\leqslant t<10\\ 12, & 10\leqslant t<18\\ 28, & t\geqslant 18\end{cases}$$

$$f_3(t)=\begin{cases}0, & 0\leqslant t<20\\ 26, & t\geqslant 20\end{cases}$$

$$f_4(t)=0,\ t\geqslant 0$$

容易验证, Parero 最优排序和 Pareto 最优点分别为

1 批: $\sigma_1^{(4)}=(\{J_1,J_2,J_3,J_4\})$, $C_{\max}=16$, $f_{\max}=f_1=30$。

2 批: $\sigma_2^{(1)}=(\{J_1\},\{J_2,J_3,J_4\})$, $C_{\max}=18$, $f_{\max}=f_2=28$;

$\sigma_2^{(2)}=(\{J_1,J_2\},\{J_3,J_4\})$, $C_{\max}=20$, $f_{\max}=f_3=26$;

$\sigma_2^{(3)}=(\{J_1,J_2,J_3\},\{J_4\})$, $C_{\max}=24$, $f_{\max}=f_1=14$。

3 批: $\sigma_3^{(1)}=(\{J_1\},\{J_2,J_3\},\{J_4\})$, $C_{\max}=26$, $f_{\max}=f_2=12$;

$\sigma_3^{(2)}=(\{J_1,J_2\},\{J_3\},\{J_4\})$, $C_{\max}=28$, $f_{\max}=f_1=6$。

4 批: $\sigma_4^{(1)}=(\{J_1\},\{J_2\},\{J_3\},\{J_4\})$, $C_{\max}=30$, $f_{\max}=f_1=2$。

注意到, 上述例子中恰好有 $\dfrac{4\times 3}{2}+1=7$ 个不同的 Pareto 最优点。

3.2　单机继列分批的双目标排序

3.2.1　引言

本节研究的问题可以描述如下: 给定 n 个工件 $J_1,J_2,\cdots,J_n$, 需要安排它们在一台继列批机器上加工。假设所有工件和机器从零时刻起可用, 每个工件 J_j 有一个正整数加工时间 p_j 和一个费用函数 $f_j(\bullet)$。对于一个给定的排序 σ, 费用函数 $f_j(\bullet)$ 依赖于工件 J_j 的完工时间 $C_j(\sigma)$。假设费用函数 $f_j(\bullet)$ 取值为非负整数, 并且对于任意给定的时刻 $t\geqslant 0$, $f_j(t)$ 的值可以在常数时间计算。与 3.1 节平行批排序类似, 本节的主要目的是同时最小化 $C_{\max}$ 和 $f_{\max}$。除此之外, 本节研究的问题还涉及如下两种工件间序约束关系:

(1) 严格序约束 ($\prec$): 若 $J_i\prec J_j$, 则工件 J_i 必须排在工件 J_j 之前加工, 但又不允许二者排在同一批。

(2) 弱序约束 ($\preceq$): 若 $J_i\preceq J_j$, 则工件 J_i 必须不迟于工件 J_j 加工, 二者可以排在同一批。

采用关于多指标排序问题的记号, 在本节研究以下 5 个相关联的排序问题:

(Ⅰ) $1|\text{s-batch}, b<n|\#(C_{\max},f_{\max})$;

(Ⅱ) $1|\prec, \text{s-batch}, b=2|L_{\max}$;

(Ⅲ) $1|\preceq$, s-batch, $b=2|L_{\max}$;

(Ⅳ) $1|\prec$, s-batch, $b\geqslant n|\#(C_{\max},f_{\max})$;

(Ⅴ) $1|\preceq$, s-batch, $b\geqslant n|\#(C_{\max},L_{\max})$。

其中, "s-batch" 表示继列批机器环境; "$b<n$" ("$b\geqslant n$") 表示有界 (或无界) 批情形; "$b=2$" 表示批容量是 2; "$\prec$" ("$\preceq$") 表示严格（或弱）序约束关系。本节研究了如上所述的 5 个相关联的排序问题 (I) ～问题 (V)。具体地, 对于问题 (I) 和 (Ⅳ), 分别给出了 $O(n^4)$- 时间算法; 对于问题 (V), 给出了一个 $O(n^2)$-时间算法; 同时, 也证明了问题 (Ⅱ) 和 (Ⅲ) 都是强 NP-困难的。

其中, 3.2.2 节研究了问题 (I) 并且给出一个 $O(n^4)$-时间算法; 3.2.3 节证明了问题 (Ⅱ) 是强 NP-困难的; 3.2.4 节证明了问题 (Ⅲ) 也是强 NP-困难的; 3.2.5 节研究了问题 (Ⅳ) 并给出了一个 $O(n^4)$-时间算法; 3.2.6 节研究了问题 (V) 并给出一个 $O(n^2)$-时间算法。

3.2.2 问题 (I)

假设工件 $J_1,J_2,\cdots,J_n$ 按照 SPT 序标号使得 $p_1\leqslant p_2\leqslant\cdots\leqslant p_n$。对于每个子集合 $U\subseteq\mathcal{J}$, 用 $\vec{U}$ 表示 U 中的工件构成的一个序列。在此序列中, U 中的工件按照其标号由小到大的顺序排列, 即对于 U 中的任意两个工件 J_i 和 J_j, 在 $\vec{U}$ 中 J_i 排在 J_j 之前, 当且仅当 $i<j$, 此时称 $\vec{U}$ 为 U 中工件的标号序列, 也用 $p(U)=\sum\limits_{j\in U}p_j$ 表示 U 中工件的总加工时间。

因为总共有 n 个工件, 所以每个排序至多有 n 批。为方便起见, 允许排序包含空批, 使得每个排序都恰好包含 n 批。其中, 空批的加工时间为 0, 安装时间可以是 0, 也可以不是 0, 这在下文中不同地方要求不同, 会视具体情况加以说明。基于此, 总可以把一个排序表示为如下形式: $\sigma^{(l)}=(B_1,B_2,\cdots,B_n)^{(l)}$, 其中, $l\in\{1,2,\cdots,n\}$。另外, 我们也采用如下假设:

假设 1 在排序 $\sigma^{(l)}=(B_1,B_2,\cdots,B_n)^{(l)}$ 中, 最后的 l 批 $B_{n-l+1},B_{n-l+2},\cdots,B_n$ 构成工件集 $\mathcal{J}$ 的一个划分, 前 $n-l$ 批 $B_1,B_2,\cdots,B_{n-l}$ 是空批。当按照 $\sigma^{(l)}$ 进行加工时, 前 $n-l$ 批中的安装时间为 0, 最后 l 批中的安装时间为 s, 则称 $B_1,B_2,\cdots,B_{n-l}$ 为 $\sigma^{(l)}$ 的平凡批, 称 $B_{n-l+1},B_{n-l+2},\cdots,B_n$ 为非平凡批。注意, 在 $\sigma^{(l)}$ 中允许有非平凡空批, 这些非平凡空批的安装时间为 s, 加工时间为 0。不难看出, 在任意一个 Pareto 最优排序中, 每个非平凡批都是非空的。

基于假设 1, 称 $\sigma^{(l)}$ 为一个l-排序。可以观察到, 如果 $l\neq l'$, 则对于相同的批序列 $(B_1,B_2,\cdots,B_n)$ 而言, 排序 $(B_1,B_2,\cdots,B_n)^{(l)}$ 和 $(B_1,B_2,\cdots,B_n)^{(l')}$ 表示两个不同的排序。在不产生混淆的情况下, 一个 l-排序也被简记为 σ。

对于每个 $l \in \{1,2,\cdots,n\}$, 定义

$$C^{(l)} = ls + \sum_{1 \leqslant j \leqslant n} p_j$$

显然, 每个 l-排序的最大完工时间为 $C^{(l)}$。这也意味着每个 Pareto 最优 (或弱 Pareto 最优) 点都具有形式 $(C^{(l)}, Y)$, 其中, $l \in \{1,2,\cdots,n\}$, Y 是某个非负整数。为了便于后面的讨论, 定义下面两个问题。

(1) 问题 $P_Y(l,\mathcal{J})$: 给定工件集合 $\mathcal{J}$ 和非负整数 Y, 其中 $|\mathcal{J}| = n$, 标号 $l \in \{1,2,\cdots,n\}$, 问题的目标是找到一个 l-排序 $\sigma^{(l)}$, 使得 $\sigma^{(l)}$ 中的每批包含至多 b 个工件, 且 $f_{\max}(\sigma^{(l)}) \leqslant Y$。

(2) 问题 $P_Y(l,\mu,\mathcal{J})$: 给定工件集合 $\mathcal{J}$ 和非负整数 Y, 其中 $|\mathcal{J}| = n$, 两个标号 $l,\mu \in \{1,2,\cdots,n\}$, $\mu \leqslant l$, 问题的目标是找到一个 l-排序 $\sigma^{(l)} = (B_1,B_2,\cdots,B_n)^{(l)}$, 使得 $\sigma^{(l)}$ 的最后 μ 批的总加工时间, 即 $p(B_{n-\mu+1}) + p(B_{n-\mu+2}) + \cdots + p(B_n)$ 最大化, 同时 $\sigma^{(l)}$ 也满足: 对于所有的批标号 $x \in \{n-\mu+1, n-\mu+2,\cdots,n\}$, 有 $|B_x| \leqslant b$ 成立; 且对于每个工件 $J_j \in B_{n-\mu+1} \bigcup B_{n-\mu+2} \bigcup \cdots \bigcup B_n$, 有 $f_j(C_j(\sigma^{(l)})) \leqslant Y$ 成立。

注意, 当 $\mu = l$ 时, 问题 $P_Y(l,\mu,\mathcal{J})$ 的一个可行排序同时也是问题 $P_Y(l,\mathcal{J})$ 的可行排序。反之, 问题 $P_Y(l,\mathcal{J})$ 的一个可行排序对于所有的问题 $P_Y(l,\mu,\mathcal{J})$, $1 \leqslant \mu \leqslant l$ 也都是可行的。如果一个工件 J_j 在时刻 τ 满足 $f_j(\tau) \leqslant Y$, 则称其为在时刻 τ 是Y-可用的。利用工件平移和工件交换, 容易证明下面的两个引理是正确的。

引理 3.5　如果问题 $P_Y(l,\mathcal{J})$ 是可行的, 则存在可行的 l-排序, 使得其最后一批由 $\vec{U}(\tau)$ 序列中的最后 $\min\{|U(\tau)|, b\}$ 个工件组成。其中, $\tau = sl + p(\mathcal{J})$ 是问题 $P_Y(l,\mathcal{J})$ 的最大完工时间, $U(\tau) = \{J_j \in \mathcal{J} : f_j(\tau) \leqslant Y\}$ 是时刻 τ 所有 Y-可用工件的集合。

引理 3.6　如果 $\mu \geqslant 1$, 则问题 $P_Y(l,\mu,\mathcal{J})$ 存在一个最优排序, 使得其最后一批由 $\vec{U}(\tau)$ 序列中的最后 $\min\{|U(\tau)|, b\}$ 个工件组成。其中, $\tau = sl + p(\mathcal{J})$ 是问题 $P_Y(l,\mathcal{J})$ 的最大完工时间, $U(\tau) = \{J_j \in \mathcal{J} : f_j(\tau) \leqslant Y\}$ 是时刻 τ 所有 Y-可用工件的集合。

基于引理 3.5, 对于问题 $P_Y(l,\mathcal{J})$, 可以设计出如下的算法。

算法 3.4

步骤 1　从时刻 $\tau_n := C^{(l)}$, 迭代 $k := n$, 产生并由后向前安排所产生的工件批。

步骤 2　在每次迭代 $k(k \geqslant n-l+1)$, 先生成标号序列 $\vec{U}$, 该序列由时刻 τ 所有 Y 可用且尚未被安排加工的工件组成。令 B_k 包含 $\vec{U}$ 中最后 $\min\{|\vec{U}|, b\}$ 个工件, 将 B_k 安排在时间区间 $[\tau_k - (s + p(B_k)), \tau_k]$ 上加工。重置 $\tau_{k-1} := \tau_k - (s + p(B_k))$, $k := k-1$, 并继续下一次迭代。重复上述操作直到迭代 $k = n - l$。

步骤 3 如果 $\tau_{n-l}>0$, 则声明问题 $P_Y(l,\mathcal{J})$ 是不可行的。如果 $\tau_{n-l}=0$, 置 $B_1=B_2=\cdots=B_{n-l}=\varnothing$, 并终止算法。

引理 3.7 算法 3.4 可以在 $O(ln)=O(n^2)$ 时间求解问题 $P_Y(l,\mathcal{J})$, 并且对每个 $\mu(1\leqslant\mu\leqslant l)$, 由算法 3.4 得到的排序是问题 $P_Y(l,\mu,\mathcal{J})$ 的最优排序。

证明 注意到, 算法 3.4 总是由后向前从尚未安排加工的工件中利用引理 3.5 中描述的策略选择工件组成最后一批。因而, 算法 3.4 的正确性可以由引理 3.5 保证, 现在来分析其时间复杂性。

用 $\mathcal{L}$ 表示在迭代过程中所有未被安排工件的标号序列。初始时, 有 $\mathcal{L}=(J_1,J_2,\cdots,J_n)$; 在每次迭代 k $(n-l+1\leqslant k\leqslant n)$ 中, 由在时刻 τ_k 所有可用且未被安排的工件组成的标号序列 $\vec{U}$, 可以通过检查 $\mathcal{L}$ 中的每个工件是否符合条件 $f_j(\tau_k)\leqslant Y$ 得到, 而这一过程可以在 $O(n)$ 时间完成。在此基础上, 批 B_k 也可以在另外的 $O(n)$ 时间产生并被安排。在每次迭代 k 结束时, $\mathcal{L}$ 要花费 $O(n)$ 时间更新为 $\mathcal{L}\setminus B_k$。这意味着每次迭代 k $(n-l+1\leqslant k\leqslant n)$ 都需要花费 $O(n)$ 时间。因此, 算法 3.4 的运行时间为 $O(ln)=O(n^2)$。

引理 3.7 中的第 2 个结论可以由引理 3.6 和算法 3.4 的执行过程直接得到。引理 3.7 得证。 □

对于问题 $P_Y(l,\mu,\mathcal{J})$, 可进一步得到下面的引理。

引理 3.8 假设 $1\leqslant\mu\leqslant l\leqslant l'\leqslant n$, $Y\geqslant Y'$, 令 $\sigma=(B_1,B_2,\cdots,B_n)^{(l)}$ 是问题 $P_Y(l,\mu,\mathcal{J})$ 的一个最优 l-排序, $\sigma'=(B_1',B_2',\cdots,B_n')^{(l')}$ 为问题 $P_{Y'}(l',\mu,\mathcal{J})$ 一个可行的 l' 排序, 则有

$$p(B_{n-\mu+1})+p(B_{n-\mu+2})+\cdots+p(B_n)\geqslant p(B'_{n-\mu+1})+p(B'_{n-\mu+2})+\cdots+p(B'_n)$$

证明 先从 σ' 构造一个 l-排序, 具体地, 令 $B_1''=B_2''=\cdots=B''_{n-\mu-1}=\varnothing$, $B''_{n-\mu}=\mathcal{J}\setminus(B'_{n-\mu+1}\bigcup B'_{n-\mu+2}\bigcup\cdots\bigcup B'_n)$; 对于 $n-\mu+1\leqslant k\leqslant n$, 令 $B_k''=B_k'$。注意到, 批 $B''_{n-\mu}$ 可能包含多于 b 个工件。但是, 即使这样, 也仍然满足前面关于问题 $P_Y(l',\mu,\mathcal{J})$ 的定义, 并且也不影响讨论。从而, 对于每个工件 $J_j\in B'_{n-\mu+1}\bigcup B'_{n-\mu+2}\bigcup\cdots\bigcup B'_n$, 可得 $C_j(\sigma'')=C_j(\sigma')-(l'-l)s\leqslant C_j(\sigma')$。进而, 可得 $f_j(C_j(\sigma''))\leqslant f_j(C_j(\sigma'))\leqslant Y'\leqslant Y$。这意味着 σ'' 是问题 $P_Y(l,\mu,\mathcal{J})$ 的一个可行的 l-排序。又由 σ 的最优性可知, $p(B_{n-\mu+1})+p(B_{n-\mu+2})+\cdots+p(B_n)\geqslant p(B'_{n-\mu+1})+p(B'_{n-\mu+2})+\cdots+p(B'_n)$。引理 3.8 得证。 □

如果 $(C^{(l)},Y)$ 是一个 Pareto 最优点, 则由算法 3.4 得到的 l-排序也一定是一个 Pareto 最优排序。对于问题 $1|\text{s-batch},b<n|\#(C_{\max},f_{\max})$, 给出下面的算法 3.5。注意, 每个可行排序至少包含 $\left\lceil\frac{n}{b}\right\rceil$ 批。

算法 3.5　对于问题 $1|\text{s-batch}, b < n|\#(C_{\max}, f_{\max})$。

步骤 1　令 $l_0 = \left\lceil \dfrac{n}{b} \right\rceil$, $Y_0 = +\infty$, $\sigma_0 = (B_1^{(0)}, B_2^{(0)}, \cdots, B_n^{(0)})^{(l_0)}$ 为算法 3.4 得到的 l_0-排序。其中, $B_n^{(0)}$ 包含 $\vec{\mathcal{J}}$ 中最后 b 个工件; 对于 $x \in \{n-l_0+2, n-l_0+3, \cdots, n\}$, $B_x^{(0)}$ 包含 $\vec{\mathcal{J}} \setminus (B_{x+1}^{(0)} \bigcup B_{x+2}^{(0)} \bigcup \cdots \bigcup B_n^{(0)})$ 中的最后 b 个工件; $B_{n-l_0+1}^{(0)}$ 包含其余所有的工件; 而且 $B_1^{(0)} = B_2^{(0)} = \cdots = B_{n-l_0}^{(0)} = \varnothing$。计算目标值 $f_{\max}(\sigma_0)$, 并置 $i := 0$。

步骤 2　置 $l := l_i$, $Y := f_{\max}(\sigma_i) - 1$。

步骤 3　置 $i := i + 1$, 并运行算法 3.4。

步骤 4　如果算法 3.4 声明问题 $P_Y(l, \mathcal{J})$ 是不可行的, 则置 $l := l + 1$, 并进行如下操作:

(1) 若 $l = n + 1$, 跳转至步骤 6。

(2) 若 $l \leqslant n$, 返回步骤 3。

步骤 5　如果算法 3.4 输出一个可行排序 σ, 则计算 $f_{\max}(\sigma)$。置 $l_i := l$, $Y_i := Y$, $\sigma_i := \sigma$, 并返回步骤 2。

步骤 6　令 K 为上面迭代过程得到的 i 的最大值, 确定集合

$$E = \{(C^{(l_i)}, f_{\max}(\sigma_i)) : i = 0, 1, \cdots, K, l_i < l_{i+1}\} \tag{3.4}$$

其中, $l_{K+1} = +\infty$, 输出 E 和集合 $\{(C^{(l_i)}, f_{\max}(\sigma_i), \sigma_i) : (C^{(l_i)}, f_{\max}(\sigma_i)) \in E\}$。

注意到算法 3.5 产生 $K+1$ 个 l-值 $l_0, l_1, \cdots, l_K$、$K+1$ 个 Y-值 $Y_0, Y_1, \cdots, Y_K$ 和 $K+1$ 个排序 $\sigma_0, \sigma_1, \cdots, \sigma_K$。由算法 3.5 的执行过程可知, 有

$$l_0 \leqslant l_1 \leqslant \cdots \leqslant l_K \tag{3.5}$$

$$Y_0 > Y_1 > \cdots > Y_K \tag{3.6}$$

$$Y_i \geqslant f_{\max}(\sigma_i),\ \forall i \in \{1, 2, \cdots, K\} \tag{3.7}$$

和

$$f_{\max}(\sigma_i) = Y_{i+1} + 1,\ \forall i \in \{1, 2, \cdots, K-1\} \tag{3.8}$$

由式 (3.6), 式 (3.7) 和式 (3.8), 可进一步得到

$$f_{\max}(\sigma_0) > f_{\max}(\sigma_1) > \cdots > f_{\max}(\sigma_i) > \cdots > f_{\max}(\sigma_K),\ i \in \{2, 3, \cdots, K-1\} \tag{3.9}$$

引理 3.9　E是问题 $1|\text{s-batch}, b<n|\#(C_{\max}, f_{\max})$ 的所有 Pareto 最优点的集合。

证明　为方便起见, 假设 $|E| = e$, 并把 E 重记为

$$E = \{(C^{(l_{i_1})}, f_{\max}(\sigma_{i_1})), (C^{(l_{i_2})}, f_{\max}(\sigma_{i_2}), \cdots, (C^{(l_{i_e})}, f_{\max}(\sigma_{i_e})\} \tag{3.10}$$

这里 $0 \leqslant i_1 < i_2 < \cdots < i_e \leqslant K$。由式 (3.4) 可知, $l_0 = l_{i_1} < l_{i_2} < \cdots < l_{i_e}$。对于每个 $a \in \{1, 2, \cdots, e\}$, 定义 $i'_a = \min\{i : l_i = l_{i_a}\}$, 则有 $i'_a \leqslant i_a$ 成立。下面给出 3 个断言。

断言 1 令 $a \in \{1, 2, \cdots, e\}$, 如果 $i'_a < i_a$, 则对于每个 $i \in \{i'_a, i'_a + 1, \cdots, i_a - 1\}$, $(C^{(l_i)}, f_{\max}(\sigma_i))$ 不是一个 Pareto 最优点。

对断言 1 的证明。由式 (3.5) 和式 (3.9), 对于每个 $i \in \{i'_a, i'_a + 1, \cdots, i_a - 1\}$, 有 $C_{\max}(\sigma_i) = C^{(l_{i_a})} = C_{\max}(\sigma_{i_a})$ 和 $f_{\max}(\sigma_i) > f_{\max}(\sigma_{i_a})$。因而, σ_i 不是 Pareto 最优排序, $(C^{(l_i)}, f_{\max}(\sigma_i))$ 也不是 Pareto 最优点。断言 1 得证。 □

断言 2 令 $a \in \{1, 2, \cdots, e-1\}$, 如果 $i_a + 2 \leqslant i'_{a+1}$, 则对于每个 $l \in \{l_{i_a} + 1, l_{i_a} + 2, \cdots, l_{i'_{a+1}} - 1\}$, 不存在 Pareto 最优点 (C, Y) 使得 $C = C^{(l)}$。

对断言 2 的证明。注意到 σ_{i_a} 的目标向量为 $(C^{(l_{i_a})}, f_{\max}(\sigma_{i_a}))$, 则存在一个 Pareto 最优点 (C', Y') 使得 $C' \leqslant C^{(l_{i_a})}$ 且 $Y' \leqslant f_{\max}(\sigma_{i_a})$。如果存在一个 Pareto 最优点 (C, Y) 使得对于某个 $l \in \{l_{i_a} + 1, l_{i_a} + 2, \cdots, l_{i'_{a+1}} - 1\}$, 有 $C = C^{(l)}$ 成立, 则事实 $C = C^{(l)} > C^{(l_{i_a})}$ 意味着 $Y < Y' \leqslant f_{\max}(\sigma_{i_a})$。因为问题 $P_Y(l, \mathcal{J})$ 是可行的, 所以问题 $P_{Y''}(l, \mathcal{J})$ 也是可行的, 其中 $Y'' = f_{\max}(\sigma_{i_a}) - 1$。但是, 当由算法 3.5 得到排序 σ_{i_a} 时, 步骤 4 的执行过程却表明问题 $P_{Y''}(l, \mathcal{J})$ 是不可行的。这与问题 $P_{Y''}(l, \mathcal{J})$ 是可行的相矛盾。断言 2 得证。 □

断言 3 对于每个标号 $a \in \{1, 2, \cdots, e\}$, 向量 $(C^{(l_{i_a})}, f_{\max}(\sigma_{i_a}))$ 都是一个 Pareto 最优点。

对断言 3 的证明。固定一个标号 $a \in \{1, 2, \cdots, e\}$, 则算法 3.5 的执行过程意味着问题 $P_Y(l_{i_a}, \mathcal{J})$ 是不可行的。其中, $Y = f_{\max}(\sigma_{i_a}) - 1$, 这也说明 $f_{\max}(\sigma_{i_a})$ 是满足限制条件 $C_{\max} \leqslant C^{(l_{i_a})}$ 的 $f_{\max}$ 最小值。因此, 存在一个 Pareto 最优点 $(C, f_{\max}(\sigma_{i_a}))$ 使得 $C \leqslant C^{(l_{i_a})}$。相反, 假设 $C < C^{(l_{i_a})}$, 由断言 1 和断言 2 可知, $C = C^{(l_{i_{a'}})}$, 且对于某个 $a' \in \{1, 2, \cdots, a-1\}$, 有 $f_{\max}(\sigma_{i_{a'}}) = f_{\max}(\sigma_{i_a})$ 成立。但是, 由式 (3.9) 可知, $f_{\max}(\sigma_{i_{a'}}) > f_{\max}(\sigma_{i_a})$。这与 $f_{\max}(\sigma_{i_{a'}}) > f_{\max}(\sigma_{i_a})$ 相矛盾。断言 3 得证。 □

综合上面 3 个断言, 可以得到结论: E 是问题 $1|\text{s-batch}, b < n|\#(C_{\max}, f_{\max})$ 所有 Pareto 最优点的集合。引理 3.9 得证。 □

下面将给出本节最后的结果。

定理 3.3 算法 3.5 可以在 $O(n^4)$ 时间内求解问题 $1|\text{s-batch}, b < n|\#(C_{\max}, f_{\max})$。

证明 引理 3.9 可以保证算法 3.5 的正确性。下面分析其时间复杂性。

如前面所述, 对于每个标号 $i \in \{0, 1, \cdots, K\}$, 排序 $\sigma_i = (B_1^{(i)}, B_2^{(i)}, \cdots, B_n^{(i)})^{(l_i)}$, 进一步引入下面的记号:

(1) $\tau_k^{(i)} = C_{B_k^{(i)}}(\sigma_i)$ 表示 σ_i 中第 k 批的完工时间;

(2) $Q_k^{(i)} = \{J_j : 1 \leqslant j \leqslant n, f_j(\tau_k^{(i)}) \leqslant Y_i\}$ 表示 $\tau_k^{(i)}$ 时刻 Y_i-可用工件的集合;

(3) $\varDelta(\sigma_i) = |Q_1^{(i)}| + |Q_2^{(i)}| + \cdots + |Q_n^{(i)}|$。

令 $i \in \{0, 1, \cdots, K-1\}$, 考虑两个排序 σ_i 和 σ_{i+1}, 可以断言

$$\tau_x^{(i+1)} \geqslant \tau_x^{(i)},\ \forall x \in \{1, 2, \cdots, n\} \tag{3.11}$$

对于 $x = n$, 由式 (3.5) 可知, $\tau_n^{(i+1)} = C^{(l_{i+1})} \geqslant C^{(l_i)} = \tau_n^{(i)}$, 这与式 (3.11) 的要求相符。

对于 $x \in \{1, 2, \cdots, n - l_i\}$, 有 $\tau_x^{(i)} = 0$, 因而, $\tau_x^{(i+1)} \geqslant \tau_x^{(i)}$, 这也与式 (3.11) 的要求相符。下面假设 $x \in \{n - l_i + 1, n - l_i + 2, \cdots, n-1\}$, 注意到 σ_i 是由算法 3.4 产生的 l_i-排序, 而 σ_{i+1} 是由算法 3.4 产生的一个 l_{i+1}-排序。令 $\mu = n - x$, 由引理 3.7 可知, σ_i 是问题 $P_{Y_i}(l_i, \mu, \mathcal{J})$ 的一个最优的 l_i-排序, σ_{i+1} 是问题 $P_{Y_{i+1}}(l_{i+1}, \mu, \mathcal{J})$ 的 l_{i+1}-排序, 也是可行的 l'-排序。由引理 3.8 可知,

$$p(B_{n-\mu+1}^{(i)}) + p(B_{n-\mu+2}^{(i)}) + \cdots + p(B_n^{(i)}) \geqslant p(B_{n-\mu+1}^{(i+1)}) + p(B_{n-\mu+2}^{(i+1)}) + \cdots + p(B_n^{(i+1)})$$

注意到, $C^{(l_{i+1})} \geqslant C^{(l_i)}$, $\tau_x^{(i+1)} = C^{(l_{i+1})} - (p(B_{n-\mu+1}^{(i+1)}) + p(B_{n-\mu+2}^{(i+1)}) + \cdots + p(B_n^{(i+1)}))$ 和 $\tau_x^{(i)} = C^{(l_i)} - (p(B_{n-\mu+1}^{(i)}) + p(B_{n-\mu+2}^{(i)}) + \cdots + p(B_n^{(i)}))$, 可以得出结论 $\tau_x^{(i+1)} \geqslant \tau_x^{(i)}$。这与式 (3.11) 的要求一样。式 (3.11) 所描述的断言得证。

由式 (3.11) 所描述的断言可知, 对于每个 $x \in \{1, 2, \cdots, n\}$, 有

$$\begin{aligned} Q_x^{(i+1)} &= \{J_j \in \mathcal{J} : f_j(\tau_x^{(i+1)}) \leqslant Y_{i+1}\} \\ &\subseteq \{J_j \in \mathcal{J} : f_j(\tau_x^{(i)}) \leqslant Y_{i+1}\}\ (\text{因为 } \tau_x^{(i+1)} \geqslant \tau_x^{(i)}) \\ &\subseteq \{J_j \in \mathcal{J} : f_j(\tau_x^{(i)}) \leqslant Y_i\}\ (\text{因为 } Y_{i+1} < Y_i) \\ &= Q_x^{(i)} \end{aligned}$$

如果对于所有的 $x \in \{1, 2, \cdots, n\}$, 都有 $Q_x^{(i+1)} = Q_x^{(i)}$ 成立, 则由算法 3.4 的执行过程可知, σ_{i+1} 和 σ_i 有相同的批序列, 即

$$(B_1^{(i+1)}, B_2^{(i+1)}, \cdots, B_n^{(i+1)}) = (B_1^{(i)}, B_2^{(i)}, \cdots, B_n^{(i)})$$

注意到 $l_{i+1} \geqslant l_i$, σ_{i+1} 是一个 l_{i+1}-排序, 而 σ_i 是一个 l_i-排序。由此可知, 对于所有的工件 $J_j \in \mathcal{J}$, 都有 $C_j(\sigma_{i+1}) \geqslant C_j(\sigma_i)$ 成立。这也意味着 $f_{\max}(\sigma_{i+1}) \geqslant f_{\max}(\sigma_i)$。但是, 这个结论与式 (3.9) 中的不等式 $f_{\max}(\sigma_{i+1}) < f_{\max}(\sigma_i)$ 相矛盾。因此, 可以得出结论: 对于所有的 $x \in \{1, 2, \cdots, n\}$, 都有 $|Q_x^{(i+1)}| \leqslant |Q_x^{(i)}|$ 成立, 并且至少存在一个 $y \in \{1, 2, \cdots, n\}$ 使得 $|Q_y^{(i+1)}| \leqslant |Q_y^{(i)}| - 1$。

回顾 $\varDelta(\sigma_i) = |Q_1^{(i)}| + |Q_2^{(i)}| + \cdots + |Q_n^{(i)}|$, 则对于任意的标号 $i \in \{0, 1, \cdots, K-1\}$, 都有 $\varDelta(\sigma_i) \geqslant \varDelta(\sigma_{i+1}) + 1$。因为 $\varDelta(\sigma_0) \leqslant n^2$ 和 $\varDelta(\sigma_K) \geqslant n$ (注意这个界只是粗略的估计) 可以容易地被观察出来, 所以可得出结论: $K \leqslant n^2 - n$。

在算法 3.5 的执行过程中, 步骤 4 需要运行至多 n 次; 步骤 5 需要运行至多 K 次; 步骤 3 需要调用算法 3.4 至多 n^2 次。又由于算法 3.4 的时间复杂性是 $O(n^2)$, 所以算法 3.5 的总体时间复杂性为 $O(n^4)$。定理 3.3 得证。 □

3.2.3 问题 (Ⅱ)

定理 3.4 问题 $1|\prec, \text{s-batch}, b=2|L_{\max}$ 是强 NP-困难的。

证明 利用下面强 NP-完全的团问题 (Garey et al., 1979) 进行归结。

问题 3.1 团问题。给定一个简单图 $G=(V(G),E(G))$ 和一个正整数 k, 其中 $1\leqslant k\leqslant |V(G)|-1$, 问图 G 是否存在一个团 K 使得 $|K|\geqslant k$。

在团问题中, $V(G)$ 和 $E(G)$ 分别表示图 G 的顶点集合和边集合。团 K 指的是 $V(G)$ 的一个子集合, 它满足, 对于任意两个顶点 $u,v\in K$, 存在一条边 $e\in E(G)$ 使得 u 和 v 正好是 e 的两个端点 (在这种情形下, 也说 e 与 u 和 v 相关联)。对于一个团 K, 用 $E(K)$ 表示所有与 K 中的某两个顶点相关联的边构成的集合 (也称 $E(K)$ 是由 K 导出的边集合, 并且, 若 $e\in E(K)$, 则称 e 是由 K 导出的一条边)。

注意到, 图 G 的一个团 $K(|K|\geqslant k)$ 至少可以导出 $\frac{1}{2}k(k-1)$ 条边, 因此, 不等式 $|E(G)|\leqslant \frac{1}{2}k(k-1)-1$ 意味着图 G 一定不会包含至少 k 个顶点的团。为此, 只需考虑满足 $|E(G)|\geqslant \frac{1}{2}k(k-1)$ 的团问题的实例 (G,k)。另外, 显然, 在团问题中, 问 "是否存在图 G 的一个团 K 使得 $|K|\geqslant k$" 等同于问 "是否存在图 G 的一个团 K 使得 $|K|=k$"。鉴于此, 在接下来的证明中就直接采用后一种问法。

令 (G,k) 为团问题的一个实例, 其中, $|E(G)|\geqslant k'$, $k'=\frac{1}{2}k(k-1)$。令 $n=|V(G)|$, $m=|E(G)|$。我们所构造排序问题 $1|\prec$, s-batch, $b=2|L_{\max}$ 的判定形式的一个实例如下:

(1) $2n+2m$ 个工件为

$$\begin{cases} n \text{ 个顶点工件 } J_v,\ v\in V(G) \\ n \text{ 个顶点限制工件 } J_1,J_2,\cdots,J_n \\ m \text{ 个边工件 } J_e,\ e\in E(G) \\ m \text{ 个边限制工件 } J'_1,J'_2,\cdots,J'_m \end{cases}$$

(2) $2n+2m$ 个工件的加工时间为

$$\begin{cases} p_v=2, & v\in V(G) \\ p_e=1, & e\in E(G) \\ p_j=2, & 1\leqslant j\leqslant n \\ p'_j=1, & 1\leqslant j\leqslant m \end{cases}$$

(3) $2n+2m$ 个工件的工期如下：

所有的顶点工件 J_v, $v \in V(G)$, 有共同的工期 $d_v = 5n+3k'$; 所有的边工件 J_e, $e \in E(G)$, 有共同的工期 $d_e = 5n+3m$; 其余 n 个顶点限制工件和 m 个边限制工件的工期如表 3.1 所示。

表 3.1　$n+m$ 个限制工件的工期

顶点限制工件	工期	边限制工件	工期
J_1	5	J'_1	$5k+3$
J_2	10	J'_2	$5k+6$
$\vdots$	$\vdots$	$\vdots$	$\vdots$
J_k	$5k$	$J'_{k'}$	$5k+3k'$
J_{k+1}	$5(k+1)+3k'$	$J'_{k'+1}$	$5n+3(k'+1)$
J_{k+2}	$5(k+2)+3k'$	$J'_{k'+2}$	$5n+3(k'+2)$
$\vdots$	$\vdots$	$\vdots$	$\vdots$
J_n	$5n+3k'$	J'_m	$5n+3m$

(4) 工件之间的严格序约束关系定义如下：

$$\begin{cases} \text{①}\ J_v \prec J_e, \text{对于任意的 } v \in V(G), e \in E(G) \text{ 且 } v \text{ 是边 } e \text{ 的一个端点}; \\ \text{②}\ J_j \prec J_e, \text{对于任意的 } 1 \leqslant j \leqslant k \text{ 和 } e \in E(G); \\ \text{③}\ J_v \prec J'_j, \text{对于任意的 } v \in V(G) \text{ 和 } k'+1 \leqslant j \leqslant m; \\ \text{④}\ J_1 \prec \cdots \prec J_k \prec J'_1 \prec \cdots \prec J'_{k'} \prec J_{k+1} \prec \cdots \prec J_n \prec J'_{k'+1} \prec \cdots \prec J'_m\text{。} \end{cases}$$

(5) 批的安装时间为 $s=1$。

(6) 问是否存在一个可行排序 σ 使得 $L_{\max}(\sigma) \leqslant 0$。

显然，上述排序问题的判定形式属于 NP 类，且上面的实例可以在多项式时间内以一元代码构造完成。首先，假设团问题实例 (G,k) 有解，即图 G 有一个团 K, $|K|=k$。现在构造上述排序问题实例的一个可行解，具体过程描述如下：首先，对 $V(G)$ 中的顶点进行重新标号，使得对于 $1 \leqslant i \leqslant k$, 有 $v_i \in K$; 对于 $k+1 \leqslant i \leqslant n$, 有 $v_i \in V(G) \backslash K$。同时，对于相对应的顶点工件的标号也进行相应的变动。其次，类似地，对 $E(G)$ 中的边也进行重新标号，使得对于 $1 \leqslant i \leqslant k'$, 有 $e_i \in E(K)$; 对于 $k'+1 \leqslant i \leqslant m$, 有 $e_i \in E(G) \backslash E(K)$。同时，对于相对应的边工件的标号也作相应的变动。最后，在此标号方式下，定义排序 $\sigma = (B_1, B_2, \cdots, B_k, B'_1, B'_2, \cdots, B'_{k'}, B_{k+1}, B_{k+2}, \cdots, B_n, B'_{k'+1}, B'_{k'+2}, \cdots, B'_m)$, 其中，对于任意的 $1 \leqslant i \leqslant n$, 有 $B_i = \{J_{v_i}, J_i\}$; 对于 $1 \leqslant i \leqslant m$, 有 $B'_i = \{J_{e_i}, J'_i\}$。容易验证 $L_{\max}(\sigma) \leqslant 0$, 这就完成了对定理 3.4 的充分性的证明。

下面, 转向证明定理 3.4 的必要性。假设上面构造的排序问题 $1|\prec$, s-batch, $b=2|L_{\max}$ 的判定形式的实例有一个可行排序 π 使得 $L_{\max}(\pi)\leqslant 0$, 则可得到如下的断言, 并且这些断言对 π 是成立的。

断言 1 排序 π 有 $n+m$ 批, 并且每批恰好包含两个工件。

对断言 1 的证明。 由序约束关系④可知, π 至少包含 $n+m$ 批。如果 σ 包含多于 $n+m$ 批, 则对于 σ 的最后一批, 不妨记为 $\hat{B}$, 有 $C_{\hat{B}}(\pi)>(n+m)s+\sum\limits_{1\leqslant i\leqslant n}p_{v_i}+\sum\limits_{1\leqslant i\leqslant n}p_i+\sum\limits_{1\leqslant i\leqslant m}p_{e_i}+\sum\limits_{1\leqslant i\leqslant m}p'_i=5n+3m$。因而, 对于每个工件 $J_j\in\hat{B}$, 因为由实例的构造可知 $d_j\leqslant 5n+3m$, 所以有 $L_j(\pi)=C_{\hat{B}}(\pi)-d_j>0$。这与假设 $L_{\max}(\pi)\leqslant 0$ 相矛盾。因此, 排序 π 有 $n+m$ 批。进一步, 因为排序实例中共有 $2n+2m$ 个工件, 且批容量为 2, 所以每批恰好包含两个工件。断言 1 得证。 □

断言 1 和序约束关系④意味着排序 π 可以表示为

$$\pi=(\bar{B}_1,\bar{B}_2,\cdots,\bar{B}_k,\bar{B}'_1,\bar{B}'_2,\cdots,\bar{B}'_{k'},\bar{B}_{k+1},\bar{B}_{k+2},\cdots,\bar{B}_n,\bar{B}'_{k'+1},\bar{B}'_{k'+2},\cdots,\bar{B}'_m)$$

其中, 对于 $1\leqslant i\leqslant n$, 顶点限制工件 $J_i\in\bar{B}_i$; 对于 $1\leqslant i\leqslant m$, 边限制工件 $J'_i\in\bar{B}'_i$。

断言 2 对于 $1\leqslant i\leqslant k$, 每批 $\bar{B}_i$ 除了包含一个顶点限制工件 J_i 外, 还包含一个顶点工件。

断言 2 可以直接由序约束关系②得到。

断言 3 对于 $1\leqslant i\leqslant k'$, 每批 $\bar{B}'_i$ 除了包含一个边限制工件 J'_i 外, 还包含一个边工件。

对断言 3 的证明。 (反证法)。假设某批 $\bar{B}'_{i^*}(1\leqslant i^*\leqslant k')$ 除了包含边限制工件 J'_{i^*} 外, 不包含任何边工件, 并且 $\bar{B}'_{i^*}$ 是第一个这样的批。由断言 1 和序约束关系③及序约束关系④可知, 批 $\bar{B}'_{i^*}$ 一定包含某个顶点工件 $J_{v_{j^*}}(1\leqslant j^*\leqslant n)$。因而, 由断言 2 可得

$$C_{\bar{B}'_{i^*}}(\pi)=(k+i^*)s+\sum_{1\leqslant i\leqslant k}p_{\bar{B}_i}+\sum_{1\leqslant i\leqslant i^*-1}p_{\bar{B}'_i}+p'_{i^*}+p_{v_{j^*}}=5k+3i^*+1>d_{i^*}$$

其中, 上面的不等式成立是因为 $d_{i^*}=5k+3i^*$。因此, 有 $L_{i^*}(\sigma)>0$ 成立, 这与 $L_{\max}(\pi)\leqslant 0$ 相矛盾。断言 3 得证。

定义顶点子集合 $K\subseteq V(G)$ 包含所有的顶点 v_i $(1\leqslant i\leqslant n)$, 其中, 每个顶点 v_i 能够使得其所对应的顶点工件 J_{v_i} 排在 π 的前 k 批中的某一批; 同时, 定义边子集合 $M\subseteq E(G)$ 包含所有的边 e_i $(1\leqslant i\leqslant m)$, 其中, 每条边 e_i 能够使得其所对应的边工件 J_{e_i} 排在 π 中的批 $\bar{B}'_1,\bar{B}'_2,\cdots,\bar{B}'_{k'}$ 中的某一批。

接下来, 说明集合 K 构成了图 G 的一个团。为此, 回顾 $E(K)$ 表示的是由 K 导出的边集合, 并引入另外一个记号

$$V(M)=\{v:v\in V(G),v \text{ 是 } M \text{ 中的某条边的一个端点}\}$$

由序约束关系①, 有 $V(M)\subseteq K$, 进而, 有 $M\subseteq E(V(M))\subseteq E(K)$。因而, 可推得 $k'=|M|\leqslant|E(V(M))|\leqslant|E(K)|\leqslant\dfrac{k(k-1)}{2}=k'$ 成立, 其中, 最后一个不等式成立是因为 k 个顶点至多可以导出 $\dfrac{k(k-1)}{2}$ 条边。因此, $M=E(K)$, 即 K 是图 G 的一个包含 k 个顶点的团。定理 3.4 得证。 □

定理 3.4 意味着下面 3 个推论也成立:

推论 3.1　问题 $1|\prec$, s-batch, $b=2|\sum U_j$ 是强 NP-困难的。

推论 3.2　问题 $1|\prec$, s-batch, $b<n|L_{\max}$ 是强 NP-困难的。

推论 3.3　问题 $1|\prec$, s-batch, $b<n|\#(C_{\max},L_{\max})$ 是强 NP-困难的。

根据定理 3.4, 容易得出以下定理。

定理 3.5　假设 $s\neq 0$, 则问题 $1|\prec$, s-batch, $b=m|C_{\max}$ 等价于问题 $Pm|\prec$, $p_j=1|C_{\max}$。

当 m 是问题实例输入的一部分时, 问题 $Pm|\prec$, $p_j=1|C_{\max}$ 在文献中已被证明是强 NP-困难的。由此事实和定理 3.5, 可得到下面的推论。

推论 3.4　当 m 是问题实例输入的一部分时, 问题 $1|\prec$, s-batch, $b=m|C_{\max}$ 是强 NP-困难的。

注意到, 问题 $P2|\prec$, $p_j=1|C_{\max}$ 在文献中已被证明是多项式时间可解的。由此事实和定理 3.17 可知, 下面的推论也成立。

推论 3.5　问题 $1|\prec$, s-batch, $b=2|C_{\max}$ 是多项式时间可解的。

3.2.4　问题 (Ⅲ)

定理 3.6　问题 $1|\preceq$, s-batch, $b=2|L_{\max}$ 是强 NP-困难的。

证明　仍然利用强 NP-完全的团问题 (Garey et al., 1979) 进行归结。

令 (G,k) 为团问题的一个实例, 其中, $|E(G)|\geqslant k'$, $k'=\dfrac{1}{2}k(k-1)$; 令 $n=|V(G)|$, $m=|E(G)|$, 构造排序问题 $1|\preceq$, s-batch, $b=2|L_{\max}$ 的判定形式的一个实例如下:

(1) $4n+4m$ 个工件为

$$\begin{cases} n \text{ 个顶点工件 } J_v,\ v\in V(G); \\ n \text{ 个顶点限制工件 } J_j,\ j=1,2,\cdots,n; \\ 2n \text{ 个顶点挡板工件 } J_j^{(1)}, J_j^{(2)},\ j=1,2,\cdots,n; \\ m \text{ 个边工件 } J_e,\ e\in E(G); \\ m \text{ 个边限制工件 } J'_j,\ j=1,2,\cdots,m; \\ 2m \text{ 个边挡板工件 } J_j'^{(1)}, J_j'^{(2)},\ j=1,2,\cdots,m。 \end{cases}$$

(2) $4n+4m$ 个工件的加工时间为

$$\begin{cases} p_j=4, & 1\leqslant j\leqslant n \\ p_j^{(i)}=4, & 1\leqslant j\leqslant n, 1\leqslant i\leqslant 2 \\ p_v=3, & v\in V(G) \\ p'_j=2, & 1\leqslant j\leqslant m \\ p_j'^{(i)}=2, & 1\leqslant j\leqslant m, 1\leqslant i\leqslant 2 \\ p_e=1, & e\in E(G) \end{cases}$$

(3) $4n+4m$ 个工件的工期为

所有顶点工件 J_v, $v\in V(G)$, 有共同的工期 $d_v=17n+9k'$; 所有边工件 J_e, $e\in E(G)$, 有共同的工期 $d_e=17n+9m$; 其余 $n+m$ 个限制工件和 $2n+2m$ 个挡板工件的工期如表 3.2 所示。

表 3.2 $n+m$ 个限制工件和 $2n+2m$ 个挡板工件的工期

J_1	$J_1^{(1)}, J_1^{(2)}$	J_2	$J_2^{(1)}, J_2^{(2)}$	$\cdots$	J_k	$J_k^{(1)}, J_k^{(2)}$
8	17	25	34	$\cdots$	$17k-9$	$17k$
J'_1	$J_1'^{(1)}, J_1'^{(2)}$	J'_2	$J_2'^{(1)}, J_2'^{(2)}$	$\cdots$	$J'_{k'}$	$J_{k'}'^{(1)}, J_{k'}'^{(2)}$
$17k+4$	$17k+9$	$17k+13$	$17k+18$	$\cdots$	$17k+9k'-5$	$17k+9k'$
J_{k+1}	$J_{k+1}^{(1)}, J_{k+1}^{(2)}$	J_{k+2}	$J_{k+2}^{(1)}, J_{k+2}^{(2)}$	$\cdots$	J_n	$J_n^{(1)}, J_n^{(2)}$
$17k+9k'+8$	$17(k+1)+9k'$	$17(k+1)+9k'+8$	$17(k+2)+9k'$	$\cdots$	$17n+9k'-9$	$17n+9k'$
$J'_{k'+1}$	$J_{k'+1}'^{(1)}, J_{k'+1}'^{(2)}$	$J'_{k'+2}$	$J_{k+2}'^{(1)}, J_{k+2}'^{(2)}$	$\cdots$	J'_m	$J_m'^{(1)}, J_m'^{(2)}$
$17n+9k'+4$	$17n+9(k'+1)$	$17n+9(k'+1)+4$	$17n+9(k'+2)$	$\cdots$	$17n+9m-5$	$17n+9m$

(4) 工件之间的弱序约束关系定义如下:

$$\begin{cases} \text{①}\ J_v\preceq J_e, \text{ 对于任意的 } v\in V(G), e\in E(G) \text{ 且 } v \text{ 是边 } e \text{ 的一个端点}; \\ \text{②}\ J_j\preceq J_e, \text{ 对于任意的 } 1\leqslant j\leqslant k \text{ 和 } e\in E(G); \\ \text{③}\ J_v\preceq J'_j, \text{ 对于任意的 } v\in V(G) \text{ 和 } k'+1\leqslant j\leqslant m; \\ \text{④}\ J_1\preceq\cdots\preceq J_k\preceq J'_1\preceq\cdots\preceq J'_{k'}\preceq J_{k+1}\preceq\cdots\preceq J_n\preceq J'_{k'+1}\preceq\cdots\preceq J'_m; \\ \text{⑤}\ J_j\preceq J_j^{(1)}\preceq J_j^{(2)}\preceq J_{j+1}, \text{ 对于任意的 } 1\leqslant j\leqslant n-1 \text{ 和} J_n\preceq J_n^{(1)}\preceq J_n^{(2)}; \\ \text{⑥}\ J'_j\preceq J_j'^{(1)}\preceq J_j'^{(2)}\preceq J'_{j+1}, \text{ 对于任意的 } 1\leqslant j\leqslant m-1 \text{ 和} J_m\preceq J_m^{(1)}\preceq J_m^{(2)}。 \end{cases}$$

(5) 批的安装时间为 $s=1$。

(6) 问是否存在一个可行排序 σ 使得 $L_{\max}(\sigma)\leqslant 0$。

显然, 上述排序问题的判定形式属于 NP 类, 且上述实例可以在多项式时间内以一元代码构造完成。首先, 假设团问题实例 (G,k) 有解, 即图 G 有一个团 K, $|K|=k$。现在构造排序问题实例的一个可行解, 具体过程描述如下: 首先, 对 $V(G)$ 中的顶点进行重新标号使得对于 $1\leqslant i\leqslant k$, 有 $v_i\in K$; 对于 $k+1\leqslant i\leqslant n$, 有 $v_i\in V(G)\backslash K$。同时, 对于相对应的顶点工件的标号也进行相应的变动。其次, 类似地, 对 $E(G)$ 中的边也进行重新标号使得对于 $1\leqslant i\leqslant k'$, 有 $e_i\in E(K)$; 对于 $k'+1\leqslant i\leqslant m$, 有 $e_i\in E(G)\backslash E(K)$。同时, 对于相对应的边工件的标号也进行相应的变动。最后, 在此标号方式下, 定义排序

$$\sigma=\{\sigma^v_{\leqslant k},\sigma^e_{\leqslant k'},\sigma^v_{>k},\sigma^e_{>k'}\} \tag{3.12}$$

其中,

$$\begin{cases}\sigma^v_{\leqslant k}=(B_1,B_1^{(*)},B_2,B_2^{(*)},\cdots,B_k,B_k^{(*)})\\ \sigma^e_{\leqslant k'}=(B'_1,B_1'^{(*)},B'_2,B_2'^{(*)},\cdots,B'_{k'},B_{k'}'^{(*)})\\ \sigma^v_{>k}=(B_{k+1},B_{k+1}^{(*)},B_{k+2},B_{k+2}^{(*)},\cdots,B_n,B_n^{(*)})\\ \sigma^e_{>k'}=(B'_{k'+1},B_{k'+1}'^{(*)},B'_{k'+2},B_{k'+2}'^{(*)},\cdots,B'_m,B_m'^{(*)})\end{cases} \tag{3.13}$$

和

$$\begin{cases}B_j=\{J_{v_j},J_j\}, & 对于\ 1\leqslant j\leqslant n\\ B_j^{(*)}=\{J_j^{(1)},J_j^{(2)}\}, & 对于\ 1\leqslant j\leqslant n\\ B_j=\{J_{e_j},J'_j\}, & 对于\ 1\leqslant j\leqslant m\\ B_j'^{(*)}=\{J_j'^{(1)},J_j'^{(2)}\}, & 对于\ 1\leqslant j\leqslant m\end{cases} \tag{3.14}$$

容易验证 $L_{\max}(\sigma)\leqslant 0$, 这就完成了对定理 3.6 的充分性的证明。

下面, 转向对定理 3.6 的必要性的证明。假设上面构造的排序问题 $1|\preceq$, s-batch, $b=2|L_{\max}$ 的判定形式的实例有一个可行排序 π 使得 $L_{\max}(\pi)\leqslant 0$, 则可得到下面的断言, 并且它们对 π 是成立的。

断言 1　排序 π 有 $2n+2m$ 批, 并且每批恰好包含两个工件。

对断言 1 的证明。如果 π 包含多于 $2n+2m$ 批, 则对于 σ 的最后一批, 不妨记为 $\hat{B}$, 有 $C_{\hat{B}}(\pi)>2(n+m)s+\sum\limits_{1\leqslant j\leqslant n}p_{v_j}+\sum\limits_{1\leqslant j\leqslant n}p_j+\sum\limits_{\substack{1\leqslant j\leqslant n\\1\leqslant i\leqslant 2}}p_j^{(i)}+\sum\limits_{1\leqslant j\leqslant m}p_{e_j}+$

$\sum\limits_{1\leqslant j\leqslant m} p'_j + \sum\limits_{\substack{1\leqslant j\leqslant m\\1\leqslant i\leqslant 2}} p'^{(i)}_j = 17n+9m$。因而，对于每个工件 $J_j\in\hat{B}$，因为由实例的构造可知 $d_j\leqslant 17n+9m$，所以有 $L_j(\pi)=C_{\hat{B}}(\pi)-d_j>0$。这与假设 $L_{\max}(\pi)\leqslant 0$ 相矛盾。进一步，因为实例中共有 $4n+4m$ 个工件，且批的容量为 2，所以 π 至少包含 $2n+2m$ 批。因此，π 有 $2n+2m$ 批，且每批恰好包含两个工件。断言 1 得证。 □

由断言 1 可知，π 可以表示为 $\pi=(\bar{B}_1,\bar{B}_2,\cdots,\bar{B}_{2n+2m})$。接下来，说明 π 的结构正如式 (3.12)～式 (3.14) 所描述的一样。为方便起见，记 π 为 $\pi=(\pi_1,\pi_2,\pi_3,\pi_4)$，其中，

$$\begin{cases}\pi_1=(\bar{B}_1,\bar{B}_2,\cdots,\bar{B}_{2k})\\ \pi_2=(\bar{B}_{2k+1},\bar{B}_{2k+2},\cdots,\bar{B}_{2k+2k'})\\ \pi_3=(\bar{B}_{2k+2k'+1},\bar{B}_{2k+2k'+2},\cdots,\bar{B}_{2n+2k'})\\ \pi_4=(\bar{B}_{2n+2k'+1},\bar{B}_{2n+2k'+2},\cdots,\bar{B}_{2n+2m})\end{cases} \tag{3.15}$$

断言 2 π_1 的结构与 $\sigma^v_{\leqslant k}$ 相同，简记为 $\pi_1=\sigma^v_{\leqslant k}$。

对断言 2 的证明。按照 π_1 中的批 $\bar{B}_j$ 的标号 j $(1\leqslant j\leqslant 2k)$ 进行归纳证明。当 $j=1$ 时，由 $b=2$ 和序约束关系②及序约束关系④～⑥可知，$\bar{B}_1$ 仅有三种可能性：$\{J_1,J_v\}$，其中 v 是 $V(G)$ 中的某个顶点；$\{J_1,J_1^{(1)}\}$；$\{J_u,J_v\}$，其中，u, v 是 $V(G)$ 中的某个顶点。对于后面两种情形，都有

$$C_1(\pi)\geqslant\max\{s+p_1+p_1^{(1)},2s+p_u+p_v+p_1\}>s+p_1+p_1^{(1)}=9$$

进而，因为 $d_1=8$，所以 $L_1(\pi)=C_1(\pi)-d_1>0$，这与 $L_{\max}(\pi)\leqslant 0$ 相矛盾。因此，$\bar{B}_1=\{J_1,J_v\}$ 对于某个 $v\in V(G)$。

当 $j=2$ 时，由 $b=2$，序约束关系②及序约束关系④～⑥和已证事实 $\bar{B}_1=\{J_1,J_v\}$ 可知，$\bar{B}_2$ 也只有三种可能性：$\{J_1^{(1)},J_1^{(2)}\}$；$\{J_1^{(1)},J_v\}$，其中 v 是 $V(G)$ 中的某个顶点；$\{J_u,J_v\}$，其中，u,v 是 $V(G)$ 中的某两个顶点。对于后面两种情形，都有

$$\begin{aligned}C_1^{(2)}(\pi)&\geqslant\max\{C_{\bar{B}_1}+2s+p_1^{(1)}+p_1^{(2)}+pv,C_{\bar{B}_1}+2s+p_u+p_v+p_1^{(2)}\}\\&\geqslant C_{\bar{B}_1}+2s+p_u+p_v+p_1^{(2)}=20\end{aligned}$$

进而，因为 $d_1^{(2)}=17$，所以 $L_1^{(2)}(\pi)=C_1^{(2)}(\pi)-d_1^{(2)}>0$，这与 $L_{\max}(\pi)\leqslant 0$ 相矛盾。因此，$\bar{B}_1=\{J_1^{(1)},J_1^{(2)}\}$。

归纳假设，对于每个 $h\leqslant l-1$, $1<l<k$，都有 $\bar{B}_{2h-1}=\{J_h,J_v\}$ 和 $\bar{B}_{2h}=\{J_h^{(1)},J_h^{(2)}\}$ 成立，其中，v 是 $V(G)$ 中的某个顶点。现在说明 $\bar{B}_{2l-1}=\{J_l,J_v\}$ 和 $\bar{B}_{2l}=\{J_l^{(1)},J_l^{(2)}\}$ 成立。

由 $b=2$, 序约束关系②及序约束关系④～⑥和归纳假设可知, $\bar{B}_{2l-1}$ 也仅有三种可能性: $\{J_l, J_v\}$, 其中, v 是 $V(G)$ 中的某个顶点; $\{J_l, J_l^{(1)}\}$; $\{J_u, J_v\}$, 其中, u, v 是 $V(G)$ 中的某两个顶点。

对于后面两种情形, 都有

$$\begin{aligned}C_l(\pi) &\geqslant \max\{C_{\bar{B}_{2l-2}}+s+p_l+p_l^{(1)}, C_{\bar{B}_{2l-2}}+2s+p_u+p_v+p_l\}\\&\geqslant C_{\bar{B}_{2l-2}}+s+p_l+p_l^{(1)}=17l-8\end{aligned}$$

进而, 因为 $d_l=17(l-1)+8$, 所以 $L_l(\pi)=C_l(\pi)-d_l>0$, 这与假设 $L_{\max}(\pi)\leqslant 0$ 相矛盾。因此, $\bar{B}_{2l-1}=\{J_l, J_v\}$, 其中, v 是 $V(G)$ 中的某个顶点。

再次由 $b=2$, 序约束关系②、序约束关系④～⑥及已证事实 $\bar{B}_{2l-1}=\{J_l, J_v\}$ 和归纳假设可知, $\bar{B}_{2l}$ 也仅有三种可能性: $\{J_l^{(1)}, J_l^{(2)}\}$; $\{J_l^{(1)}, J_v\}$, 其中, v 是 $V(G)$ 中的某个顶点; $\{J_u, J_v\}$, 其中, u, v 是 $V(G)$ 中的某两个顶点。对于后面两种情形, 都有

$$\begin{aligned}C_l^{(2)}(\pi) &\geqslant \max\{C_{\bar{B}_{2l-1}}+2s+p_l^{(1)}+p_v+p_l^{(2)}, C_{\bar{B}_{2l-1}}+2s+p_u+p_v+p_l^{(2)}\}\\&> C_{\bar{B}_{2l-1}}+2s+p_u+p_v+p_l^{(2)}=17l+3\end{aligned}$$

进而, 因为 $d_l^{(1)}=17l$, 所以 $L_1^{(1)}(\pi)=C_l^{(1)}(\pi)-d_l^{(1)}>0$, 这与假设 $L_{\max}(\pi)\leqslant 0$ 相矛盾。因此, $\bar{B}_{2l}=\{J_l^{(1)}, J_l^{(2)}\}$。由归纳法原理, 断言 2 的结论成立, 断言 2 得证。 □

断言 3 π_2 的结构与 $\sigma^e_{\leqslant k'}$ 相同, 简记为 $\pi_2=\sigma^e_{\leqslant k'}$。

对断言 3 的证明。按照 π_2 中批 $\bar{B}_j$ 的标号 j $(2k+1\leqslant j\leqslant 2k+2k')$ 由小到大进行归纳。当 $j=2k+1$ 时, 由 $b=2$, 序约束关系②及序约束关系④～⑥和断言 2 可知, $\bar{B}_{2k+1}$ 有六种可能性: $\{J'_1, J_e\}$, 其中, e 是 $E(G)$ 中的某条边; $\{J'_1, J'^{(1)}_l\}$; $\{J'_l, J_v\}$, 其中, v 是 $V(G)$ 中的某个顶点; $\{J_u, J_v\}$, 其中, u, v 是 $V(G)$ 中的某两个顶点; $\{J_e, J_{e'}\}$, 其中, e, e' 是 $E(G)$ 中的某两条边; $\{J_v, J_e\}$, 其中, v 是 $V(G)$ 中的某个顶点, e 是 $E(G)$ 中的某条边。对于除第一个以外的其他所有情形, 都有 $C'_l(\pi)>C_{\bar{B}_{2k}}+2s+p'_l+p_e+p_{e'}=17k+6$, 进而, 因为 $d'_1=17k+4$, 所以 $L'_1(\pi)=C'_1(\pi)-d'_1>0$, 这与假设 $L_{\max}(\pi)\leqslant 0$ 相矛盾。因此, $\bar{B}_{2k+1}=\{J'_l, J_e\}$。

当 $j=2k+2$ 时, 由 $b=2$, 序约束关系②及序约束关系④～⑥, 断言 2 和已证事实 $\bar{B}_{2k+1}=\{J'_l, J_e\}$ 可知, $\bar{B}_{2k+2}$ 有五种可能性: $\{J'^{(1)}_1, J'^{(2)}_1\}$; $\{J'^{(1)}_1, J_v\}$, 其中, v 是 $V(G)$ 中的某个顶点; $\{J_u, J_v\}$, 其中, u, v 是 $V(G)$ 中的某两个顶点; $\{J_e, J_{e'}\}$, 其中, e, e' 是 $E(G)$ 中的某两条边; $\{J_v, J_e\}$, 其中, v 是 $V(G)$ 中的某个顶点, e 是 $E(G)$ 中的某条边。对于除第一个以外的其他所有情形, 都有 $C'^{(2)}_l(\pi)\geqslant C_{\bar{B}_{2k+1}}+2s+J'^{(1)}_1+p_e=17k+11$。进而, 因为 $d'^{(2)}_l=17k+9$, 所以 $L'^{(2)}_l(\pi)=C'^{(2)}_l(\pi)-d'^{(2)}_1>0$, 这与假设 $L_{\max}(\pi)\leqslant 0$ 相矛盾。因此, $\bar{B}_{2k+2}=\{J'^{(1)}_1, J'^{(2)}_1\}$。

归纳假设, 对于每个 $k+1 \leqslant h \leqslant l-1$, $k+1<l<k+k'$, 有 $\bar{B}_{2h-1}=\{J'_h, J_e\}$ 和 $\bar{B}_{2h}=\{J_h'^{(1)}, J_h'^{(2)}\}$ 成立, 其中, e 是 $E(G)$ 中的某条边。现在要说明 $\bar{B}_{2l-1}=\{J'_l, J_e\}$ 和 $\bar{B}_{2l}=\{J_l'^{(1)}, J_l'^{(2)}\}$ 成立。

由 $b=2$, 序约束关系②及序约束关系④～⑥, 断言 2 和归纳假设可知, $\bar{B}_{2l-1}$ 有六种可能性: $\{J'_l, J_e\}$, 其中, e 是 $E(G)$ 中的某条边; $\{J'_l, J_l'^{(1)}\}$; $\{J'_l, J_v\}$, 其中, v 是 $V(G)$ 中的某个顶点; $\{J_u, J_v\}$, 其中, u, v 是 $V(G)$ 中的某两个顶点; $\{J_e, J_{e'}\}$, 其中, e, e' 是 $E(G)$ 中的某两条边; $\{J_v, J_e\}$, 其中, v 是 $V(G)$ 中的某个顶点, e 是 $E(G)$ 中的某条边。对于除第一个以外的其他所有情形, 都有 $C'_l(\pi)>C_{\bar{B}_{2l-2}}+2s+p'_l+p_e+p_{e'}=17k+9(l-1)+6$。进而, 因为 $d'_l=17k+9(l-1)+4$, 所以 $L'_l(\pi)=C'_l(\pi)-d'_l>0$, 这与假设 $L_{\max}(\pi)\leqslant 0$ 相矛盾。因此, $\bar{B}_{2l-1}=\{J'_l, J_e\}$。

再次由 $b=2$, 序约束关系②及序约束关系④～⑥, 断言 2, 归纳假设和已证事实 $\bar{B}_{2l-1}=\{J'_l, J_e\}$ 可知, $\bar{B}_{2l}$ 有五种可能性: $\{J_l'^{(1)}, J_l'^{(2)}\}$; $\{J_l'^{(1)}, J_v\}$, 其中, v 是 $V(G)$ 中的某个顶点; $\{J_u, J_v\}$, 其中, u, v 是 $V(G)$ 中的某两个顶点; $\{J_e, J_{e'}\}$, 其中, e, e' 是 $E(G)$ 中的某两条边; $\{J_v, J_e\}$, 其中, v 是 $V(G)$ 中的某个顶点, e 是 $E(G)$ 中的某条边。对于除第一个以外的其他所有情形, 都有 $C_l'^{(2)}(\pi)\geqslant C_{\bar{B}_{2l-1}}+2s+J_l'^{(1)}+p_e=17k++9l+2$。进而, 因为 $d_l'^{(2)}=17k+9l$, 所以 $L_l'^{(2)}(\pi)=C_l'^{(2)}(\pi)-d_1'^{(2)}>0$, 这与假设 $L_{\max}(\pi)\leqslant 0$ 相矛盾。因此, $\bar{B}_{2l}=\{J_l'^{(1)}, J_l'^{(2)}\}$。由归纳法原理, 断言 3 的结论成立。断言 3 得证。 □

定义顶点子集合 $K\subseteq V(G)$ 包含所有的顶点 v_i $(1\leqslant i\leqslant n)$, 每个顶点 v_i 能够使得其对应的顶点工件 J_{v_i} 排在 π 的前 k 批中的某一批。采用与证明定理 3.4 时的最后一段完全相同的方式, 可以证明 K 是图 G 的一个包含 k 个顶点的团。定理 3.6 得证。 □

定理 3.6 成立意味着下面 3 个推论也成立。

推论 3.6 问题 $1|\preceq, \text{s-batch}, b=2|\sum U_j$ 是强 NP-困难的。

推论 3.7 问题 $1|\preceq, \text{s-batch}, b<n|L_{\max}$ 是强 NP-困难的。

推论 3.8 问题 $1|\preceq, \text{s-batch}, b<n|\#(C_{\max}, L_{\max})$ 是强 NP-困难的。

3.2.5 问题 (IV)

下面的定义和引理对于求解问题 $1|\prec, \text{s-batch}, b\geqslant n|\#(C_{\max}, f_{\max})$ 起着关键作用。在本节, 若 $J_i\prec J_j$, 则称 J_j 为 J_i 的后继工件。

定义 3.1 如果一个可行排序 $\sigma=(B_1, B_2, \cdots, B_k, \cdots, B_l)$ 满足: 不存在工件 J_j 和两个相继的批 B_k 和 B_{k+1} 使得 $1\leqslant k\leqslant l-1$, $J_j\in B_k$, $f_j(C_{B_{k+1}}(\sigma))\leqslant f_{\max}(\sigma)$, 且 J_j 在 B_{k+1} 中没有后继工件, 则称其为 f-prec-tight。

根据上述定义 3.1, 很容易得到下面的引理。

引理 3.10　对于问题 $1|\prec$, s-batch, $b \geqslant n|\#(C_{\max}, f_{\max})$ 的任意可行但不是 f-prec-tight的可行排序 σ, 总存在一个 f-prec-tight 的可行排序 σ', 使得 $C_{\max}(\sigma') \leqslant C_{\max}(\sigma)$ 且 $f_{\max}(\sigma') \leqslant f_{\max}(\sigma)$。因而, 对于问题 $1|\prec$, s-batch, $b \geqslant n|\#(C_{\max}, f_{\max})$ 的每个 Pareto 最优点, 总存在一个相对应的 Pareto 最优排序, 同时也是 f-prec-tight。

为了方便接下来的讨论, 先给出以下两个问题。

(1) 问题 $P(l)$: 这是问题 $1|\prec$, s-batch, $b \geqslant n|\#(C_{\max}, f_{\max})$ 的限制形式, 其中, 可行排序要求恰好包含 l 批。问题的目标是, 找到一个最优且 f-prec-tight 排序, 该排序具有最小费用 $f_{\max}$, 从而也是问题 $1|\prec$, s-batch, $b \geqslant n|\#(C_{\max}, f_{\max})$ 的 Pareto 最优排序。

(2) 问题 $P_Y(l)$: 这是问题 $P(l)$ 的可行性形式。问题的目标是找到一个 f-prec-tight 可行排序, 使其费用 $f_{\max}$ 不超过给定的上界 Y。

要枚举所有的 Pareto 最优点, 需要相继地求解问题 $P(1), P(2), \cdots, P(n)$。假设在转向求解问题 $P(l)$ 之前, 已经找到了 $m\,(m \leqslant l-1)$ 个 Pareto 最优排序 $\sigma_1^*, \sigma_2^*, \cdots, \sigma_m^*$, 并且这些排序满足: 对于任意的 $i\,(1 \leqslant i \leqslant m-1)$, 有 $C_{\max}(\sigma_i^*) < C_{\max}(\sigma_{i+1}^*)$, $f_{\max}(\sigma_i^*) > f_{\max}(\sigma_{i+1}^*)$ 成立。令 σ^* 是问题 $P(l)$ 的一个最优排序, 容易观察到, 如果 σ^* 也是 Pareto 最优的, 由于 $C_{\max}(\sigma^*) > C_{\max}(\sigma_m^*)$, 所以 $f_{\max}(\sigma^*) < f_{\max}(\sigma_m^*)$。因而, 可令 $Y \leqslant f_{\max}(\sigma_m^*) - 1$。

引理 3.11　如果问题 $P_Y(l)$ 有可行排序, 则它也有 f-prec-tight 的可行排序。

证明　令 σ 为问题 $P_Y(l)$ 的可行排序, 如果 σ 不是 f-prec-tight, 则由引理 3.10 可知, 存在问题 $1|\prec$, s-batch, $b \geqslant n|\#(C_{\max}, f_{\max})$ 一个 f-prec-tight 的可行排序 σ', 使得 $C_{\max}(\sigma') \leqslant C_{\max}(\sigma)$ 且 $f_{\max}(\sigma') \leqslant f_{\max}(\sigma)$。接下来, 说明 σ' 对问题 $P_Y(l)$ 是可行的。反之, 假设 σ' 对问题 $P_Y(l)$ 是不可行的。因为 $f_{\max}(\sigma) \leqslant Y$ 意味着 $f_{\max}(\sigma') \leqslant Y$, 所以由问题 $P_Y(l)$ 的定义可知, σ' 中包含的批数不等于 l。又因为 $C_{\max}(\sigma') \leqslant C_{\max}(\sigma)$, 且任何可行排序的最大完工时间仅依赖于批数, 所以有 $C_{\max}(\sigma') < C_{\max}(\sigma)$, 且 σ' 至多包含 $l-1$ 批。进一步, 如果 $C_{\max}(\sigma') > C_{\max}(\sigma_m^*)$, 由于 $f_{\max}(\sigma') \leqslant Y \leqslant f_{\max}(\sigma_m^*) - 1 < f_{\max}(\sigma_m^*)$ 则与假设 σ_m^* 是最后一个至多包含 $l-1$ 批的 Pareto 最优排序相矛盾。另外, 如果 $C_{\max}(\sigma') \leqslant C_{\max}(\sigma_m^*)$, 由于 $f_{\max}(\sigma') < f_{\max}(\sigma_m^*)$ 又与 σ_m^* 的 Pareto 最优性相矛盾。因此, σ' 也是问题 $P_Y(l)$ 的一个可行排序。引理 3.11 得证。 □

基于引理 3.11, 可以首先给出限制问题 $1|\prec$, s-batch, $b \geqslant n|C_{\max} : f_{\max} \leqslant Y$ 的一个算法 3.6, 其内容描述如下:

算法 3.6 对限制问题 $1|\prec,\text{s-batch},b\geqslant n|C_{\max}:f_{\max}\leqslant Y$。

步骤 1 置 $\tau:=ls+\sum\limits_{1\leqslant j\leqslant n}p_j$, $k:=l$, $Q_k(\tau):=\varnothing$, $Q:=\mathcal{J}$, $B_k:=\varnothing$。

步骤 2 计算

$$Q_k(\tau)=\{J_j:J_j\in Q,f_j(\tau)\leqslant Y,\text{ 且 }J_j\text{ 在 }Q\text{ 中没有后继工件}\}\tag{3.16}$$

步骤 3 若 $k\geqslant 2$ 且 $Q_k(\tau)\neq\varnothing$, 置 $B_k:=Q_k(\tau)$, $k:=k-1$, $\tau:=\tau-s-\sum\limits_{J_j\in B_k}p_j$, $Q:=Q\backslash B_k$ 并返回步骤 2。

步骤 4 若 $2\leqslant k\leqslant l-1$, $Q_k(\tau)=\varnothing$ 且 $Q\neq\varnothing$, 或者, 若 $k=1$ 且 $Q\backslash Q_k(\tau)\neq\varnothing$, 则终止算法并输出 "不可行"。

步骤 5 若 $k=l$ 且 $Q_k(\tau)=\varnothing$, 终止算法并输出 "不可行且不存在其他 Pareto 最优排序"。

步骤 6 若 $k=0$ 且 $Q=\varnothing$, 输出一个可行排序 $\sigma=(B_1,B_2,\cdots,B_l)$。

在算法 3.6 中, $\mathcal{J}=\{J_1,J_2,\cdots,J_n\}$, Q 是当前所有尚未安排的工件的集合, 其初始值为 $Q=\mathcal{J}$。注意, 在迭代 k 中, $Q=\mathcal{J}\backslash(\bigcup\limits_{k+1\leqslant i\leqslant l}B_i)$, $Q_k(\tau)\subseteq Q$, 并且, 当 $Q_k(\tau)\neq\varnothing$ 时, $Q_k(\tau)=B_k$。

定理 3.7 算法 3.6 可以在 $O(ln)$ 时间求解问题 $1|\prec,\text{s-batch},b\geqslant n|C_{\max}:f_{\max}\leqslant Y$。

证明 算法 3.6 的正确性可以由引理 3.11 和算法的执行过程保证, 现在, 只分析算法的时间复杂性。算法 3.6 至多有 l 次迭代, 在每次迭代中, 通过步骤 2 计算集合 $Q_k(\tau)$ 需要花费 $O(n)$ 时间, 其中验证条件 "$f_j(\tau)\leqslant Y$" 需要 $O(n)$ 时间, 而验证条件 "J_j 在 Q 中没有后继工件" 可采用数据结构维持工件之间的拓扑序使得每次只用考虑最后一级工件, 这种方式贯穿所有可能的迭代过程共需花费 $O(n)$ 时间。另外, 每次迭代中更新相关参数的值需要常数时间。因此, 算法 3.6 的运行时间是 $O(ln)$。定理 3.7 得证。 □

通过重复调用算法 3.6, 可以给出问题 $1|\prec,\text{s-batch},b\geqslant n|\#(C_{\max},f_{\max})$ 的一个算法 3.7, 其内容描述如下:

算法 3.7 对问题 $1|\prec,\text{s-batch},b\geqslant n|\#(C_{\max},f_{\max})$。

步骤 1 置 $l:=1$, $Y:=+\infty$, $m:=0$, $h:=0$, $\mu(l):=1$。

步骤 2 运行算法 3.6。

步骤 3 如果算法 3.6 输出 "不可行", 则执行以下步骤:

(1) 若 $\mu(l)=1$, 则置 $l:=l+1$ 并返回步骤 2。

(2) 若 $\mu(l) \geqslant 2$, 则置 $m := m+1$, $\sigma_m^* := \sigma_h$, $l := l+1$ 并返回步骤 2。

步骤 4 如果算法 3.6 输出“不可行且不存在其他 Pareto 最优排序”, 则执行以下步骤:

(1) 若 $\mu(l) = 1$, 则终止算法并输出所有的 Pareto 最优排序: $\{\sigma_1^*, \sigma_2^*, \cdots, \sigma_m^*\}$ 和所有的弱 Pareto 最优排序: $\{\sigma_1, \sigma_2, \cdots, \sigma_h\} \backslash \{\sigma_1^*, \sigma_2^*, \cdots, \sigma_m^*\}$。

(2) 若 $\mu(l) \geqslant 2$, 则置 $m := m+1$, $\sigma_m^* := \sigma_h$, 终止算法并输出所有的 Pareto 最优排序: $\{\sigma_1^*, \sigma_2^*, \cdots, \sigma_m^*\}$ 和所有的弱 Pareto 最优排序: $\{\sigma_1, \sigma_2, \cdots, \sigma_h\} \backslash \{\sigma_1^*, \sigma_2^*, \cdots, \sigma_m^*\}$。

步骤 5 如果算法 3.6 输出一个可行排序 σ, 则置 $h := h+1$, $\sigma_h := \sigma$, $\mu(l) := \mu(l)+1$, $Y := f_{\max}(\sigma_h) - 1$ 并返回步骤 2。

在算法 3.7 中, $\mu(l)$ 表示对于给定的实例调用算法 3.6 的次数; σ_m^* 和 σ_h 分别记录由算法 3.7 得到的第 m 个 Pareto 最优排序和第 h 个排序 (Pareto 最优或弱 Pareto 最优的)。在算法 3.7 结束时, 要输出所有 Pareto 最优排序和弱 Pareto 最优排序。

算法 3.7 的正确性可以由定理 3.7 和算法的执行过程保证。剩下的过程就是分析其时间复杂性了。为此, 关键是界定对于一个给定的实例在运行算法 3.7 的过程中调用算法 3.6 的次数。令 $\sigma_i, \sigma_{i+1} \in \{\sigma_1, \sigma_2, \cdots, \sigma_h\}$ 是由算法 3.7 相继得到的两个排序, 假设 σ_i 有 l 批, σ_{i+1} 有 l' 批。根据算法 3.7 可知, σ_i 是由算法 3.6 作用在问题 $P_Y(l)$ 上得到的排序, 而 σ_{i+1} 是由算法 3.6 作用在问题 $P_{Y'}(l')$ 上得到的排序, 其中, $l' \geqslant l$, 上界 $Y = f_{\max}(\sigma_{i-1}) - 1$, $Y' = f_{\max}(\sigma_i) - 1$ 且 $Y' < Y$。为方便起见, 记 $\sigma = \sigma_i = (B_{n-l+1}, B_{n-l+2}, \cdots, B_n)$, $\sigma' = \sigma_{i+1} = (B'_{n-l'+1}, B'_{n-l'+2}, \cdots, B'_n)$, 同时记 $t_k = C_{B_k}(\sigma)$ $(n-l+1 \leqslant k \leqslant n)$; $t'_k = C_{B'_k}(\sigma')$ $(n-l'+1 \leqslant k \leqslant n)$。由此, 可以得出 σ 和 σ' 如下的性质。

性质 1 $\bigcup\limits_{k \leqslant i \leqslant n} B'_i \subseteq \bigcup\limits_{k \leqslant i \leqslant n} B_i$ 且 $t'_{k-1} \geqslant t_{k-1}$, 其中, $n-l+2 \leqslant k \leqslant n$。

证明 对标号 k 进行归纳证明。首先, 考虑 $k=n$ 的情形。此时, 对于每个工件 $J_j \in B'_n$, 有 $f_j(t'_n) \leqslant Y'$。因为 $Y' < Y$, $t'_n \geqslant t_n$, 且费用函数 $f_j(t)$ 是正则函数, 所以可得 $f_j(t_n) \leqslant f_j(t'_n) \leqslant Y' < Y$。由算法 FC 可知, 工件 J_j 在 $\mathcal{J}$ 中没有后继工件。综上可说明 $J_j \in B_n$。因此, $B'_n \subseteq B_n$, 且 $t'_{n-1} = t'_n - s - \sum\limits_{J_j \in B'_n} p_j \geqslant t_n - s - \sum\limits_{J_j \in B_n} p_j = t_{n-1}$。

归纳假设, 直到 $k+1$, 性质 1 都是成立的, 也就是说, $\bigcup\limits_{k+1 \leqslant i \leqslant n} B'_i \subseteq \bigcup\limits_{k+1 \leqslant i \leqslant n} B_i$ 且 $t'_k \geqslant t_k$。接下来说明 $\bigcup\limits_{k \leqslant i \leqslant n} B'_i \subseteq \bigcup\limits_{k \leqslant i \leqslant n} B_i$ 且 $t'_{k-1} \geqslant t_{k-1}$。

对于每个工件 $J_j \in B'_k$, 都有 $f_j(t'_k) \leqslant Y'$。因为 $Y' < Y$, $t'_k \geqslant t_k$ 且费用函数 $f_j(t)$ 是正则函数, 所以可得 $f_j(t_k) \leqslant f_j(t'_k) \leqslant Y' < Y$。由算法 FC 可知, 工件 J_j 在 $\mathcal{J} \backslash \bigcup\limits_{k+1 \leqslant i \leqslant n} B'_i$ 中没有后继工件。由归纳假设可知 $\bigcup\limits_{k+1 \leqslant i \leqslant n} B'_i \subseteq \bigcup\limits_{k+1 \leqslant i \leqslant n} B_i$, 故

$(\mathcal{J}\backslash\bigcup_{k+1\leqslant i\leqslant n}B_i)\subseteq(\mathcal{J}\backslash\bigcup_{k+1\leqslant i\leqslant n}B'_i)$。因此, J_j 在 $\mathcal{J}\backslash\bigcup_{k+1\leqslant i\leqslant n}B_i$ 中也没有后继工件。再次根据算法 3.6, 有 $J_j\in B_k$, 或者 $J_j\in B_i$ $(k+1\leqslant i\leqslant n)$。因此, $\bigcup_{k\leqslant i\leqslant n}B'_i\subseteq\bigcup_{k\leqslant i\leqslant n}B_i$, 进而可得, $t'_{k-1}=t'_n-s-\sum_{J_j\in\bigcup_{k\leqslant i\leqslant n}B'_i}p_j\geqslant t_n-s-\sum_{J_j\in\bigcup_{k\leqslant i\leqslant n}B_i}p_j=t_{k-1}$。由归纳法原理可知, 性质 1 得证。 □

定义 3.2 对于排序 $\sigma=(B_{n-l+1},B_{n-l+2},\cdots,B_n)$, 如果 $J_j\in B_k$ $(n-l+1\leqslant k\leqslant n)$, 则称工件 J_j 有批标号 $\lambda(j)=k$。并且, 也记 $\lambda(\sigma)=\sum_{1\leqslant j\leqslant n}\lambda(j)$。

性质 1 成立意味着下面的引理也是正确的。

引理 3.12 $\lambda(\sigma)>\lambda(\sigma')$, 因而 $\{\sigma_1,\sigma_2,\cdots,\sigma_h\}$ 至多有 $O(n^2)$ 个排序。

证明 引理 3.12 前半部分的正确可以由性质 1 保证, 也因此可得 $\lambda(\sigma_1)>\lambda(\sigma_2)>\cdots>\lambda(\sigma_h)$。注意到, 对于任意可行排序 $\sigma=(B_{n-l+1},B_{n-l+2},\cdots,B_n)$, 有 $\lambda(\sigma)\leqslant n^2$ 成立。引理 3.12 得证。 □

定理 3.8 算法 3.7 可以在 $O(n^4)$ 时间求解问题 $1|\prec,\text{s-batch},b\geqslant n|\#(C_{\max},f_{\max})$。

证明 如前所述, 算法 3.7 的正确性可以由定理 3.7 和算法 3.7 的执行过程保证。因此, 这里只分析其时间复杂性。注意到, 在算法 3.7 的执行过程中, 通过调用一次算法 3.6, 要么得到一个排序（Pareto 最优或弱 Pareto 最优）, 要么输出 “不可行” 或 “不可行且不存在其他 Pareto 最优排序”, 并且后面的输出结果至多发生 n 次。进一步, 由引理 3.12 可知, 至多需要调用 n^2+n 次算法 3.6。由定理 3.7 可知, 算法 3.6 的运行时间是 $O(n^2)$ 时间。因此, 算法 3.7 的总体时间复杂性为 $O(n^4)$。定理 3.8 得证。 □

3.2.6 问题 (V)

令 σ 为问题 $1|\preceq,\text{s-batch},b\geqslant n|\#(C_{\max},L_{\max})$ 的一个可行排序, 注意到, 如果 $J_i\preceq J_j$ 则有 $C_i(\sigma)\leqslant C_j(\sigma)$; 进而, 若 $d_i>d_j$, 则在 σ 中有 $L_i(\sigma)=C_i(\sigma)-d_i<C_j(\sigma)-d_j=L_j(\sigma)\leqslant L_{\max}(\sigma)$。因此, 可以通过置 $d_i=\min\{d_j:j=i\text{ 或 }J_i\preceq J_j\}$ 来修改每个工件 J_i 的工期而不增加可行排序的时间表长和最大延迟。这一修改过程容易在 $O(n^2)$ 时间实现。

现在假设, 对于任意两个工件 J_i 和 J_j, 如果 $J_i\preceq J_j$, 则有 $d_i\leqslant d_j$。同时假设 n 个工件 $J_1,J_2,\cdots,J_n$ 有 n^* 个不同的工期 $d^{(1)},d^{(2)},\cdots,d^{(n^*)}$, 并且被标号使得 $d^{(1)}<d^{(2)}<\cdots<d^{(n^*)}$。对于 $1\leqslant i\leqslant n^*$, 令 $J^{(i)}=\{J_j:d_j=d^{(i)}\}$, $p^{(i)}=\sum_{J_j\in J^{(i)}}p_j$,

类似于文献 (Ng, 2002) 中的引理 2, 可得到下面的引理。

引理 3.13　对应于问题 $1|\preceq,\text{s-batch},b\geqslant n|\#(C_{\max},L_{\max})$ 的每个 Pareto 最优点, 存在一个 Pareto 最优排序使得:

(1) 对于每对工件 J_i 和 J_j, 若 $d_i<d_j$, 则 J_i 在 σ 中被安排在 J_j 之前加工 (可能在同一批);

(2) 对于每个标号 i, $1\leqslant i\leqslant n^*$, 集合 $J^{(i)}$ 中的工件被安排在同一批加工。

满足引理 3.13 的排序也被称为 EDD-批排序。根据引理 3.13, 可以把每个集合 $J^{(i)}$ $(1\leqslant i\leqslant n^*)$ 看作一个 "合并" 工件, 其加工时间为 $p^{(i)}$, 工期为 $d^{(i)}$, 并且在后面的讨论中只需考虑工件集 $\{J^{(i)}:1\leqslant i\leqslant n^*\}$ 中可行的 EDD-批排序即可。

假设 Y 是一个使得问题 $1|\preceq$, s-batch, $b\geqslant n|L_{\max}\leqslant Y$ 存在可行排序的非负整数, 接下来, 给出问题 $1|\preceq$, s-batch, $b\geqslant n|C_{\max}:L_{\max}\leqslant Y$ 的一个动态规划算法。

对于每个标号 $j=1,2,\cdots,n^*$, 令 $\mathcal{P}(Y,j)$ 表示原问题 $1|\preceq$, s-batch, $b\geqslant n|C_{\max}:L_{\max}\leqslant Y$ 的一个限制子问题, 其中, 需要安排加工的工件是 $J^{(1)},J^{(2)},\cdots,J^{(j)}$。用 $C(Y,j)$ 表示问题 $\mathcal{P}(Y,j)$ 所有可行的 EDD-批排序的最大完工时间的最小值, 则在目标值为 $C(Y,j)$ 的最优排序中, 一定存在某个标号 k $(0\leqslant k\leqslant j-1)$, 使得该最优排序的最后一批为 $\{J^{(k+1)},J^{(k+2)},\cdots,J^{(j)}\}$, 且对于每个工件 i $(k+1\leqslant i\leqslant j)$, 其延迟 $L^{(i)}\leqslant Y$。注意, 问题 $\mathcal{P}(Y,n^*)$ 就是初始限制问题 $1|\preceq$, s-batch, $b\geqslant n|C_{\max}:L_{\max}\leqslant Y$。

由上面的讨论, 可得如下动态规划算法。

算法 3.8　对于问题: $1|\preceq,\text{s-batch},b\geqslant n|C_{\max}:L_{\max}\leqslant Y$。

(1) 初始条件: $C(Y,0)=0$。

(2) 对于每个 $j=1,2,\cdots,n^*$, 迭代关系为

$$C(Y,j)=\min\{C(Y,k)+s+\sum_{k+1\leqslant i\leqslant j}p^{(i)}:\ 0\leqslant k<j,$$

$$C(Y,k)+s+\sum_{k+1\leqslant i\leqslant j}p^{(i)}-d^{(k+1)}\leqslant Y\}$$

(3) 最优值等于 $C(Y,n^*)$, 对应的最优排序可以通过反向追踪找到。

容易看出, 算法 3.8 的运行时间是 $O((n^*)^2)$, 但得到的最优排序可能不是 Pareto 最优的。然而, 通过细致地安排算法的执行过程, 可以设计出一个改进的动态规划算法。该算法能够得到一个最优且 Pareto 最优排序, 并且时间复杂性也被降至 $O(n^*)$。在改进之前, 首先需要建立算法 3.8 的一些性质。

用 $\sigma(Y,j)$ 表示由算法 3.8 得到的问题 $\mathcal{P}(Y,j)$ 的最优排序, 其最大完工时间为 $C(Y,j)$, 假设 $\sigma(Y,j)$ 包含 $m_j(Y)$ 个加工批, 记

$$\mathcal{C}_j(Y,k) = C(Y,k) + s + \sum_{k+1 \leqslant i \leqslant j} p^{(i)} \tag{3.17}$$

注意, 对于每个标号 k $(1 \leqslant k \leqslant n^*)$, 最大完工时间 $C(Y,k)$ 的值仅依赖于 $\sigma(Y,k)$ 中包含的批数 $m_k(Y)$, 即

$$C(Y,k) = m_k(Y) \cdot s + \sum_{1 \leqslant i \leqslant k} p^{(i)} \tag{3.18}$$

因此,

$$\mathcal{C}_j(Y,k) = m_k(Y) \cdot s + s + \sum_{1 \leqslant i \leqslant j} p^{(i)} \tag{3.19}$$

综合式 (3.17)～式 (3.19), 可以将算法 3.8 中的迭代关系重写为

$$C(Y,j) = \min\{\mathcal{C}_j(Y,k): \ 0 \leqslant k < j, \ \mathcal{C}_j(Y,k) \leqslant Y + d^{(k+1)}\} \tag{3.20}$$

由此, 可以建立算法 3.8 的以下几个性质。

性质 1 对于标号 $j = 2, 3, \cdots, n^*$, 有 $m_{j-1}(Y) \leqslant m_j(Y)$, 即 $m_j(Y)$ 是关于 j 的非减函数。

证明 令 $\hat{B}$ 为 $\sigma(Y,j)$ 的最后一批, 如果 $J^{(j-1)} \notin \hat{B}$, 可以通过从 $\sigma(Y,j)$ 中去掉最后一批 $\hat{B}$ 得到一个新排序 $\sigma' = \sigma(Y,j) \backslash \hat{B}$, 则不等式 $L_{\max}(\sigma(Y,j)) \leqslant Y$ 意味着 $L_{\max}(\sigma') \leqslant Y$。这说明 σ' 是问题 $\mathcal{P}(Y, j-1)$ 的一个可行排序。因而, $C(Y, j-1) \leqslant C_{\max}(\sigma')$。进而, 由式 (3.18) 可得 $m_{j-1}(Y) \leqslant m_j(Y) - 1 < m_j(Y)$。另外, 如果 $J^{(j-1)} \in \hat{B}$, 可以通过从 σ 的最后一批 $\hat{B}$ 中去掉工件 $J^{(j)}$ 构造一个新排序 σ''。因为 σ'' 的最后一批的加工时间小于 σ 的最后一批 $\hat{B}$ 的加工时间, 所以有 $L_{\max}(\sigma'') \leqslant L_{\max}(\sigma(Y,j)) \leqslant Y$。这说明 σ'' 也是问题 $\mathcal{P}(Y, j-1)$ 的一个可行排序。因此, $C(Y, j-1) \leqslant C_{\max}(\sigma'')$。进而, 由式 (3.18) 可得 $m_{j-1}(Y) \leqslant m_j(Y)$。性质 1 得证。 □

由性质 1 和式 (3.19) 可得出下面的性质成立。

性质 2 对于固定的上界常数 Y 和工件标号 j, 函数 $\mathcal{C}_j(Y,k)$ 是关于标号 k 的非减函数。

对于每个标号 $j = 1, 2, \cdots, n^*$, 令 $k_j(Y) \in \{0, 1, \cdots, j-1\}$ 达到式 (3.20) 最小值的标号 k。注意, 这样的 $k_j(Y)$ 的值可能不是唯一的。假设所有这样的 $k_j(Y)$ 的值构成一个集合 $\Psi_j(Y)$, 即

$$\Psi_j(Y) = \{k_j(Y): \ 0 \leqslant k < j, \ \mathcal{C}_j(Y,k) \leqslant Y + d^{(k+1)}, \ \mathcal{C}_j(Y, k_j(Y)) = C(Y,j)\} \tag{3.21}$$

令

$$\bar{k}_j(Y) = \min\{k_j(Y):\ k_j(Y) \in \Psi_j(Y)\} \tag{3.22}$$

则可给出如下的性质。

性质 3　对于任意的 $j = 2, 3, \cdots, n^*$, 都有 $\bar{k}_{j-1}(Y) \leqslant \bar{k}_j(Y)$ 成立。

证明　(反证法)。假设对于某个标号 $j \in \{2, 3, \cdots, n^*\}$, 有 $\bar{k}_{j-1}(Y) > \bar{k}_j(Y)$ 成立。由式 (3.21) 和式 (3.22) 可知, 对 $\bar{k}_{j-1}(Y)$ 而言, 存在某个标号 $\bar{k}_j(Y) < h \leqslant \bar{k}_{j-1}(Y)$ 使得 $\mathcal{C}_{j-1}(Y, h) > Y + d^{(h)}$。进而, 因为 $\bar{k}_j(Y) < h$, 所以由工件的标号方式可知, $d^{(\bar{k}_j(Y))} < d^{(h)}$, 因而有 $\mathcal{C}_{j-1}(Y, h) > Y + d^{(\bar{k}_j(Y))}$。再次由式 (3.21) 和式 (3.22) 可知, 对 $\bar{k}_j(Y)$ 而言, 有 $\mathcal{C}_j(Y, \bar{k}_j(Y)) \leqslant Y + d^{(\bar{k}_j(Y))}$ 成立。最后, 由式 (3.19) 和性质 2, 可得出

$$\begin{aligned}
Y + d^{(\bar{k}_j(Y))} &\geqslant \mathcal{C}_j(Y, \bar{k}_j(Y)) \\
&\geqslant \mathcal{C}_j(Y, h) \\
&= m_h(Y) \cdot s + s + \sum_{1 \leqslant i \leqslant j} p^{(i)} \\
&> m_h(Y) \cdot s + s + \sum_{1 \leqslant i \leqslant j-1} p^{(i)} \\
&= \mathcal{C}_{j-1}(Y, h) \\
&> Y + d^{(\bar{k}_j(Y))}
\end{aligned}$$

矛盾。性质 3 得证。　□

令 $L(Y, j)$ 是问题 $\mathcal{P}(Y, j)$ 的所有最优排序的最大延迟的最小值, 根据式 (3.20)～式 (3.22) 和性质 3, 可得一个改进的动态规划算法, 其内容描述如下:

算法 3.9　对于问题: $1|\preceq, \text{s-batch}, b \geqslant n|C_{\max} : L_{\max} \leqslant Y$。

(1) 初始条件: $C(Y, 0) = 0$, $L(Y, 0) = 0$。

(2) 迭代关系: 对于 $j = 1, 2, \cdots, n^*$,

$$C(Y, j) = \min\{\mathcal{C}_j(Y, k):\ \bar{k}_{j-1}(Y) \leqslant k < j,\ \mathcal{C}_j(Y, k) \leqslant Y + d^{(k+1)}\} \tag{3.23}$$

和

$$L(Y, j) = \min\{\mathcal{L}_j(Y, k):\ \bar{k}_{j-1}(Y) \leqslant k < j,\ k \in \Psi_j(Y)\} \tag{3.24}$$

其中, $\mathcal{L}_j(Y, k) = \max\{L(Y, k), C(Y, j) - d^{k+1}\}$。

(3) 最优值等于 $C(Y, n^*)$, $L(Y, n^*)$, 对应的最优排序可以通过反向追踪找到。

对于每个标号 $j(1 \leqslant j \leqslant n^*)$, 令 $\sigma^*(Y,j)$ 为由算法 3.9 得到的问题 $\mathcal{P}(Y,j)$ 的排序, 则可得下面的定理。

定理 3.9 $\sigma^*(Y,j)$ 是问题 $\mathcal{P}(Y,j)$ 的一个最优且 Pareto 最优排序。

证明 $\sigma^*(Y,j)$ 的最优性可以由算法 3.8, 性质 3, 式 (3.21)～式 (3.23) 保证。接下来, 用归纳法证明 Pareto 最优性。为此, 只需要说明最大延迟的最小值可以由式 (3.24) 正确地求解即可。

当 $j=1$ 时, 定理是显然成立的, 因为此时只有一个可能排序 $(\{J_1\})$。

归纳假设, 当 $j \geqslant 2$ 时, 且对于每个标号 i $(1 \leqslant i \leqslant j-1)$, $\sigma^*(Y,i)$ 为问题 $\mathcal{P}(Y,i)$ 的一个 Pareto 最优排序, 其最大延迟为 $L(Y,i)$。现在说明 $\sigma^*(Y,j)$ 也是问题 $\mathcal{P}(Y,j)$ 的一个 Pareto 最优排序。

假设 π 是问题 $\mathcal{P}(Y,j)$ 的一个最优且 Pareto 最优排序, 令 π 的最后一批为 $\hat{B}=\{J^{(k+1)},J^{(k+2)},\cdots,J^{(j)}\}$, 则有 $C_{\max}(\pi)=C(Y,j)$ 且 $L_{\max}(\pi)=L(Y,j)$。考虑一个新排序 $\pi'=\pi\backslash\hat{B}$, 它是通过从 π 中去掉最后一批 $\hat{B}$ 得到的, 则不等式 $L_{\max}(\pi) \leqslant Y$ 意味着 $L_{\max}(\pi') \leqslant Y$, 这说明 π' 是问题 $\mathcal{P}(Y,k)$ 的一个可行排序。因此, 有 $C(Y,k) \leqslant C_{\max}(\pi')$, 进而, $\mathcal{C}_j(Y,k)=C(Y,k)+s+\sum\limits_{k+1\leqslant i\leqslant j} p^{(i)} \leqslant C_{\max}(\pi')+s+\sum\limits_{k+1\leqslant i\leqslant j} p^{(i)}=C_{\max}(\pi)=C(Y,j)$。又因为 $L^{(k+1)}(\pi)=C_{\max}(\pi)-d^{(k+1)} \leqslant Y$, 所以有 $\mathcal{C}_j(Y,k)-d^{(k+1)} \leqslant Y$。注意到 $C(Y,j)$ 是问题 $\mathcal{P}(Y,j)$ 的最优值, 故 $\mathcal{C}_j(Y,k)=C(Y,j)$, 这意味着 $k \in \varPsi_j(Y)$。假设标号 k^* 达到式 (3.24) 的最小值, 则由式 (3.21), 有 $\mathcal{C}_j(Y,k^*)=C(Y,j)$。再次根据式 (3.24) 和 $L(Y,k)$ 的 Pareto 最优性 (这可以由归纳假设保证), 可得

$$\begin{aligned}
\mathcal{L}_j(Y,k^*) &\leqslant \mathcal{L}_j(Y,k)\\
&\leqslant \max\{L(Y,k),C(Y,j)-d^{(k+1)}\}\\
&\leqslant \max\{L_{\max}(\pi'),C(Y,j)-d^{(k+1)}\}\\
&=L_{\max}(\pi)\\
&=L(Y,j)
\end{aligned}$$

由 π 的 Pareto 最优性可知, $\mathcal{L}_j(Y,k^*)=L_{\max}(\pi)=L(Y,j)$。这说明式 (3.24) 可以正确地求解 $L(Y,j)$。定理 3.9 得证。 □

算法 3.9 共有 n^* 次迭代, 在每次迭代中, 需要花费 $O(\bar{k}_{j+1}(Y)-\bar{k}_j(Y)+1)$ 时间通过式 (3.23) 计算 $C(Y,j)$ 的值, 也需要花费另外 $O(\bar{k}_{j+1}(Y)-\bar{k}_j(Y)+1)$ 时间通过式 (3.24) 计算 $L(Y,j)$ 的值。因此, 算法 3.9 的运行时间为 $O(n^*)$。

基于定理 3.9, 可以给出问题 $1|\preceq,\text{s-batch},b\geqslant n|\#(C_{\max},L_{\max})$ 的算法 3.10, 该算法可以产生所有 Pareo 最优点和相对应的 Pareo 最优排序。

算法 3.10 问题 $1|\preceq,\text{s-batch},b\geqslant n|\#(C_{\max},L_{\max})$。

步骤 1 令 σ_1 为将所有工件安排在同一批加工得到的排序, 则 σ_1 就是第一个 Pareto 最优排序, 置 $m:=2$, $Y:=L_{\max}(\sigma_1)-1$。

步骤 2 对问题 $P(Y,n^*)$ 运行算法 3.9。如果问题 $P(Y,n^*)$ 是不可行的, 则转至步骤 3。否则, 记得到的 Pareto 最优排序为 σ_m, 置 $m:=m+1$, $Y:=L_{\max}(\sigma_m)-1$ 并返回步骤 2。

步骤 3 输出所有 Pareto 最优排序 $\{\sigma_1,\sigma_2,\cdots,\sigma_m\}$。

注意到, 问题 $1|\preceq,\text{s-batch},b\geqslant n|\#(C_{\max},L_{\max})$ 至多有 n^* 个 Pareto 最优点, 并且如本节开始所指出的一样, 修改工件的工期需要花费 $O(n^2)$ 时间。由定理 3.9 可得本节的主要结果。

定理 3.10 算法 3.10 可以在 $O(n^2)$ 时间求解问题 $1|\preceq$, $\text{s-batch},b\geqslant n|\#(C_{\max},L_{\max})$。

参考文献

ALBERS S, BRUCKER P, 1993. The complexity of one-machine batching problems[J]. Discrete Applied Mathematics, 47(2): 87-107.

BRUCKER P, GLADKY A, HOOGEVEEN H, et al, 1998. Scheduling a batching machine[J]. Journal of Scheduling, 1: 31-54.

COFFMAN E G, YANNAKAKIS M, MAGAZINE M J, et al, 1990. Batching sizing and job sequening on a single machine[J]. Annals of Operations Research, 26: 135-147.

GAREY M R, JOHNSON D S, 1979. Computers and intractability: A guide to the theory of NP-completeness[M]. San Francisco: W H Freeman & Company.

HE C, LIN H, YUAN J J, et al, 2014. Batching machine scheduling with bicriteria: maximum cost and makespan[J]. Asia-Pacific Journal of Operational Research, 31: 1-10.

HE C, LIN Y X, YUAN J J, 2007. Bicriteria scheduling on a batching machine to minimize maximum lateness and makespan[J]. Theoretical Computer Science, 381: 234-240.

KARP R M, 1972. Reducibility among combinatorial problems[C]//Complexity of computer computations (Proc. Sympos., IBM Thomas J. Watson Res. Center, Yorktown Heights, N.Y.), Plenum, New York: 85-103.

LEE C Y, UZSOY R, MARTIN-VEGA L A, 1992. Efficient algorithms for scheduling semiconductor burn-in operations[J]. Operations Research, 40: 764-775.

NG C T, CHENG T C E, YUAN J J, 2002. A note on the single machine serial batching scheduling problem to minimize maximum lateness with precedence constraints[J]. Operations Research Letter, 30: 66-68.

POTTS C N, KOVALYOV M Y, 2000. Scheduling with batching: A review[J]. European Journal of Operational Research, 120: 228-249.

WEBSTER S, BAKER K R, 1995. Scheduling groups of jobs on a single machine[J]. Operations Research, 43: 692-703.

耿志超, 2016. Pareto 优化排序问题研究 [D]. 郑州: 郑州大学.

第 4 章　多台机器多目标排序

第 2 章和第 3 章分别介绍了单机上单个加工和分批加工的多目标排序问题。然而, 在实际中, 机器的数量往往都是很多的。因此, 多台机器上的排序问题在实际中更为重要。假设有 m 台机器 $M_1, M_2, \cdots, M_m$。如果这 m 台机器功能是一样的, 但速度可能不一样, 则将这种情形称为平行机排序。在平行机排序中, 每个工件只需要在某台机器上加工一次就可以。根据机器速度的不同, 平行机排序又可以分为三种, 分别是同速机 (或者同型机) 排序、恒速机 (或者同类机) 排序和变速机 (非同类机) 排序。如果工件 J_j 有 m 道不同的工序, 记为 O_{ij} $(i=1,2,\cdots,m)$, 工序 O_{ij} 必须在机器 M_i 上加工, 则将这种模型称为多工序机排序。多工序机排序又可以分为流水作业排序、自由作业排序和异序作业排序。除此之外, 还有将平行机排序与多工序机排序相结合而形成的混合排序问题。

4.1　平行机排序问题

在多台平行机上, 大多数单目标排序问题都是 NP-困难的。例如, 当 $m=2$ 时, 问题 $P2||C_{\max}$ 也是 NP-困难的; 当 m 是一个任意的数时, 问题 $P||C_{\max}$ 是强 NP-困难的。只有少部分的平行机排序问题是多项式时间可解的。例如, Simth (1955) 证明了 SPT 规则能够在 $O(n\log n)$ 时间内得到问题 $P||\sum C_j$ 的最优排序。除此之外, 当工件允许中断加工时, 问题 $P|\text{pmtn}|C_{\max}$ 是多项式时间可解的。

平行机上的多目标排序问题比对应的单目标排序问题更难, 大多数也是 NP-困难的。只有当工件允许中断加工或者工件有相同的加工时间时, 一部分问题可能会变成多项式时间可解的。在 NP-困难的情形下, 寻找一个有效的近似算法是很有必要的, 本节主要考虑 Pareto 优化排序问题 $\alpha|\beta|\#(f,g)$。Chakrabarti 等 (1996) 提出 Pareto 优化排序问题 $\alpha|\beta|\#(f,g)$ 中的近似算法概念。设 f^* 和 g^* 分别为单目标排序问题 $\alpha|\beta|f$ 和 $\alpha|\beta|g$ 的最优值, 近似算法 A 获得的目标值分别为 f^A 和 g^A, 如果对所有的实例, 都有 $f^A\leqslant\rho_1 f^*$ 和 $g^A\leqslant\rho_2 g^*$, 则称算法 A 是问题 $\alpha|\beta|\#(f,g)$ 的一个 (ρ_1,ρ_2)-近似算法。对于平行机排序问题 $Pm||C_{\max}$, Graham (1966) 证明了**列表算法**的近似比

为 $2-\dfrac{1}{m}$。同时, Simth (1955) 证明了 SPT 规则能够在 $O(n\log n)$ 时间内得到问题 $P||\sum C_j$ 的最优排序。注意到平行机排序的 SPT 规则也是列表算法的一种, 因此, 组合 Graham (1966) 和 Simth (1955) 的结果可知, SPT 规则是问题 $P||\#\left(C_{\max},\sum C_j\right)$ 是一个 $\left(2-\dfrac{1}{m},1\right)$-近似算法。Eck 等 (1993) 考虑了问题 $P2||\#\left(\sum C_j,C_{\max}\right)$, 对该问题, 他们找到了一个 $\left(1,\dfrac{28}{27}\right)$-近似算法, 即在关于目标函数 $\sum C_j$ 最优的条件下, $C_{\max}$ 不超过最大完工时间最优值的 $\dfrac{28}{27}$ 倍。Leung 等 (1989) 研究了工件可中断的平行机排序问题 $P|\mathrm{pmtn}|\mathrm{Lex}\left(\sum C_j,C_{\max}\right)$, 对该问题, 他们给出了一个 $O(n\log n)$ 时间的最优算法。Mohri 等 (1999) 考虑了问题 $P2|\mathrm{pmtn}|\#(L_{\max},C_{\max})$。他们证明了该问题的均衡曲线是由两个点连成的一条线段, 并且这两个点分别对应排序问题 $P|\mathrm{pmtn}|\mathrm{Lex}(L_{\max},C_{\max})$ 和 $P|\mathrm{pmtn}|\mathrm{Lex}(C_{\max},L_{\max})$ 的最优解。进一步, T'kindt 等 (2002) 也考虑了排序问题 $P3|\mathrm{pmtn}|\#(L_{\max},C_{\max})$, 他们证明了该问题的均衡曲线是由三个点连成的两条线段。

下面按照多项式时间算法、NP-困难性证明和近似算法三种结果分别介绍平行机上的双目标排序问题。

4.1.1 多项式时间算法

下面将考虑排序问题 $P2|\mathrm{pmtn}|\#(L_{\max},C_{\max})$。Mohri 等 (1999) 证明了该问题的均衡曲线是由两个点连成的一条线段。在问题 $P2|\mathrm{pmtn}|\#(L_{\max},C_{\max})$ 中, 每个工件有一个加工时间 p_j 和一个工期 d_j。不失一般性, 也假设 $d_1\leqslant d_2\leqslant\cdots\leqslant d_n$ 且对每一个 $j=1,2,\cdots,n$ 都有 $p_j\leqslant d_j$。对问题 $P2|\mathrm{pmtn}|C_{\max}$, Mcnaughton (1959) 给出了一个最优算法并且证明了最优值

$$C^*_{\max}=\max\left\{\max_{1\leqslant j\leqslant n}p_j,\frac{1}{2}\sum_{j=1}^{n}p_j\right\}$$

对问题 $P2|\mathrm{pmtn}|L_{\max}$, Mohri 等 (1999) 把它转化成可行性问题 $P2|\mathrm{pmtn},\overline{d_j}=d_j+L|-$。这里, $\overline{d_j}=d_j+L$ 为工件 J_j 的截止工期, 即工件 J_j 必须在 $\overline{d_j}$ 之前完工。显然, 问题 $P2|\mathrm{pmtn}|L_{\max}$ 存在一个可行排序使得 $L_{\max}\leqslant L$ 当且仅当后者可行性问题有解。对更一般的排序问题 $P|\mathrm{pmtn},\overline{d_j}|-$, Sahni (1979) 给出了一个 $O(n\max\{m,\log n\})$ 时间的最优算法, 也被称为 Sahni 算法。

算法 4.1 Sahni 算法。

步骤 0 在算法的开始阶段, 有 $j=1$ 并且 $M_1(j)=M_2(j)=\cdots=M_m(j)=0$。

步骤 1　令工件 J_{j-1} 排序之后且工件 J_j 排序之前时机器 M_i 的负载量为 $M_i(j)$。重排机器编号使得 $M_1(j) \leqslant M_2(j) \leqslant \cdots \leqslant M_m(j)$。

步骤 2　假设考虑工件 J_j 并且 k 是一个最大的数使得 $M_k(j-1) < \overline{d_j}$。这里 $k = m$, 或者 $k < m$ 且 $M_{k+1}(j-1) \geqslant \overline{d_j}$。下面分四种情形对其进行讨论。

(1) 如果 $M_1(j-1) + p_j > \overline{d_j}$, 则输出"没有可行解"。

(2) 如果 $M_k(j-1) + p_j \leqslant \overline{d_j}$, 则安排工件 J_j 在机器 M_k 上加工。对 $i = k$, 置 $M_i(j) = M_i(j-1) + p_j$; 对其他的 $i \neq k$, 置 $M_i(j) = M_i(j-1)$。置 $j = j+1$, 并跳转至步骤 1。

(3) 如果存在一台机器 M_x 且 $1 \leqslant x < k$ 使得 $M_x(j-1) + p_j = \overline{d_j}$, 则安排工件 J_j 在机器 M_x 上加工。对 $i = x$, 置 $M_i(j) = M_i(j-1) + p_j$; 对其他的 $i \neq x$, 置 $M_i(j) = M_i(j-1)$。置 $j = j+1$, 并跳转至步骤 1。

(4) 如果存在一台机器 M_x, $1 \leqslant x < k$, 使得 $M_x(j-1) + p_j \leqslant \overline{d_j}$ 且 $M_{x+1}(j-1) + p_j > \overline{d_j}$, 则安排工件 J_j 的一部分, 在机器 M_{x+1} 上加工, 其长度为 $\overline{d_j} - M_{x+1}(j)$, 其余的部分在机器 M_x 上加工。对 $i = x+1$, 置 $M_i(j) = \overline{d_j}$; 对 $i = x$, 置 $M_i(j) = M_i(j-1) + p_j - (\overline{d_j} - M_{x+1}(j))$; 而对其他的 i, 置 $M_i(j) = M_i(j-1)$。置 $j = j+1$, 并跳转至步骤 1。

使用 Sahni 算法, Mohri 等 (1999) 证明了可行性问题 $P2|\text{pmtn}, \overline{d_j} = d_j + L|-$ 有界, 当且仅当对每一个 $j = 1, 2, \cdots, n$, 都有

$$2L \geqslant \sum_{r=1}^{j} p_r - \min_{1 \leqslant k \leqslant j}\left[d_k + \sum_{r=k+1}^{j} p_r\right] - \min_{1 \leqslant k \leqslant j-1}\left[d_k + \sum_{r=k+1}^{j-1} p_r\right]$$

因此, $L_{\max}$ 的最优值为

$$L_{\max}^* = \frac{1}{2} \max_{1 \leqslant j \leqslant n}\left(\sum_{r=1}^{j} p_r - \min_{1 \leqslant k \leqslant j}\left[d_k + \sum_{r=k+1}^{j} p_r\right] - \min_{1 \leqslant k \leqslant j-1}\left[d_k + \sum_{r=k+1}^{j-1} p_r\right]\right)$$

为了获得所有的 Pareto 最优点, Mohri 等 (1999) 考虑了约束性问题 $P2|\text{pmtn}, C_{\max} \leqslant \epsilon|L_{\max}$。显然, 该问题存在一个解使得 $L_{\max} \leqslant L$ 当且仅当可行性问题 $P2|\text{pmtn}, \overline{d_j} = \min\{d_j + L, \epsilon\}|$-有解。进一步, 在 $C_{\max} \leqslant \epsilon$ 约束下, $L_{\max}$ 的最优值为

$$L_{\max}^{\epsilon} = \max\left\{L_{\max}^*, \max_{1 \leqslant j \leqslant n}\left(\sum_{r=1}^{j} p_r - \epsilon - \min_{1 \leqslant k \leqslant j-1}\left[d_k + \sum_{r=k+1}^{j-1} p_r\right]\right)\right\}$$

令 $F = \max_{1 \leqslant j \leqslant n}\left(\sum_{r=1}^{j} p_r - \min_{1 \leqslant k \leqslant j-1}\left[d_k + \sum_{r=k+1}^{j-1} p_r\right]\right)$, 则 Mohri 等 (1999) 得到如下定理。

定理 4.1 如果 $L_{\max}^* \geqslant F - C_{\max}^*$, 则问题 $P2|\mathrm{pmtn}|\#(L_{\max}, C_{\max})$ 的均衡曲线只包含一个 Pareto 最优点 $(L_{\max}^*, C_{\max}^*)$; 否则问题 $P2|\mathrm{pmtn}|\#(L_{\max}, C_{\max})$ 的均衡曲线是由两个点连成的一条线段, 且这两个点分别对应排序问题 $P|\mathrm{pmtn}|\mathrm{Lex}(L_{\max}, C_{\max})$ 和 $P|\mathrm{pmtn}|\mathrm{Lex}(C_{\max}, L_{\max})$ 的最优解。

4.1.2 NP-困难性证明

下面将考虑排序问题 $P2||\mathrm{Lex}(\sum C_j, C_{\max})$, 并将使用 "奇偶划分问题" 进行归纳总结来证明该问题是 NP-困难的。

问题 4.1 奇偶划分问题。给定 $2t+1$ 个整数 $a_1, a_2, \cdots, a_{2t}$ 和 B, 使得 $\sum_{i=1}^{2t} a_i = 2B$, 问是否存在一个子集 $S \subset \{1, 2, \cdots, 2t\}$ 使得对每一个 $i = 1, 2, \cdots, t$, 都有 $|S \bigcap \{2i-1, 2i\}| = 1$ 且 $\sum_{j \in S} a_j = B$?

显然, 对每组数 $\{a_{2i-1}, a_{2i}\}$, 如果 $a_{2i-1} = a_{2i}$, 则删除这组数并不影响奇偶划分问题是否有解, 因此, 可以假设 $a_{2i-1} < a_{2i}$。进一步, 令 $a'_{2i-1} = \Delta_i + a_{2i-1}$ 且 $a'_{2i} = \Delta_i + a_{2i}$, 其中 Δ_i 是一个非常大的数。对每一个 $i = 1, 2, \cdots, t$, 用数 $\{a'_{2i-1}, a'_{2i}\}$ 取代对应的数 $\{a_{2i-1}, a_{2i}\}$。容易看出, 原奇偶划分问题有解当且仅当新的奇偶划分问题也有解。因此, 不失一般性, 可以假设, 对每一个 $i = 2, 3, \cdots, t$, 都有

$$a_1 < a_2 < a_3 < a_4 < \cdots < a_{2t-1} < a_{2t}$$

且

$$a_{2i} > a_{2i-1} > t(a_1 + a_2) + \cdots + (t - i + 2)(a_{2i-3} + a_{2i-2})$$

定理 4.2 排序问题 $P2||\mathrm{Lex}(\sum C_j, C_{\max})$ 是 NP-困难的。

证明 对给定奇偶划分问题的一个实例, 可以构造 $n = 2t$ 个工件 $J_1, J_2, \cdots, J_n$ 使得对每一个 $j = 1, 2, \cdots, 2t$, 都有 $p_j = a_j$。置

$$Y = t(a_1 + a_2) + \cdots + (t - i + 1)(a_{2i-1} + a_{2i}) + \cdots + (a_{2t-1} + a_{2t})$$

并考虑问题 $P2||\sum C_j$。由 SPT 规则的最优性, 可得 $\sum C_j^* = Y$。

如果存在一个子集 $S \subset \{1, 2, \cdots, 2t\}$ 使得对每一个 $i = 1, 2, \cdots, t$, 都有 $|S \bigcap \{2i - 1, 2i\}| = 1$, 则称 S 为一个 "有效子集"。显然, 此时 S 的补集 $\overline{S}$ 也是一个有效子集, 也称子集划分 $(S, \overline{S})$ 为一个 "有效划分"。由此, 可得如下的命题。

命题 1 问题 $P2||\sum C_j$ 的所有最优排序与所有的有效划分一一对应。

设 $(S,\overline{S})$ 为一个 "有效划分", 并把 S 和 $\overline{S}$ 对应的工件分别按照 SPT 规则在 M_1,M_2 上加工, 显然, 有 $\sum C_j = Y$。因此, 一个有效划分对应着问题 $P2||\sum C_j$ 的一个最优排序。

设 π^* 是一个最优排序, 令 S 和 $\overline{S}$ 分别为最优排序 π^* 中在机器 M_1,M_2 上加工工件的下标集合, 如果 $(S,\overline{S})$ 不是一个有效划分, 则假设 i 是最大的数使得 $\{a_{2i-1},a_{2i}\}\subset S$, 或者 $\{a_{2i-1},a_{2i}\}\subset \overline{S}$。由 i 的定义可知, 对每一个 $k=i+1,i+2,\cdots,t$, 都有 $|S\bigcap\{2k-1,2k\}|=1$ 且 $|\overline{S}\bigcap\{2k-1,2k\}|=1$。因此, 也有

$$
\begin{aligned}
\sum C_j^* &\geqslant (t-i+2)a_{2i-1}+(t-i+1)a_{2i}+(t-i)(a_{2i+1}+a_{2i+2})+\cdots+(a_{2t-1}+a_{2t})\\
&=a_{2i-1}+(t-i+1)(a_{2i-1}+a_{2i})+(t-i)(a_{2i+1}+a_{2i+2})+\cdots+(a_{2t-1}+a_{2t})\\
&>t(a_1+a_2)+\cdots+(t-i+1)(a_{2i-1}+a_{2i})+\cdots+(a_{2t-1}+a_{2t})\\
&=Y
\end{aligned}
$$

这与 π^* 是一个最优排序矛盾。因此, $(S,\overline{S})$ 是一个有效划分, 即问题 $P2||\sum C_j$ 的一个最优排序也对应着一个有效划分。

问题 $P2||\sum C_j$ 的每一个最优排序都对应着一个有效划分, 因此, 在 $\sum C_j=Y$ 的前提下, $C_{\max}\leqslant B$ 与奇偶划分问题有等价解。定理 4.2 得证。 □

4.1.3　近似算法

下面继续考虑问题 $P2||\text{Lex}(\sum C_j, C_{\max})$。Eck 等 (1993) 找到了一个 $\left(1,\dfrac{28}{27}\right)$-近似算法, 即在关于目标函数 $\sum C_j$ 最优的条件下, $C_{\max}$ 不超过最大完工时间最优值的 28/27 倍。首先, 考虑问题 $P2||\sum C_j$。由 SPT 规则的最优性, 可以得到问题 $P2||\sum C_j$ 的一个最优排序 π^*。设 n_1 和 n_2 分别是最优排序 π^* 中在机器 M_1 和 M_2 上工件的数量, 由 SPT 规则可知, $|n_1-n_2|\leqslant 1$。如果 $|n_1-n_2|=1$, 即 n 是一个奇数, 则可以增加一个加工时间为 0 的工件。因为这个工件可以在 0 时刻完工, 显然, 这不会影响 $C_{\max}$ 和 $\sum C_j$ 的值, 因此, 不失一般性, 可以假设 n 是一个偶数, 即存在一个 k 使得 $n=2k$。对所有工件重新标号使得 $p_1\leqslant p_2\leqslant\cdots\leqslant p_n$, 这里 $n=2k$。由 SPT 规则的最优性, 可得

$$
\sum C_j^* = k(p_1+p_2)+\cdots+(k-i+1)(p_{2i-1}+p_{2i})+\cdots+(p_{2k-1}+p_{2k})
$$

对工件 J_{2i-1} 和 J_{2i}, $i=1,2,\cdots,k$, 定义 J_{2i-1} 和 J_{2i} 的秩均为 $k-i+1$, 显然, 秩为 1 的工件是最长的两个工件, 秩为 2 的工件是剩余工件中最长的两个工件, 以此类推。因此, 可以看出, 一个可行排序是 $P2||\sum C_j$ 的最优排序当且仅当每台机器上各有 k 个秩不相同的工件且这些工件按照 SPT 规则在机器上加工。也就是说, 秩相同的两个工

件 J_{2i-1} 和 J_{2i} 必须在不同的机器上加工。因此, $P2||\sum C_j$ 的最优排序恰好有 2^k 种, 我们需要在这 2^k 个使得 $\sum C_j$ 值达到最小的排序中找到一个排序使得 $C_{\max}$ 达到最小。

对任意两个工件 J_{2i-1} 和 J_{2i}, $i=1,2,\cdots,k$, 由于 $p_{2i-1}\leqslant p_{2i}$, 故定义两个新的工件 J'_{2i-1} 和 J'_{2i} 使得 $p'_{2i-1}=0$ 且 $p'_{2i}=p_{2i}-p_{2i-1}$。显然, 工件 J'_{2i-1} 和 J'_{2i} 的加工时间比工件 J_{2i-1} 和 J_{2i} 少 p_{2i-1}。令 $I=\{J_1,J_2,\cdots,J_{2k}\}$ 且 $I=\{J'_1,J'_2,\cdots,J'_{2k}\}$。容易验证, 对实例 I 的任何一个最优排序 π, 分别用实例 I' 中的工件替换实例 I 的工件, 就能够得到实例 I' 的一个可行排序 π'。进一步, 可得

$$\sum_{j=1}^{2k} C_j(\pi')=\sum_{j=1}^{2k} C_j(\pi)+2kp_1+2(k-1)p_3+\cdots+p_{2k-1}$$

且

$$C_{\max}(\pi')=C_{\max}(\pi)+p_1+p_3+\cdots+p_{2k-1}$$

注意到 $2tp_1+2(t-1)p_3+\cdots+p_{2k-1}$ 和 $p_1+p_3+\cdots+p_{2k-1}$ 都是固定的, 因此, 实例 I 和实例 I' 是等价的。

注意到实例 I' 中有 k 个工件 $J'_1,J'_3,\cdots,J'_{2k-1}$ 的长度都是 0。为了最小化 $C_{\max}$, 首先删除加工时间等于 0 的工件; 然后, 使用 LPT 规则对剩余的 k 个工件 $J'_2,J'_4,\cdots,J'_{2k}$ 进行排序; 进一步, 如果 J'_{2i} 被安排在机器 M_1(或者机器 M_2) 上, 则安排 J'_{2i-1} 在机器 M_2(或者机器 M_1) 上加工, 因此, 就能得到实例 I' 的一个可行排序 π'; 最后, 用实例 I 中的工件替换实例 I' 的工件, 并对同一台机器上的工件按照 SPT 规则进行重排, 则又能得到实例 I 的一个可行排序 π。基于上述思想, 可得到如下算法 4.2。

算法 4.2

步骤 1 对任意实例 $I=\{J_1,J_2,\cdots,J_{2k}\}$, 且加工时间为 $(p_1,p_2,\cdots,p_{2k})$, 构造实例 $I'=\{J'_1,J'_2,\cdots,J'_{2k}\}$ 且对每一个 $i=1,2,\cdots,k$, 都满足 $p'_{2i-1}=0$ 且 $p'_{2i}=p_{2i}-p_{2i-1}$。

步骤 2 首先删除加工时间等于 0 的工件 $J'_1,J'_3,\cdots,J'_{2k-1}$; 然后, 使用 LPT 规则排序剩余的 k 个工件 $J'_2,J'_4,\cdots,J'_{2k}$; 进一步, 如果 J'_{2i} 被安排在机器 M_1(或者机器 M_2) 上, 则安排 J'_{2i-1} 在机器 M_2(或者机器 M_1) 上加工, 因此, 就能得到实例 I' 的一个可行排序 π'。

步骤 3 首先用实例 I 中的工件替换实例 I' 的工件, 然后对同一台机器上的工件按照 SPT 规则进行重排, 则又能得到实例 I 的一个可行排序 π。

定理 4.3　对问题 $P2||\mathrm{Lex}(\sum C_j, C_{\max})$ 来说, 算法 4.1 输出一个 $\left(1, \dfrac{28}{27}\right)$-近似算法, 即在关于目标函数 $\sum C_j$ 最优的条件下, $C_{\max}$ 不超过最大完工时间最优值的 $\dfrac{28}{27}$ 倍。

证明　具体的证明过程可见 Eck 等 (1993) 的论文。一个紧的实例构造如下: 实例 I 有 $n = 10$ 个工件 $J_1, J_2, \cdots, J_{10}$, 加工时间分别为 $0, 1, 1, 2, 2, 3, 3, 4.5, 4.5, 6$。由算法 4.1 可知, 实例 I' 也有 $n = 10$ 个工件 $J'_1, J'_2, \cdots, J'_{10}$, 加工时间分别为 $0, 1, 0, 1, 0, 1, 0, 1.5, 0, 1.5$。删除实例 I' 中所有的加工时间为 0 的工件, 并对 $J'_2, J'_4, J'_6, J'_8, J'_{10}$ 使用 LPT 规则, 则可得一个排序: J'_{10}, J'_4, J'_2 在机器 M_1 上加工, 工件 J'_8, J'_6 在机器 M_2 上加工。重新考虑加工时间为 0 的工件, 可以获得一个可行排序 π': $J'_{10}, J'_7, J'_5, J'_4, J'_2$ 在机器 M_1 上加工, 工件 $J'_9, J'_8, J'_6, J'_3, J'_1$ 在机器 M_2 上加工。用实例 I 中的工件替换实例 I' 的工件, 然后对同一台机器上的工件按照 SPT 规则重排, 能得到实例 I 的一个可行排序 π: $J_2, J_4, J_5, J_7, J_{10}$ 在机器 M_1 上加工, 工件 J_1, J_3, J_6, J_8, J_9 在机器 M_2 上加工。因此, $C_{\max}(\pi) = \max\{14, 13\} = 14$。

而在最优排序 π^* 中, 工件 $J_1, J_3, J_5, J_7, J_{10}$在机器 M_1上加工, 工件 J_2, J_4, J_6, J_8, J_9 在机器 M_2 上加工。注意到 π 和 π^* 的 $\sum C_j$ 值是相同的, 都达到最优值 57.5。进一步, 可得 $C_{\max}(\pi^*) = \max\{13.5, 13.5\} = 13.5$。所以, 也有 $\dfrac{14}{13.5} = \dfrac{28}{27}$。定理 4.3 得证。□

4.2　多工序机器排序问题

多工序机器排序主要包含三种: 流水作业排序、自由作业排序和异序作业排序。其中, 异序作业排序的求解最难, 甚至限制在 $m = 2$ 台机器上的单目标排序问题 $J2||C_{\max}$ 和 $J2||\sum C_j$ 都是 NP-困难的。因此, 关于流水作业排序和自由作业排序的研究较多一些, 而且大多限制在 $m = 2$ 的情形。当机器数量 $m \geqslant 3$ 时, $Fm||C_{\max}$ 和 $Om||C_{\max}$ 都是 NP-困难的。关于这类问题, 大多数问题都是 NP-困难的, 只有极少数问题, 例如问题 $F2||C_{\max}$ 和 $O2||C_{\max}$, 是多项式时间可解的。除此之外, 还有一些特殊情形, 比如工件允许中断加工, 或者工件有相同加工时间等, 这些问题也是多项式时间可解的。

目前, 关于多工序机器上的多目标排序问题的研究结果还较少, 主要集中于工件可中断加工且机器数量为 $m = 2$ 的特殊情形。即使这样, 这类问题基本上都是 NP-困难的, 研究者只提出了一些有效的启发式算法, 但关于算法近似比的理论分析却非常少。本节主要给大家简要介绍一些排序模型和相关的结果。

4.2.1 两台机器流水作业排序问题

对于问题 $F2|\text{pmtn}|\text{Lex}(C_{\max},\sum C_j)$, 早在 Chen 等 (1994) 证明该问题是强 NP-困难之前, Rajendran (1992) 就已经研究了该问题并提出了两个启发式算法和一个基于分支定界的最优算法。对于一些特殊的情形, 上述启发式算法可以变成最优的算法。Gupta 等 (2001) 对该问题提出了 9 个不同的启发式算法。实验结果表明, 其中的一个启发式算法, 记为 HGNW1, 比其他算法的效果都好。上述启发式算法 HGNW1 的时间复杂性为 $O(n^4)$。T'kindt 等 (2003) 也给出了一个 $O(n^3)$ 时间的启发式算法。对于问题 $F2|\text{pmtn}|\lambda_1 C_{\max}+\lambda_2\sum C_j$, Nagar 等 (1995) 给出了一个贪婪算法, 并且证明了当 $p_{1j}=p_{2j}$ 时, 即任何一个工件在两台机器的加工时间相同时, 上述贪婪算法可以输出一个最优排序。对于此问题, Yeh(1999) 也提出了一个改进的启发式算法和一个分支定界算法。Sayin 等 (1999) 考虑了 Pareto 排序问题 $F2|\text{pmtn}|\#(C_{\max},\sum C_j)$, 他们使用 ϵ-约束方法提出了两个分支定界算法。

对于问题 $F2|\text{pmtn}|\#(C_{\max},T_{\max})$, Daniels 等 (1990) 提出了一个分支定界的最优算法以及一个启发式算法。Liao 等 (1997) 研究了问题 $F2|\text{pmtn}|\#(C_{\max},\sum U_j)$ 和 $F2|\text{pmtn}|\#(C_{\max},\sum T_j)$。对于这两个问题, 他们分别提出了一个分支定界的最优算法。

4.2.2 两台机器自由作业排序问题

对于问题 $O2||C_{\max}$, Gonzalez 等 (1976) 给出了一个多项式时间的最优算法。进一步, 他们也证明了

$$C^*_{\max}=\max\left\{\sum_{j=1}^{n}p_{1j},\sum_{j=1}^{n}p_{2j},\max_{1\leqslant j\leqslant n}(p_{1j}+p_{2j})\right\}$$

Achugbue 等 (1982) 证明了问题 $O2||\sum C_j$ 是强 NP-困难的, 因此, 主次指标排序问题 $O2||\text{Lex}(C_{\max},\sum C_j)$ 也是强 NP-困难的。对后一个问题, Gupta 等 (1999) 给出了一个启发式算法。Kyparisis 等 (2000) 研究了一些特殊的情形并给出了对应的多项式时间算法。当 $\min\limits_{1\leqslant j\leqslant n}p_{1j}\geqslant 2\max\limits_{1\leqslant j\leqslant n}p_{2j}$ 成立时, 他们给出了一个 $O(n^2)$ 时间的最优算法; 当 $\max\limits_{1\leqslant j\leqslant n}(p_{1j}+p_{2j})\geqslant\max\left\{\sum\limits_{j=1}^{n}p_{1j},\sum\limits_{j=1}^{n}p_{2j}\right\}$ 成立时, 他们给出了一个 $O(n\log n)$ 时间的最优算法。除此之外, 对于该问题, 他们也提出了一些启发式算法。

参考文献

ACHUGBUE J O, CHIN F Y, 1982. Scheduling the openshop to minimize mean flow time[J]. SIAM Journal on Computing, 11: 665-679.

CHAKRABARTI S, PHILLIPS C A, SCHULZ A S, et al, 1996. Improved scheduling algorithms for minsum criteria[C]//In: MEYER AUF DER HEIDE F., MONIEN B., Lecture Notes in Computer Science, 1099: 646-657.

CHEN C L, BULFIN R L, 1994. Complexity of multiple machines, multi-criteria scheduling problems[C]//In 3rd Industrial Engineering Research Conference (IERC94), Atlanta, USA, 662-665.

DANIELS R L, SARIN R K, 1989. Single machine scheduling with controllable processing times and number of jobs tardy[J]. Operations Research, 37: 981-984.

ECK B T, PINEDO M L, 1993. On the minimization of the makespan subject to flowtime optimality[J]. Operations Research, 41: 797-801.

GONZALEZ S, SAHNI T, 1976. Open shop scheduling to minimize finish time[J]. Journal of ACM, 23: 665-679.

GRAHAM R L, 1966. Bounds for certain multiprocessing anomalies[J]. Bell System Technical Journal, 45: 1563-1581.

GUPTA J N D, NEPPALLI V R, WERNER F, 2001. Minimizing total flow time in a two-machine flowshop problem with minimum makespan[J]. International Journal of Production Economics, 69(3): 323-338.

GUPTA J N D, WERNER F, 1999. On the solution of 2-machine flow and open shop scheduling problems with secondary criteria[C]//In 15th ISPE/IEE International Conference on CAD/CAM, Robotics, and Factories of the Future, Aguas de Lindoia, Sao Paulo, Brasil.

KYPARISIS G J, KOULAMAS C, 2000. Open shop scheduling with makespan and total completion time criteria[J]. Computers and Operations Research, 27: 15-27.

LEUNG J Y T, YOUNG G H, 1989. Minimizing schedule length subject to minimum flow time[J]. SIAM Journal on Computing, 18: 314-326.

LIAO C J, YU W C, JOE C B, 1997. Bicriterion scheduling in the two-machine flowshop[J]. Journal of the Operational Research Society, 48: 929-935.

MCNAUGHTON R, 1959. Scheduling with deadlines and loss functions[J]. Management Science, 6: 1-12.

MOHRI S, MASUDA T, ISHII H, 1999. Bi-criteria scheduling problem on three identical parallel machines[J]. International Journal of Production Economics, 60-61: 529-536.

NAGAR A, HERAGU S S, HADDOCK J, 1995. A branchand-bound approach for a two-machine flowshop scheduling problem[J]. Journal of the Operational Research Society, 46: 721-734.

RAJENDRAN C, 1992. Two-stage flowshop scheduling problem with bicriteria[J]. Journal of the Operational Research Society, 43(9): 871-884.

SAHNI S, 1979. Preemptive scheduling with due dates[J]. Operations Research, 27: 925-934.

SAYIN S, KARABATI S, 1999. A bicriteria approach to the two-machine flow shop scheduling problem[J]. European Journal of Operational Research, 113: 435-449.

SMITH W E, 1955. Various optimizers for single-stage production[J]. Naval Research Logistics Quarterly, 3: 59-66.

T'KINDT V, BILLAUT J C, 2006. Multi-criteria scheduling: theory, models and algorithms[M]. 2nd ed. Berlin: Springer.

T'KINDT V, GUPTA J N D, BILLAUT J C, 2003. Two-machine flowshop with a secondary criterion[J]. Computers and Operations Research, 30: 505-526.

YEH W C, 1999. A new branch-and-bound approach for the $n/2/\text{flowshop}/\alpha F + \beta C_{\max}$ flowshop scheduling problem[J]. Computers and Operations Research, 26: 1293-1310.

第 5 章　工件可拒绝 (或可外包) 排序

在通常情况下, 一个生产商的内部生产能力都是有限的, 往往无法满足在旺季突然出现的订单需求。当一个生产商从客户那里收到太多的工件 (订单) 时, 如果他选择将全部工件在内部机器上加工, 这可能会导致很多工件延误从而引起顾客的不满。如果拒绝一部分工件或者将这部分工件外包给有额外生产能力的外包商, 生产商往往需要支付一个对应的拒绝费用或者外包费用。在这种情形下, 生产商可以只生产一部分订单, 外包商也获得了利润, 顾客的利益也得到了保证, 从而可以达到多方面共赢的结果。因此, 在这种情形下, 生产商需要确定哪些工件应该在内部加工 (以及加工这些工件的内部排序), 哪些工件应该拒绝或者外包出去, 以使得在生产费用和总拒绝 (外包) 费用上达到平衡。

Bartal 等 (2000) 首先提出了工件可拒绝的排序模型。他们考虑 m 台平行机上的工件可拒绝排序问题, 问题的目标是最小化被接收工件的最大完工时间与所有被拒绝工件的拒绝费用之和。对于在线的情形, 他们给出了一个有最好可能的竞争比 $2+\alpha$ 的在线算法, 其中 $\alpha=\dfrac{\sqrt{5}-1}{2}\approx 0.618$ 是黄金分割率。对于离线的情形, 他们给出了一个 $\left(2-\dfrac{1}{m}\right)$-近似算法和一个多项式时间近似方案。自此以后, 工件可拒绝排序问题得到了研究者越来越多的关注。Seiden(2001) 针对所有工件允许中断加工的情形给出了一个竞争比为 $\dfrac{4+\sqrt{10}}{3}<2.3874$ 的在线算法。Hoogeveen 等 (2003) 考虑了允许中断的离线平行机排序问题, 他们证明了这个问题是 NP-困难的并给出了一个全多项式时间近似方案。Engels 等 (2003) 考虑了带有拒绝费用的单机排序问题, 问题的目标是最小化被接收工件的加权完工时间和与所有被拒绝工件的拒绝费用之和。他们证明了这个问题是 NP-困难的并给出了一个全多项式时间近似方案。关于工件可拒绝排序的更多模型和结果, 读者可以参考 Shabtay 等 (2013) 以及张玉忠 (2020) 关于工件可拒绝排序问题提供的文献综述。

很多学者也研究了工件可外包排序问题。例如, Lee 等 (2002) 研究了工件有不同截止日期的协调生产排序和外包模型。他们提出一种遗传算法来求解该问题。Choi 等 (2011) 和 Qi (2011) 分别研究了在两台机器流水作业环境下的协调生产排序和外包模型。Lee 等 (2008a; 2008b) 考虑了协调生产排序和外包问题, 问题的目标是最小化内部生产费用和总外包费用的加权总和。Choi 等 (2016) 研究了工件处理时间不确定情况下的生产排序和外包模型。实际上, 如果把工件的外包费用当作拒绝费用, 则工件可外包排序与工件可拒绝排序其实是等价的。

本章分为四节。其中, 5.1 节主要介绍了带有到达时间和拒绝费用的单机排序问题, 内容主要来自 Zhang 等 (2009) 的论文; 5.2 节主要介绍了拒绝费用有限制的单机排序问题, 内容主要来自 Zhang 等 (2010) 的论文; 5.3 节主要介绍了按时间在线的工件可拒绝单机排序问题, 内容主要来自 Lu 等 (2011) 的论文; 5.4 节主要介绍了具有不同外包折扣最小化最大完工时间的排序问题, 内容主要来自 Lu 等 (2018) 的论文。上述四个排序问题是一脉相承的, 5.2 节所研究问题是 5.1 节所研究问题的约束形式, 5.3 节所研究问题是 5.1 节所研究问题的在线形式, 而 5.4 节所研究问题也是 5.1 节所研究问题的推广形式。

5.1 带有到达时间和拒绝费用的单机排序问题

5.1.1 引言

带有到达时间和拒绝费用的单机排序问题可以描述如下: 有 n 个工件 $J_1, J_2, \cdots, J_n$ 和一台机器, 每个工件 J_j 有一个加工时间 p_j 和一个拒绝费用 e_j。工件 J_j 或者被拒绝并需要支付一个确定的拒绝费用 e_j; 或者被接收并安排在机器上加工。问题的目标是最小化被接收工件的最大完工时间与所有被拒绝工件的拒绝费用之和。定义 R 为所有被拒绝工件的集合, 采用排序问题的一般记号, 将这个问题记为 $1|r_j, \text{reject}|C_{\max} + \sum\limits_{J_j \in R} e_j$。

本节考虑了带有到达时间和拒绝费用的单机排序问题。首先, 证明这个问题是 NP-困难的。其次, 针对这个问题, 给出两个拟多项式时间算法。特别地, 当工件有相同的加工时间或者拒绝费用时, 由上述拟多项式时间算法, 这个问题是多项式时间可解的。最后, 针对这个问题, 还给出一个 2-近似算法和一个全多项式时间近似方案。

5.1.2 NP-困难性证明

定理 5.1 当工件仅有两个不同的到达时间时, 排序问题 $1|r_j, \text{reject}|C_{\max} + \sum\limits_{J_j \in R} e_j$ 也是 NP-困难的。

证明 该排序问题的判定形式显然在 NP 类中, 可以使用 NP-完全的划分问题 (Garey et al., 1979) 来进行归结。

问题 5.1　划分问题 1。给定 $t+1$ 个整数 $a_1, a_2, \cdots, a_t$ 和 B 使得 $\sum_{i=1}^{t} a_i = 2B$, 问是否存在一个子集 $S \subset \{a_1, a_2, \cdots, a_t\}$ 使得 $\sum_{a_i \in S} a_i = B$?

对于给定的划分问题 1 的一个实例, 可以构造 $1|r_j, \text{reject}|C_{\max} + \sum_{J_j \in R} e_j$ 判定形式的一个实例如下。

(1) 有 $n = t+1$ 个工件。

(2) 对 $1 \leqslant j \leqslant t$, 定义 $r_j = 0$, $p_j = 2a_j$ 且 $e_j = a_j$。

(3) 对 $j = t+1$, 定义 $r_j = 2B$, $p_j = 0$ 且 $e_j = 3B+1$。

(4) 门槛值定义为 $Y = 3B$。

(5) 问题的判定形式: 问是否存在一个排序 π, 使得 $C_{\max} + \sum_{J_j \in R} e_j \leqslant Y$?

容易看出上述构造可以在多项式时间内做到。首先, 假设存在划分问题的一个解 S 使得 $\sum_{a_i \in S} a_i = B$。其次, 安排集合 $\{J_j : a_j \in S\}$ 中的工件在机器上加工。最后, 工件 J_{t+1} 紧随其后在机器上加工并且拒绝所有其他的工件。容易看出在机器上没有任何空闲时间, 也就是说, $C_{\max} = \sum_{a_j \in S} p_j + p_{t+1} = 2\sum_{a_j \in S} a_j = 2B$。进一步, $\sum_{J_j \in R} e_j = \sum_{a_j \notin S} a_j = 2B - \sum_{a_j \in S} a_j = B$。因此, 有 $C_{\max} + \sum_{J_j \in R} e_j = 3B = Y$。

现在, 假设存在一个排序 π 使得 $C_{\max} + \sum_{J_j \in R} e_j \leqslant Y$, 我们将证明划分问题也有一个解。令 A 和 R 为排序 π 中接收工件的集合与被拒绝工件的集合, 则有以下命题。

命题 1　$J_{t+1} \in A$ 并且 $C_{\max} \geqslant 2B$。

对命题 1 的证明。(反证法)。如果 $J_{t+1} \in R$, 那么有 $C_{\max} + \sum_{J_j \in R} e_j \geqslant e_{t+1} > 3B = Y$, 这与 $C_{\max} + \sum_{J_j \in R} e_j \leqslant Y$ 矛盾。因此, 可得 $J_{t+1} \in A$。同时, 还进一步表明 $C_{\max} \geqslant r_{t+1} = 2B$。命题 1 得证。 □

命题 2　$\sum_{J_j \in R} a_j = B$。

对命题 2 的证明。由于 $C_{\max} \geqslant 2B$ 且 $C_{\max} + \sum_{J_j \in R} e_j \leqslant Y = 3B$, 因此有 $\sum_{J_j \in R} a_j = \sum_{J_j \in R} e_j \leqslant B$。如果 $\sum_{J_j \in R} a_j < B$, 那么

$$
\begin{aligned}
C_{\max} + \sum_{J_j \in R} e_j &\geqslant \sum_{J_j \in A} p_j + \sum_{J_j \in R} e_j \\
&= 2\sum_{J_j \in A} a_j + \sum_{J_j \in R} a_j \\
&= 2\Big(\sum_{J_j \in A} a_j + \sum_{J_j \in R} a_j\Big) - \sum_{J_j \in R} a_j \\
&= 4B - \sum_{J_j \in R} a_j \\
&> 3B \\
&= Y
\end{aligned}
$$

这与 $C_{\max} + \sum_{J_j \in R} e_j \leqslant Y$ 矛盾。因此, 有 $\sum_{J_j \in R} e_j = \sum_{J_j \in R} a_j = B$。命题 2 得证。 □

设 $S = \{a_i : J_i \in R\}$, 由命题 5.2, 可得 $\sum_{a_i \in S} a_i = B$, 因此, S 是划分问题的一个解。定理 5.1 得证。 □

5.1.3 动态规划算法

对于排序问题 $1|r_j|C_{\max}$, Lawler(1973) 证明了存在一个最优排序使得工件按照 ERD 顺序在机器上加工。因此, 对于排序问题 $1|r_j, \text{reject}|C_{\max} + \sum_{J_j \in R} e_j$, 存在一个最优排序使得所有被接收的工件是按照 ERD 顺序在机器上加工的。

对工件重新标号使得 $r_1 \leqslant r_2 \leqslant \cdots \leqslant r_n$, 记 $r_{\max} = \max\{r_j : 1 \leqslant j \leqslant n\}$, $p_{\text{sum}} = \sum_{j=1}^{n} p_j$ 且 $e_{\text{sum}} = \sum_{j=1}^{n} e_j$, 设 $f_j(W)$ 是所考虑工件 $J_1, J_2, \cdots, J_j$ 中所有被拒绝工件的拒绝费用恰好为 W 时所对应的最优目标函数值。现在, 考虑工件 $J_1, J_2, \cdots, J_j$ 中所有被拒绝工件的拒绝费用恰好为 W 时的一个最优排序。在这个排序中, 仅仅有两种可能: 工件 J_j 被拒绝并支付一个确定的拒绝费用 e_j; 或者工件 J_j 被接收并安排在机器上加工。

(1) 工件 J_j 被拒绝。

由于 $J_1, J_2, \cdots, J_{j-1}$ 中所有被拒绝工件的拒绝费用恰好为 $W - e_j$, 因此, 有 $f_j(W) = f_{j-1}(W - e_j) + e_j$。

(2) 工件 J_j 被接收。

由于工件 J_j 被接收, 因此在 $J_1, J_2, \cdots, J_{j-1}$ 中所有被拒绝工件的拒绝费用

仍然为 W, 那么, $J_1, J_2, \cdots, J_{j-1}$ 对应的目标函数最优值为 $f_{j-1}(W)$。因此, 在 $J_1, J_2, \cdots, J_{j-1}$ 中被接收工件的最大完工时间恰好为 $f_{j-1}(W) - W$。进一步, 工件 J_j 的完工时间一定为 $\max\{f_{j-1}(W) - W, r_j\} + p_j$。因此, 有 $f_j(W) = \max\{f_{j-1}(W) - W, r_j\} + p_j + W$。

综合上述两种情形, 可得下面的算法 5.1。

算法 5.1　动态规划算法 1。

(1) 边界条件为

$f_1(0) = r_1 + p_1, f_1(e_1) = e_1$ 且对任何 $W \neq 0,\ e_1$, 有$f_1(W) = \infty$。

(2) 递推函数为

$$f_j(W) = \min\{f_{j-1}(W - e_j) + e_j, \max\{f_{j-1}(W) - W, r_j\} + p_j + W\}$$

(3) 最优值为

$$\min\{f_n(W) : 0 \leqslant W \leqslant e_{\text{sum}}\}$$

定理 5.2　算法 5.1 在 $O\Big(ne_{\text{sum}}\Big)$ 时间内可以得到排序问题 $1|r_j, \text{reject}|C_{\max} + \sum\limits_{J_j \in R} e_j$ 的一个最优解。

证明　由上述讨论可知, 算法 5.1 的正确性得到保证。由于 $1 \leqslant j \leqslant n$ 且 $0 \leqslant W \leqslant e_{\text{sum}}$, 因此算法 5.1 至多有 $O(ne_{\text{sum}})$ 个不同的状态变量。进一步, 在每次迭代中均花费一个常数时间, 因此, 算法 5.1 的时间复杂性为 $O(ne_{\text{sum}})$。定理 5.2 得证。 □

特别地, 如果工件有相同的拒绝费用, 也就是说, 对 $j = 1, 2, \cdots, n$, 有 $e_j = e$, 那么就有 $W \in \{je : 1 \leqslant j \leqslant n\}$。因此, 可得下面的推论。

推论 5.1　算法 5.1 能在 $O(n^2)$ 时间内得到排序问题 $1|r_j, e_j = e, \text{reject}|C_{\max} + \sum\limits_{J_j \in R} e_j$ 的一个最优解。

类似于算法 5.1, 可得下面的算法 5.2。设 $f_j(C)$ 为所考虑工件 $J_1, J_2, \cdots, J_j$ 中被接收工件的最大完工时间恰好为 C 时对应的目标函数最优值, 现在, 考虑 $J_1, J_2, \cdots, J_j$ 的一个最优排序使得 $J_1, J_2, \cdots, J_j$ 中被接收工件的最大完工时间恰好为 C, 分以下三种情形进行讨论。

(1) 工件 J_j 被拒绝。

由于 $J_1, J_2, \cdots, J_{j-1}$ 中被接收工件的最大完工时间仍然为 C, 因此有 $f_j(C) = f_{j-1}(C) + e_j$。

(2) 工件 J_j 被接收且 $C > r_j + p_j$。

由于工件 J_j 被接收且 $C > r_j + p_j$, $J_1, J_2, \cdots, J_{j-1}$ 中被接收工件的最大完工时间一定为 $C - p_j$, 那么, $J_1, J_2, \cdots, J_{j-1}$ 对应的目标函数最优值为 $f_{j-1}(C - p_j)$。进一步, $J_1, J_2, \cdots, J_{j-1}$ 中所有被拒绝工件的拒绝费用恰好为 $f_{j-1}(C - p_j) - (C - p_j)$, 因此, 有 $f_j(C) = f_{j-1}(C - p_j) - (C - p_j) + C = f_{j-1}(C - p_j) + p_j$。

(3) 工件 J_j 被接收且 $C = r_j + p_j$。

假设 c 为 $J_1, J_2, \cdots, J_{j-1}$ 中被接收工件的最大完工时间, 因为工件 J_j 的开工时间恰好是 r_j, 所以有 $c \leqslant r_j$, 那么, $J_1, J_2, \cdots, J_{j-1}$ 中被拒绝工件的全部拒绝费用一定为 $f_{j-1}(c) - c$。进一步, $J_1, J_2, \cdots, J_{j-1}$ 中被拒绝工件的全部拒绝费用的最小值一定为 $\min\{f_{j-1}(c) - c : 0 \leqslant c \leqslant r_j\}$, 因此, 有 $f_j(C) = \min\{f_{j-1}(c) - c : 0 \leqslant c \leqslant r_j\} + C$。下面给出算法 5.2。

算法 5.2 动态规划算法 2。

(1) 边界条件为

$f_1(0) = e_1, f_1(r_1 + p_1) = r_1 + p_1$ 且对任何 $C \neq 0, r_1 + p_1$, 有 $f_1(C) = \infty$。

(2) 递推函数为

$$f_j(C) = \begin{cases} f_{j-1}(C) + e_j, & \text{若 } C < r_j + p_j \\ \min\{f_{j-1}(C) + e_j, \min\{f_{j-1}(c) - c : 0 \leqslant c \leqslant r_j\} + C\}, & \text{若 } C = r_j + p_j \\ \min\{f_{j-1}(C) + e_j, f_{j-1}(C - p_j) + p_j\}, & \text{若 } C > r_j + p_j \end{cases}$$

(3) 最优值为

$$\min\{f_n(C) : 0 \leqslant C \leqslant r_{\max} + p_{\text{sum}}\}$$

定理 5.3 算法 5.2 在 $O(n(r_{\max} + p_{\text{sum}}))$ 时间内可以得到问题 $1|r_j, \text{reject}|C_{\max} + \sum_{J_j \in R} e_j$ 的一个最优解。

证明 由上述讨论可知, 算法 5.2 的正确性得到保证。由于 $1 \leqslant j \leqslant n$ 且 $0 \leqslant C \leqslant r_{\max} + p_{\text{sum}}$, 算法 5.2 至多有 $O(n(r_{\max} + p_{\text{sum}}))$ 个不同的状态变量。当 $C \neq r_j + p_j$ 时, 每次迭代花费一个常数时间; 当 $C = r_j + p_j$ 时, 此时有 $O(n)$ 个不同的状态变量且在每次迭代中至多花费一个 $O(r_{\max} + p_{\text{sum}})$ 时间。因此, 算法 5.2 的时间复杂性为 $O(n(r_{\max} + p_{\text{sum}}))$。定理 5.3 得证。 □

特别地, 如果工件有相同的加工时间, 也就是说, 对所有 $j = 1, 2, \cdots, n$, 有 $p_j = p$, 那么, 有 $C \in \{r_i + jp : 1 \leqslant i, j \leqslant n\}$。进一步, 每个 C 至多有 $O(n^2)$ 种不同的选择, 因此, 可得出如下的推论。

推论 5.2　算法 5.2 在 $O(n^3)$ 时间内得到排序问题 $1|r_j,p_j=p,\text{reject}|C_{\max}+\sum\limits_{J_j\in R}e_j$ 的一个最优解。

5.1.4　近似算法

假设 S 是一个工件的集合, 分别定义 $p(S)=\sum\limits_{J_j\in S}p_j$ 和 $e(S)=\sum\limits_{J_j\in S}e_j$ 为工件集合 S 的加工时间和拒绝费用。下面给出一个 2-近似算法。

算法 5.3　近似算法 1。

步骤 1　对每个 $t\in\{r_j,j=1,2,\cdots,n\}$, 将工件划分为三个不交的工件集合 $S_1(t)=\{J_j:r_j\leqslant t$ 且$p_j\leqslant e_j\}$, $S_2(t)=\{J_j:r_j\leqslant t$ 且$p_j>e_j\}$ 和 $S_3(t)=\{J_j:r_j>t\}$。

步骤 2　接收 $S_1(t)$ 中的所有工件且拒绝 $S_2(t)\bigcup S_3(t)$ 中的工件。在时间段 $[t,t+p(S_1)]$, 安排 $S_1(t)$ 中的所有工件以任意顺序在机器上连续加工, 所产生的排序记为 $\pi(t)$。

步骤 3　设 $Z(t)$ 为排序 $\pi(t)$ 所对应的目标函数值, 在上述所有的排序中, 挑选出 $Z(t)$ 值最小的那个排序, 即最优排序 $\pi^*(t)$。

设 π 是由上述算法 5.3 所得到的排序, Z 和 Z^* 分别为排序 π 和一个最优排序 π^* 所对应的目标函数值, 则有如下的定理成立。

定理 5.4　$Z\leqslant 2Z^*$ 并且这个界是紧的。

证明　设 A^* 和 R^* 分别是最优排序 π^* 中被接收工件和被拒绝工件的集合, $r^*=\max\{r_j:J_j\in A^*\}$ 为 A^* 中工件最长的到达时间。由 r^* 的定义, 有 $S_3(r^*)=\{J_j:r_j>r^*\}\subseteq R^*$, 因此, 有 $Z^*\geqslant r^*+e(S_3(r^*))$。进一步, 还可得

$$Z^*\geqslant p(A^*)+e(R^*)\geqslant\sum_{J_j\in A^*}\min\{p_j,e_j\}+\sum_{J_j\in R^*}\min\{p_j,e_j\}=\sum_{j=1}^{n}\min\{p_j,e_j\}$$

因此, 有

$$\begin{aligned}Z\leqslant Z(r^*)&=r^*+p(S_1(r^*))+w(S_2(r^*))+e(S_3(r^*))\\&=r^*+\sum_{J_j\in S_1(r^*)}\min\{p_j,e_j\}+\sum_{J_j\in S_2(r^*)}\min\{p_j,e_j\}+e(S_3(r^*))\\&\leqslant r^*+\sum_{j=1}^{n}\min\{p_j,e_j\}+w(S_3(r^*))\\&\leqslant 2Z^*\end{aligned}$$

为了证明这个界是紧的, 考虑3个工件的实例: $(r_1,p_1,e_1)=(0,1,2)$, $(r_2,p_2,e_2)=(0,1,0)$ 且 $(r_3,p_3,e_3)=(1,0,2)$。容易验证 $Z(0)=p_1+e_2+e_3=3$ 并且 $Z=Z(1)=1+p_1+p_3+e_2=2$。然而, 最优的排序是接收工件 J_1,J_3, 拒绝工件 J_2, 并且安排工件 J_1 在 0 时刻开始加工, 工件 J_3 紧随其后加工, 也就是说, $Z^*=1$。因此, 有 $Z=2=2Z^*$。定理 5.4 得证。 □

由定理 5.4 可知, $Z^*\leqslant Z\leqslant 2Z^*$。对任何工件 J_j, 如果 $e_j>Z$, 那么, 容易看出 $J_j\in A^*$。否则, 有 $Z^*\geqslant e_j>Z\geqslant Z^*$, 从而得出矛盾。如果修改工件 J_j 的拒绝费用使得 $e_j=Z$, 显然这不会改变最优的目标函数值。因此, 在没有任何损失的情况下, 可以假设 $e_j\leqslant Z$, 其中 $j=1,2,\cdots,n$。下面给出一个全多项式时间近似方案 1。

算法 5.4 全多项式时间近似方案 1。

步骤 1 对任何一个 $\epsilon>0$, 令 $M=\dfrac{\epsilon Z}{2n}$。给定任何一个实例 I, 对每一个 $j=1,2,\cdots,n$, 修改工件 J_j 的拒绝费用使得 $e_j'=\left\lfloor\dfrac{e_j}{M}\right\rfloor M$, 则可以得到一个新的实例 I'。

步骤 2 对新的实例 I', 应用算法 5.1(即动态规划算法 1), 可以得到实例 I' 的一个最优解 $\pi^*(I')$。

步骤 3 在排序 $\pi^*(I')$ 中, 对每一个 $j=1,2,\cdots,n$, 用原来的拒绝费用 e_j 代替新的拒绝费用 e_j', 便得到实例 I 的一个可行排序 π。

设 Z_ϵ 为由算法 5.4 所获得的排序 π 对应的目标函数值, 那么, 有如下的定理成立。

定理 5.5 $Z_\epsilon\leqslant(1+\epsilon)Z^*$ 且算法 5.4 的时间复杂性为 $O\left(\dfrac{n^3}{\epsilon}\right)$。

证明 设 $Z^*(I')$ 为实例 I' 的最优排序 $\pi^*(I')$ 对应的目标函数值, 由算法 5.4 步骤 1 可知, $e_j'\leqslant e_j<e_j'+M$。因此, 有 $Z^*(I')\leqslant Z^*$。对每一个 $j=1,2,\cdots,n$, 用原来的拒绝费用 e_j 代替新的拒绝费用 e_j', 则有

$$Z_\epsilon\leqslant Z^*(I')+\sum_{j=1}^{n}(e_j-e_j')\leqslant Z^*+nM\leqslant Z^*+\frac{\epsilon Z}{2}\leqslant(1+\epsilon)Z^*$$

对 $j=1,2,\cdots,n$, 有 $e_j\leqslant Z$, 因此, $\displaystyle\sum_{j=1}^{n}\left\lfloor\frac{e_j}{M}\right\rfloor\leqslant\frac{2n}{\epsilon}\sum_{j=1}^{n}\frac{e_j}{Z}\leqslant\frac{2n^2}{\epsilon}$。注意到 $e_j'=\left\lfloor\dfrac{e_j}{M}\right\rfloor M$, 其中 $j=1,2,\cdots,n$, 那么, 在算法 5.1 中, 有 $W\in\left\{kM:0\leqslant k\leqslant\displaystyle\sum_{j=1}^{n}\left\lfloor\frac{e_j}{M}\right\rfloor\right\}$。也就是说, 对每一个 W, 至多有 $\displaystyle\sum_{j=1}^{n}\left\lfloor\frac{e_j}{M}\right\rfloor=O\left(\frac{n^2}{\epsilon}\right)$ 种不同的选择。因此, 算法 5.1(即算法 5.4) 的时间复杂性为 $O\left(\dfrac{n^3}{\epsilon}\right)$。定理 5.5 得证。 □

5.2 拒绝费用有限制的单机排序问题

5.2.1 引言

拒绝费用有限制的单机排序问题可以描述如下：有一台单机和 n 个工件 $J_1, J_2, \cdots, J_n$，每个工件 J_j 有加工时间 p_j、权重 w_j、工期 d_j 和拒绝费用 e_j。假设所有的数据 p_j，w_j，d_j 和 e_j 都是非负整数，工件 J_j 要么被拒绝要么被接收。如果工件 J_j 被拒绝，那么就需要支付一个确定的拒绝费用 e_j；如果工件 J_j 被接收，那么就得把工件安排在机器上进行加工。设 A 和 R 分别为接收工件和拒绝工件的集合，问题的目标是寻找一个排序使得在拒绝工件的拒绝费用之和不超过一个给定的上界的前提下使得某一个给定的目标函数 f 达到最小。目标函数 f 可以选择为 $\{C_{\max}, L_{\max}, \sum w_jC_j, \sum w_jT_j, \sum w_jU_j\}$。使用排序问题的一般表示法，该问题可以表示为 $1|\sum\limits_{j\in R} e_j \leqslant U|f$，其中 U 是一个给定的上界。

如果工件不允许拒绝的话，相应的问题就简化为 $1||f$。容易看出，问题 $1||C_{\max}$ 是平凡的。Jackson(1955) 证明了问题 $1||L_{\max}$ 能够用 EDD 规则求解。Smith(1955) 证明了问题 $1||\sum w_jC_j$ 能够用 WSPT 规则求解。如果所有工件的权重都一样，WSPT 规则也就转化为了 SPT 规则。问题 $1||\sum U_j$ 可以用著名的 Moore 算法 (Moore, 1968) 求解。Du 等 (1990) 证明了问题 $1||\sum T_j$ 是 NP-困难的。Lenstra 等 (1977) 证明了问题 $1||\sum w_jT_j$ 是强 NP-困难的。

本节考虑了拒绝费用有限制的单机排序问题；对不同的目标函数，分析了它们的计算复杂性并对其中的 NP-困难问题给出了拟多项式时间算法；进一步，对带有到达时间的最小化最大完工时间问题，给出了一个全多项式时间近似方案；对于与工期相关的几个排序问题，证明了这些问题都不存在有界近似比的近似算法。

5.2.2 NP-困难性证明

本节将证明 $1|\sum\limits_{j\in R} e_j \leqslant U|C_{\max}$ 和 $1|\sum\limits_{j\in R} e_j \leqslant U|\sum C_j$ 在一般意义下是 NP-困难的。因此，作为推论，问题 $1|\sum\limits_{j\in R} e_j \leqslant U|f$ 在一般意义下都是 NP-困难的，其中 f 可以是 $L_{\max}$，$\sum w_jC_j$，$\sum w_jU_j$ 和 $\sum w_jT_j$。

定理 5.6 问题 $1|\sum_{j\in R} e_j \leqslant U|C_{\max}$ 等价于背包问题, 因此, 问题 $1|\sum_{j\in R} e_j \leqslant U|C_{\max}$ 在一般意义下是 NP-困难的。

证明 因为 $C_{\max} = \sum_{j\in A} p_j = \sum_{j=1}^{n} p_j - \sum_{j\in R} p_j$, 所以在约束限制 $\sum_{j\in R} e_j \leqslant U$ 下最小化 $C_{\max}$ 与在约束限制 $\sum_{j\in R} e_j \leqslant U$ 下最大化 $\sum_{j\in R} p_j$ 等价。所以, $1|\sum_{j\in R} e_j \leqslant U|C_{\max}$ 等价于背包问题。因为背包问题在一般意义下是 NP-困难的, 所以问题 $1|\sum_{j\in R} e_j \leqslant U|C_{\max}$ 在一般意义下也是 NP-困难的。定理 5.6 得证。 □

由上述定理 5.6, 有下面的推论成立。

推论 5.3 问题 $1|\sum_{j\in R} e_j \leqslant U|L_{\max}$, $1|\sum_{j\in R} e_j \leqslant U|\sum U_j$ 和 $1|\sum_{j\in R} e_j \leqslant U|\sum T_j$ 在一般意义下是 NP-困难的。

证明 由定理 5.6 可以知道问题 $1|\sum_{j\in R} e_j \leqslant U|C_{\max} \leqslant Y$ 在一般意义下是 NP-困难的。对每个 $j = 1,2,\cdots,n$, 令 $d_j = Y$, 则可得 $L_{\max} \leqslant 0$, $\sum U_j \leqslant 0$ 和 $\sum T_j \leqslant 0$ 都与 $C_{\max} \leqslant Y$ 等价。因此, $1|\sum_{j\in R} e_j \leqslant U|L_{\max} \leqslant 0$, $1|\sum_{j\in R} e_j \leqslant U|\sum U_j \leqslant 0$ 和 $1|\sum_{j\in R} e_j \leqslant U|\sum T_j \leqslant 0$ 在一般意义下也是 NP-困难的。推论 5.3 得证。 □

注释 对每个 $j = 1,2,\cdots,n$, 令 $e_j = U+1$, 有 $1|\sum_{j\in R} e_j \leqslant U|f$ 与 $1||f$ 等价。因为 $1||\sum w_j T_j$ 是强 NP-困难的, 所以 $1|\sum_{j\in R} e_j \leqslant U|\sum w_j T_j$ 也是强 NP-困难的。

定理 5.7 问题 $1|\sum_{j\in R} e_j \leqslant U|\sum C_j$ 在一般意义下是 NP-困难的。

证明 很明显这个问题的判定问题属于 NP 类。下面用 NP-完全的奇偶划分问题 (Garey et al., 1979) 进行归结来证明。

问题 5.2 奇偶划分问题。给定 $2t+1$ 个正整数 $a_1, a_2, \cdots, a_{2t}$ 和 B, 使其满足 $\sum_{i=1}^{2t} a_i = 2B$。问是否存在一个子集 $S \subset \{1,2,\cdots,2t\}$ 使得对每个 $i = 1,2,\cdots,t$, 都满足 $|S \bigcap \{2i-1, 2i\}| = 1$ 且 $\sum_{i\in S} a_i = B$?

给定奇偶划分问题的一个实例, 可以构造 $1|\sum\limits_{j\in R}e_j \leqslant U|\sum C_j$ 的判定问题的实例如下:

(1) 有 $n = 2t$ 个工件。

(2) 对每个 i $(1 \leqslant i \leqslant t)$, 定义两个工件 J_{2i-1} 和 J_{2i} 使得

$$p_{2i-1} = \frac{2^{i-1}B + a_{2i-1}}{t-i+1},\ e_{2i-1} = 2^{i-1}B + a_{2i-1},\ p_{2i} = \frac{2^{i-1}B + a_{2i}}{t-i+1},\ e_{2i} = 2^{i-1}B + a_{2i}$$

(3) 上界定义为 $U = 2^t B$。

(4) 门槛值定义为 $Y = 2^t B$。

(5) 判定问题: 问是否存在一个排序 π 使得在 $\sum\limits_{j\in R} e_j \leqslant U$ 的约束下满足 $\sum\limits_{j\in A} C_j \leqslant Y$。

容易看出上述构造的实例可以在多项式时间内做到。首先, 假设奇偶划分问题有一个解 $S \subset \{1, 2, \cdots, 2t\}$, 且满足对每个 $i = 1, 2, \cdots, t$, 都有 $|S \bigcap \{2i-1, 2i\}| = 1$ 和 $\sum\limits_{i\in S} a_i = B$ 成立。注意到对每个 $i = 1, 2, \cdots, t-1$, 都有 $\max\{p_{2i-1}, p_{2i}\} < \min\{p_{2i+1}, p_{2i+2}\}$。将工件集 $\{J_j : j \in S\}$ 中的工件按照 SPT 规则安排在机器上进行加工, 并且拒绝其他的工件, 容易看出 $\sum\limits_{j\in A} C_j = 2^t B = Y$ 并且 $\sum\limits_{j\in R} e_j = 2^t B = U$。

其次, 假设存在一个排序 π 使得 $\sum\limits_{j\in A} C_j \leqslant Y = 2^t B$ 和 $\sum\limits_{j\in R} e_j \leqslant U = 2^t B$ 成立, 我们将证明奇偶划分问题也有一个解。在此之前, 先给出下面几个命题。

命题 1　对每个 $i = 1, 2, \cdots, t$, 都有 $|A \bigcap \{2i-1, 2i\}| = |R \bigcap \{2i-1, 2i\}| = 1$。

对命题 1 的证明。(反证法)。选择最大的目标 k 使得 $\{2k-1, 2k\} \subseteq A$ 或者 $\{2k-1, 2k\} \subseteq R$ 成立。由 k 的定义可知, 对每个 $i = k+1, k+2, \cdots, t$, 都有 $|A \bigcap \{2i-1, 2i\}| = |R \bigcap \{2i-1, 2i\}| = 1$。进一步, 由 SPT 规则的最优性, 可以假设在 π 中的接收工件是按照 SPT 规则进行加工的。注意到对每个 $i = 1, 2, \cdots, t-1$, 都有 $\max\{p_{2i-1}, p_{2i}\} < \min\{p_{2i+1}, p_{2i+2}\}$。如果 $\{2k-1, 2k\} \subseteq A$, 则有

$$\begin{aligned}\sum_{j\in A} C_j &\geqslant (t-k+1)(p_{2k-1} + p_{2k}) + \sum_{\substack{i>k\\2i-1\in A}} (t-i+1)p_{2i-1} + \sum_{\substack{i>k\\2i\in A}} (t-i+1)p_{2i} \\ &> 2^{k-1}B + 2^{k-1}B + 2^k B + \cdots + 2^{t-1}B \\ &= 2^t B \\ &= Y\end{aligned}$$

这与 $\sum\limits_{j\in A} C_j \leqslant Y$ 矛盾。如果 $\{2k-1, 2k\} \subseteq R$, 则有

$$\begin{aligned}\sum_{j\in R} e_j &\geqslant e_{2k-1}+e_{2k}+\sum_{\substack{i>k\\2i-1\in R}} e_{2i-1}+\sum_{\substack{i>k\\2i\in R}} e_{2i}\\&> 2^{k-1}B+2^{k-1}B+2^kB+\cdots+2^{t-1}B\\&=2^tB\\&=U\end{aligned}$$

这也与 $\sum\limits_{j\in R} e_j \leqslant U$ 矛盾。因此，对每个 $i=1,2,\cdots,t-1$，都有 $|A\bigcap\{2i-1,2i\}|=|R\bigcap\{2i-1,2i\}|=1$ 成立。命题 1 得证。 □

命题 2 $\sum\limits_{j\in A} a_j=\sum\limits_{j\in R} a_j=B$。

对命题 2 的证明。(反证法)。因为 $\sum\limits_{j\in R} e_j=\sum\limits_{i=1}^{t}2^{i-1}B+\sum\limits_{j\in R} a_j\leqslant U=2^tB$，所以有 $\sum\limits_{j\in R} a_j\leqslant B$。因此，有 $\sum\limits_{j\in A} a_j\geqslant B$。进一步，如果 $\sum\limits_{j\in A} a_j>B$，则有

$$\begin{aligned}\sum_{j\in A} C_j &= \sum_{2i-1\in A}(t-i+1)p_{2i-1}+\sum_{2i\in A}(t-i+1)p_{2i}\\&=\sum_{2i-1\in A}(2^{i-1}B+a_{2i-1})+\sum_{2i\in A}(2^{i-1}B+a_{2i})\\&=\sum_{i=1}^{t}2^{i-1}B+\sum_{j\in A} a_j\\&>2^tB\\&=Y\end{aligned}$$

这与 $\sum\limits_{j\in A} C_j\leqslant Y$ 矛盾。因此，有 $\sum\limits_{j\in A} a_j=\sum\limits_{j\in R} a_j=B$。命题 2 得证。 □

由命题 1 和命题 2 可得，A (或 R) 是奇偶划分问题的一个解。定理 5.7 得证。 □

5.2.3 动态规划算法

对于问题 $1|\sum\limits_{j\in R} e_j\leqslant U|\sum w_jC_j$，Cao 等 (2006) 给出了一个拟多项式时间的动态规划算法。针对问题 $1|r_j,\sum\limits_{j\in R} e_j\leqslant U|C_{\max}$，$1|\sum\limits_{j\in R} e_j\leqslant U|L_{\max}$ 和 $1|\sum\limits_{j\in R} e_j\leqslant U|\sum w_jU_j$，本节将分别给出动态规划算法。注意到由于问题 $1|r_j,\sum\limits_{j\in R} e_j\leqslant U|C_{\max}$

是通过将问题 $1|\sum_{j\in R} e_j \leqslant U|C_{\max}$ 中的工件引入不同的到达时间而构造的, 因此, 问题 $1|r_j, \sum_{j\in R} e_j \leqslant U|C_{\max}$ 在一般意义下也是 NP-困难的。

对于问题 $1|r_j|C_{\max}$, Lawler(1973)证明了存在一个最优排序使得工件按照 ERD 顺序在机器上加工。因此, 对于排序问题 $1|r_j, \sum_{j\in R} e_j \leqslant U|C_{\max}$, 也存在一个最优排序使得所有被接收的工件是按照 ERD 顺序在机器上加工的。对工件重新标号使得 $r_1 \leqslant r_2 \leqslant \cdots \leqslant r_n$, 记 $r_{\max} = \max\{r_j : j = 1, 2, \cdots, n\}$, 设 $f_j(t)$ 是所考虑工件 $J_1, J_2, \cdots, J_j$ 中被接收工件的最大完工时间恰好为 t 时被拒绝工件的拒绝费用和的最小值。现在, 考虑工件 $J_1, J_2, \cdots, J_j$ 中被接收工件的最大完工时间恰好为 t 时的一个最优排序。在这个排序中, 仅仅有两种可能: 工件 J_j 被拒绝或者被接收并安排在机器上加工。

(1) 工件 J_j 被拒绝。

在这种情形下, 工件 $J_1, J_2, \cdots, J_{j-1}$ 中被接收工件的最大完工时间仍然是 t, 因此, $f_j(t) = f_{j-1}(t) + e_j$。

(2) 工件 J_j 被接收。

在这种情形下, 有 $t \geqslant r_j + p_j$。如果 $t > r_j + p_j$, 工件 $J_1, J_2, \cdots, J_{j-1}$ 中被接收工件的最大完工时间恰好是 $t - p_j$, 因此, 有 $f_j(t) = f_{j-1}(t - p_j)$。如果 $t = r_j + p_j$, 工件 $J_1, J_2, \cdots, J_{j-1}$ 中被接收工件的最大完工时间最多是 r_j, 因此, 有 $f_j(t) = \min\{f_{j-1}(t') : 0 \leqslant t' \leqslant r_j\}$。

综合上述两种情形, 可得到下面的动态规划算法 3(即算法 5.5)。

算法 5.5 动态规划算法 3。

(1) 边界条件为

$$f_1(t) = \begin{cases} e_1, & \text{如果} t = 0 \\ 0, & \text{如果} t = r_1 + p_1 \\ +\infty, & \text{否则} \end{cases}$$

(2) 递推函数为

$$f_j(t) = \begin{cases} f_{j-1}(t) + e_j, & \text{如果} t < r_j + p_j \\ \min\{f_{j-1}(t) + e_j, \min\{f_{j-1}(t') : 0 \leqslant t' \leqslant r_j\}\}, & \text{如果} t = r_j + p_j \\ \min\{f_{j-1}(t) + e_j, f_{j-1}(t - p_j)\}, & \text{如果} t > r_j + p_j \end{cases}$$

(3) 最优值为

$$\min\left\{t:0\leqslant t\leqslant r_{\max}+\sum_{j=1}^{n}p_j\ \text{且} f_n(t)\leqslant U\right\}$$

定理 5.8 算法 5.5 在 $O\Big(n\Big(r_{\max}+\sum\limits_{j=1}^{n}p_j\Big)\Big)$ 时间内可以得到排序问题 $1|r_j,\sum\limits_{j\in R}e_j\leqslant U|C_{\max}$ 的一个最优解。

注释 利用算法 5.5 并且从 0 到 $r_{\max}+\sum\limits_{j=1}^{n}p_j$ 枚举所有的整数 t, 就能够在 $O\Big(n\Big(r_{\max}+\sum\limits_{j=1}^{n}p_j\Big)^2\Big)$ 时间内找出排序问题 $1|r_j,\sum\limits_{j\in R}e_j\leqslant U|C_{\max}$ 的所有 Pareto 最优解。如果所有工件有着相同的加工时间, 也就是说对每个 $j=1,2,\cdots,n$, 都有 $p_j=p$, 则有 $t=0$ 或者 $t\in\{r_j+kp:1\leqslant j,k\leqslant n\}$。因此, 当所有工件有相同的加工时间时, 能够在 $O(n^5)$ 时间内找出上述问题的所有 Pareto 最优解。

类似地, 设 $f_j(e)$ 是所考虑工件 $J_1,J_2,\cdots,J_j$ 中所有被拒绝工件的拒绝费用和恰好为 e 时被接收工件的最大完工时间的最小值, 也能够在 $O\Big(n\sum\limits_{j=1}^{n}e_j\Big)$ 内对上述排序问题给出一个对偶的动态规划算法。从 0 到 $\sum\limits_{j=1}^{n}e_j$ 枚举所有的 U, 也能够在 $O\Big(n\Big(\sum\limits_{j=1}^{n}e_j\Big)^2\Big)$ 内找出上述排序问题的所有 Pareto 最优解。如果所有工件有着相同的拒绝费用, 也就是说对每个 $j=1,2,\cdots,n$, 都有 $e_j=e$, 能够在 $O(n^3)$ 时间内找出上述问题的所有 Pareto 最优解。

现在, 考虑问题 $1|\sum\limits_{j\in R}e_j\leqslant U|L_{\max}$。对工件重新标号使得 $d_1\leqslant d_2\leqslant\cdots\leqslant d_n$, 设 $f_j(t,E)$ 为满足以下限制条件时的最优目标函数值: ①所考虑工件为 $J_1,J_2,\cdots,J_j$; ②工件 $J_1,J_2,\cdots,J_j$ 中被接收工件的最大完工时间恰好是 t; ③工件 $J_1,J_2,\cdots,J_j$ 中拒绝工件的拒绝费用和恰好为 E。现在考虑一个最优排序, 在这个排序中, 仅有两种可能: 工件 J_j 被拒绝或被接收并安排在机器上加工。

(1) 工件 J_j 被拒绝。

在这种情形下, 有 $f_j(t,E)=f_{j-1}(t,E-e_j)$。

(2) 工件 J_j 被接收。

在这种情形下, 有 $t\geqslant p_j$。因此, $f_j(t,E)=\max\{f_{j-1}(t-p_j,E),t-d_j\}$。

综合上述两种情形, 可得到下面的动态规划算法 4(即算法 5.6)。

算法 5.6　动态规划算法 4。

(1) 边界条件为

$$f_1(t,E)=\begin{cases} p_1-d_1, & \text{如果}t=p_1\text{ 且}E=0\\ 0, & \text{如果}t=0\text{ 且}E=e_1\\ +\infty, & \text{否则}\end{cases}$$

(2) 递推函数为

$$f_j(t,E)=\begin{cases} f_{j-1}(t,E-e_j), & \text{如果}f_{j-1}(t-p_j,E)=+\infty\\ \min\{f_{j-1}(t,E-e_j), & \text{如果}f_{j-1}(t-p_j,E)<+\infty\\ \max\{f_{j-1}(t-p_j,E),t-d_j\}\}, & \end{cases}$$

(3) 最优值为

$$\min\left\{f_n(t,E):0\leqslant t\leqslant\sum_{j=1}^{n}p_j\text{且}E\leqslant U\right\}$$

定理 5.9　算法 5.6 在 $O\left(nU\sum_{j=1}^{n}p_j\right)$ 时间内可以得到排序问题 $1|\sum_{j\in R}e_j\leqslant U|L_{\max}$ 的一个最优解。

下面将对问题 $1|\sum_{j\in R}e_j\leqslant U|\sum w_jU_j$ 给出动态规划算法 5(即算法 5.7)。显然，对排序问题 $1|\sum_{j\in R}e_j\leqslant U|\sum w_jU_j$，存在一个最优排序使得按时完工工件先按 EDD 序加工然后再加工误工工件。设 $f_j(t,E)$ 为满足以下限制条件时的最优目标函数值: ①所考虑工件为 $J_1,J_2,\cdots,J_j$; ②接收工件中按时完工工件的最大完工时间恰好是 t; ③拒绝工件的拒绝费用和恰好为 E。在这个最优排序中，仅有三种可能: 工件 J_j 被拒绝、作为按时完工工件被接收或作为误工工件被接收。

(1) 工件 J_j 被拒绝。

此时，工件 $J_1,J_2,\cdots,J_{j-1}$ 中按时完工工件的最大完工时间仍然是 t，因此，有 $f_j(t,E)=f_{j-1}(t,E-e_j)$。

(2) 工件 J_j 作为按时完工工件被接收。

此时，有 $p_j\leqslant t\leqslant d_j$，因此，$f_j(t,E)=f_{j-1}(t-p_j,E)$。

(3) 工件 J_j 作为误工工件被接收。

工件 $J_1,J_2,\cdots,J_{j-1}$ 中按时完工工件的最大完工时间仍然是 t，因此，有 $f_j(t,E)=f_{j-1}(t,E)+e_j$。

综合上述三种情形, 可得到下面的动态规划算法 5(即算法 5.7)。

算法 5.7 动态规划算法 5。

(1) 边界条件为

$$f_1(t,E)=\begin{cases}0, & \text{如果} t=0 \text{ 且} E=e_1\\ 0, & \text{如果} t=p_1\leqslant d_1 \text{ 且} E=0\\ e_1, & \text{如果} t=0 \text{ 且} E=0\\ +\infty, & \text{否则}\end{cases}$$

(2) 递推函数为

$$f_j(t,E)=\min\{f_{j-1}(t,E-e_j),f_{j-1}(t-p_j,E),f_{j-1}(t,E)+e_j\}$$

(3) 最优值为

$$\min\left\{f_n(t,E):0\leqslant t\leqslant\sum_{j=1}^{n}p_j \text{ 且} E\leqslant U\right\}$$

定理 5.10 算法 5.7 在 $O\left(nU\sum p_j\right)$ 时间内可以得到排序问题 $1|\sum_{j\in R}e_j\leqslant U|\sum w_jU_j$ 的一个最优解。

5.2.4 近似算法

由推论 5.3 可知, 三个判定问题 $1|\sum_{j\in R}e_j\leqslant U|L_{\max}\leqslant 0$, $1|\sum_{j\in R}e_j\leqslant U|\sum T_j\leqslant 0$ 和 $1|\sum_{j\in R}e_j\leqslant U|\sum U_j\leqslant 0$ 都是 NP-完全的。因此, 除非 $P=\text{NP}$, 否则它们的优化问题没有近似比为有界的近似算法。对于问题 $1|\sum_{j\in R}e_j\leqslant U|\sum w_jC_j$, Cao 等 (2006) 给出了一个全多项式时间近似方案。对于问题 $1|r_j,\sum_{j\in R}e_j\leqslant U|C_{\max}$, 我们将给出一个全多项式时间近似方案。由定理 5.6 可知, 问题 $1|\sum_{j\in R}e_j\leqslant U|C_{\max}$ 等价于背包问题, 而背包问题有一个简单的 2-近似算法和一个全多项式时间近似方案, 然而, 不难验证背包问题的近似算法对问题 $1|\sum_{j\in R}e_j\leqslant U|C_{\max}$ 并没有相同的近似比。因此, 为了得到 $1|r_j,\sum_{j\in R}e_j\leqslant U|C_{\max}$ 的一个全多项式时间近似方案, 必须采用新的策略。

如果 $r_j = p_j = 0$, 那么存在一个最优排序使得 J_j 被接收并安排在 0 时刻进行加工。因此, 不失一般性, 对 $j = 1, 2, \cdots, n$, 假设 $r_j + p_j > 0$, 令 π^* 是给定问题 $1|r_j, \sum\limits_{j\in R} e_j \leqslant U|C_{\max}$ 在实例 I 下的一个最优排序, A^* 和 R^* 分别为排序 π^* 中接收工件和拒绝工件的下标集合, 记 $\Delta^* = \max\{r_j + p_j : j \in A^*\}$。显然, 对满足条件 $r_j + p_j > \Delta^*$ 的工件 J_j, 有 $j \in R^*$ 且 $\sum\limits_{r_j+p_j>\Delta^*} e_j \leqslant \sum\limits_{j\in R} e_j \leqslant U$。令 $I' = \{J_j \in I : r_j + p_j \leqslant \Delta^*\}$ 且 $U' = U - \sum\limits_{r_j+p_j>\Delta^*} e_j$, 因此, 实例 I 等价于实例 I', 这里 I' 的约束限制是 $\sum\limits_{j\in R} e_j \leqslant U'$。任意给定一个 $\epsilon > 0$, 令 $M = \dfrac{\epsilon\Delta^*}{n+1}$, 对每个 $J_j \in I'$, 修改它的到达时间和加工时间为 $r''_j = \left\lceil \dfrac{r_j}{M} \right\rceil M$ 且 $p''_j = \left\lceil \dfrac{p_j}{M} \right\rceil M$。根据上述修改, 可以得到一个新的实例 I''。显然, $r_j \leqslant r''_j \leqslant r_j + M$ 且 $p_j \leqslant p''_j \leqslant p_j + M$。对任意一个实例 I, 令 $C^*(I)$ 为最优的最大完工时间值, 则有下面的引理。

引理 5.1　$C^*(I'') \leqslant (1+\epsilon)C^*(I)$。

证明　设 π^* 为实例 I (亦是 I') 的一个最优排序, 对 π^* 中每个接收工件 J_j, 用 p''_j 替换 p_j, 并且推迟 M 时间再加工。这样就产生了实例 I'' 的一个可行排序, 它的最大完工时间最多是 $C^*(I) + (n+1)M \leqslant C^*(I) + \epsilon\Delta^* \leqslant (1+\epsilon)C^*(I)$, 因此, 有 $C^*(I'') \leqslant (1+\epsilon)C^*(I)$。引理 5.1 得证。 □

因为 π^* 的最大完工时间最多是 $\sum\limits_{j\in A^*}(r_j + p_j) \leqslant n\Delta^*$, 由引理 5.1 可知, 实例 I'' 的最优的最大完工时间最多是 $(1+\epsilon)n\Delta^*$。注意到, 实例 I'' 中所有的到达时间和加工时间都是 M 的倍数, 因此, 可以假设实例 I'' 中每一个接收工件 J_j 一定是在某个 kM 时刻加工完的, 这里 $1 \leqslant k \leqslant \dfrac{(1+\epsilon)n\Delta^*}{M} = \dfrac{(1+\epsilon)n^2}{\epsilon}$。对实例 I'' 运用动态规划算法 3(即算法 5.5), 可以在 $O\left(\dfrac{n^3}{\epsilon}\right)$ 时间内找到实例 I'' 的一个最优排序。把所有的 p''_j 用 p_j 代替, 可以得到实例 I 的一个可行排序且最大完工时间最多是 $C^*(I'') \leqslant (1+\epsilon)C^*(I)$。由上述讨论可知, 一旦确定了 Δ^*, 就可以在 $O\left(\dfrac{n^3}{\epsilon}\right)$ 时间内找到实例 I 的一个 $(1+\epsilon)$-近似的排序。注意到, Δ^* 最多有 n 个不同的选择, 因此, 可以枚举所有的可能性并从中选择使得最大完工时间达到最小的那个可行排序。基于这种思想, 下面给出一个全多项式时间近似方案 2。

算法 5.8　全多项式时间近似方案 2。

步骤 1　对每个 $k = 1, 2, \cdots, n$, 令 $\Delta^* = r_k + p_k$, 拒绝所有满足 $r_j + p_j > \Delta^*$ 的

工件。令 $I' = \{J_j : r_j + p_j \leqslant \Delta^*\}$ 且 $U' = U - \sum\limits_{r_j+p_j>\Delta^*} e_j$。

步骤 2 令 $M = \dfrac{\epsilon\Delta^*}{n+1}$, 对每一个工件 $J_j \in I'$, 修改它的到达时间和加工时间使得 $r''_j = \left\lceil \dfrac{r_j}{M} \right\rceil M$ 且 $p''_j = \left\lceil \dfrac{p_j}{M} \right\rceil M$, 用 I'' 来表示这个新的实例。

步骤 3 如果 $U' \geqslant 0$, 对实例 I'' 在约束限制 $\sum\limits_{j\in R} e_j \leqslant U'$ 下运用算法 5.5, 就可得到一个最优排序。对得到的排序, 用原来的加工时间 p_j 代替新的加工时间 p''_j, 便得到实例 I 的一个可行排序 π。

步骤 4 对每个 $\Delta^* = r_k + p_k$, 设 C^k 为第 3 步中得到的最大完工时间, 从中选择最大完工时间最小的那个排序。

设 $C^{A_\epsilon}(I)$ 为算法 5.8 应用在实例 I 所得的最大完工时间值。由上述讨论可得下面的定理。

定理 5.11 对任意实例 I, 有 $C^{A_\epsilon}(I) \leqslant (1+\epsilon)C^*(I)$, 算法 5.8 的时间复杂性是 $O\Big(\dfrac{n^4}{\epsilon}\Big)$。因此, 算法 5.8 是问题 $1|r_j, \sum\limits_{j\in R} e_j \leqslant U|C_{\max}$ 的一个全多项式时间近似方案。

5.3 按时间在线的工件可拒绝单机排序问题

5.3.1 引言

按时间在线的工件可拒绝单机排序问题可以描述如下: 有一台单机和 n 个工件 $J_1, J_2, \cdots, J_n$, 每个工件 J_j 有一个到达时间 r_j, 加工时间 p_j 和一个拒绝费用 e_j。如果工件 J_j 被拒绝, 那么必须支付对应的拒绝费用 e_j。所有被接收的工件都必须安排在机器上加工, 问题的目标是最小化接收工件的最大完工时间与全部拒绝工件的拒绝费用之和。在离线问题中, 工件的所有信息都被事先知道。然而, 在按时间在线问题中, 一个工件的所有信息只有在它到达之后才被知道。在该问题中, 我们考虑了两个不同的拒绝-决定模型。第一种模型相似于按列表在线排序但又不同于它。当一个工件到达之后, 在线算法必须立即决定接收或者拒绝这个工件, 然而, 接收的工件不需要立即在机器上加工, 因此称这种模型为立即决定 (immediate-decision) 模型。这种情形被广泛应用在买方市场。例如, 当生产商从顾客收到一个订单后, 为了避免顾客寻求其他的生产商, 该生产商被要求立即做出一个决定, 即决定接收或者拒绝这个订单。在第二种模型中, 当一个工件到达之后, 在线算法不需要立即做出决定, 然而, 如果算法在时刻 t 才决定接收一个工件, 那么这个工件必须在时刻 t 或者之后才能安排在机器上加工, 因此称这种模型为推迟决定 (delayed-decision) 模型。这种情形可能出现在一些卖方市场。显然, 对于离线排序问题, 因为事先知道工件所有的信息, 因此推迟决定 (delayed-decision) 的概念是无用的。然而, 对于在线问题, 推迟决定 (delayed-decision) 也许能够有助于改进在线算法的竞争比。

在设计在线算法时, 引入了一个新的概念——拆分 (split)。具体地, 如果一个工件 J_j 被拆分成 $k>1$ 个不同的部分 $J_j^1, J_j^2, \cdots, J_j^k$, 那么有 $r_j^1=r_j^2=\cdots=r_j^k=r_j$, $p_j^1+p_j^2+\cdots+p_j^k=p_j$, $e_j^1+e_j^2+\cdots+e_j^k=e_j$ 且 $\dfrac{e_j^1}{p_j^1}=\dfrac{e_j^2}{p_j^2}=\cdots=\dfrac{e_j^k}{p_j^k}=\dfrac{e_j}{p_j}$。进一步, 所有拆分的部分能够被看作一些独立无关的工件, 即一些拆分的部分能够被接收而另一些能够被拒绝。显然, 与中断 (preemption)(Seiden, 2001; Hoogeveen et al., 2003) 相比, 拆分 (split) 是一个更强的概念。在其他模型中, 每一个工件要么被完全接收要么被完全拒绝, 中断 (preemption) 仅仅能应用于所有接收的工件。尽管拆分 (split) 不被应用在经典的排序中, 然而它在实际中却有着许多的应用。例如在纺织工业, 一个订单 (或者工件) 可能是一批相似的物品 (例如 100 件衬衫或者 1000 只袜子等), 每一个批都能够被分解成若干个子批。这对应着工件的拆分, 这种情形已经被先前的一些文献 (Xing 等, 2000) 所考虑。在他们的模型中, 每个工件都能够被任意拆分成多个部分并且能够同时在不同机器上加工。当然, 这里我们主要使用拆分 (split) 作为一种技巧应用在在线算法设计中, 主要任务仍然是设计一个非拆分的可行排序。

使用排序问题的一般记号, 上述在线排序问题可以记为 $1|r_j, \text{on-line}, \alpha, \beta|C_{\max}+E$, 其中, $\alpha \in \{\text{immediate-decision, delayed-decision}\}$, $\beta \in \{\text{non-split, split}\}$, E 是全部拒绝工件或者拒绝部分的拒绝费用之和。如果工件所有的信息被事先知道, 对应的离线问题则可记为 $1|r_j, \beta|C_{\max}+E$。对于离线问题 $1|r_j, \text{non-split}|C_{\max}+E$, Zhang 等 (2009) 证明了该问题在一般意义下是 NP-困难的并且提供了一个拟多项式时间算法和一个全多项式时间近似方案。

对于离线问题 $1|r_j, \text{split}|C_{\max}+E$, 5.3.2 节给出了一个多项式时间的最优算法。对于工件有任意多个到达时间的在线问题, 不管工件是否允许拆分, 5.3.3 节提出了一个工件非拆分的在线算法有最好可能的竞争比 2。当工件至多有两个不同的到达时间时, 不管工件是否允许拆分, 5.3.4 节提出了一个工件非拆分的在线算法, 其有最好可能的竞争比 1.618。

5.3.2　工件可拆分的离线排序问题

本节考虑了离线排序问题 $1|r_j, \text{split}|C_{\max}+E$ 并对该问题给出了一个多项式时间的最优算法。设 π^* 为排序问题 $1|r_j, \text{split}|C_{\max}+E$ 的一个最优排序, 在排序 π^* 中, 工件 J_j 的任意一个拆分部分 J_j^k 都能被看作成一个新的工件。为了简化, 也把工件 J_j

当成它自身的一个拆分部分并记为 $J_j^0 = J_j$。假设

$$r(\pi^*) = \max\{r_j : \text{工件 } J_j \text{ 至少有一个拆分部分在排序 } \pi^* \text{ 被接收}\}$$

显然, 对每一个工件 J_j 使得 $r_j > r(\pi^*)$, 工件 J_j 的所有拆分部分在排序 π^* 中都被拒绝。由此, 可得如下的引理。

引理 5.2 对于问题 $1|r_j, \text{split}|C_{\max} + E$, 存在一个最优排序满足:

(1) 如果 $r_j \leqslant r(\pi^*)$ 且 $p_j \leqslant e_j$, 那么工件 J_j 所有拆分的部分在最优解 π^* 中都被接收。

(2) 如果工件 J_j 某个拆分的部分 J_j^k 在最优解 π^* 中直到时间 $r(\pi^*)$ 还没有被加工并且满足 $p_j > e_j$, 那么 J_j^k 在最优解 π^* 中一定被拒绝。

(3) 对任何时间 t 满足 $t < r(\pi^*)$, 在最优解 π^* 中, 要么某个工件 J_j 的拆分部分 J_j^k 正在时间 t 加工, 要么所有在时间 t 之前到达的工件都已经在机器上完成它们的加工。

(4) 在最优解 π^* 中某个时间 t, 如果机器正在加工工件 J_j 的拆分部分 J_j^k, 那么工件 J_j 在当前所有到达且未完工的工件中有最大的比值 $\dfrac{e_j}{p_j}$。

证明 (1) 假设存在某个工件 J_j 满足 $r_j \leqslant r(\pi^*)$ 且 $p_j \leqslant e_j$ 使得工件的拆分部分 J_j^k 在最优解 π^* 中被拒绝, 如果在时间 $C_{\max}(\pi^*)$ 加工 J_j^k, 这不会增加最优排序 π^* 的目标函数值。这里 $C_{\max}(\pi^*)$ 是最优排序 π^* 中工件的最大完工时间。因此, 可以得到一个新的最优排序。重复该过程, 可以得到一个满足性质 (1) 的最优排序。

(2) 假设存在某个工件 J_j 满足 $p_j > e_j$ 使得 J_j^k 在最优解 π^* 中且在时间 $r(\pi^*)$ 之后加工, 此时只需拒绝 J_j^k, 就能获得一个新的排序, 其比最优排序 π^* 有更小的目标函数值。这与 π^* 是最优排序相矛盾。

(3) 假设存在某个时间区间 $[t, t']$ 满足 $t' \leqslant r(\pi^*)$ 使得机器是空闲的并且存在某个工件 J_j 的拆分部分 J_j^k 可以在时间 t 加工, 那么在时间区间 $[t, t']$ 尽可能多地加工 J_j^k 使得不超过该区间的长度。显然, 这不会增加最优排序 π^* 的目标函数值。因此, 能得到一个新的最优排序。重复该过程, 就能得到一个满足性质 (3) 的最优排序。

(4) 假设 t 是使得 π^* 不满足引理 5.2 中的性质 (4) 的最小的时间, 则存在两个工件 J_i 和 J_j 使得, 工件 J_i 和 J_j 都已经在时间 t 之前到达并且满足 $\dfrac{e_i}{p_i} < \dfrac{e_j}{p_j}$ 且 J_i 的某个拆分部分 J_i^k 正在时间 t 加工而 J_j 的某个拆分部分 J_j^l 在时间 t 还没有开始加工。在时间 t, 交换 J_i^k 和 J_j^l 长度相同的一部分进行加工, 显然, 不管 J_j^l 在最优排序 π^* 中被接收或者被拒绝, 这都不会增加最优排序 π^* 的目标函数值。因此, 可以得到一个新的最优排序。重复该过程, 就能得到一个满足性质 (4) 的最优排序。

综上可知, 存在一个最优排序满足性质 (1)～ (4), 引理 5.2 得证。 □

由引理 5.2 可知, 一旦 $r(\pi^*)$ 被确定, 就能知道如何排序或者拒绝所有的工件。注意到 $r(\pi^*)$ 至多有 n 种不同的选择, 因此, 能枚举每一种可能的选择 $r(\pi^*) = r_j (j = 1, 2, \cdots, n)$, 然后挑选目标函数值最小的那个可行排序。基于上述思想, 给出下面的算法 5.9 来解决排序问题 $1|r_j, \text{split}|C_{\max} + E$。在提出算法之前, 首先定义一个时间点 t, 其被称为一个判定点当且仅当 t 是某个工件的完工时间或者是某个工件的到达时间。

算法 5.9　最优算法。

步骤 1　对所有的工件重新标号使得 $\dfrac{e_1}{p_1} \geqslant \dfrac{e_2}{p_2} \geqslant \cdots \geqslant \dfrac{e_n}{p_n}$。

步骤 2　对每个 $r_j (j = 1, 2, \cdots, n)$, 置 $r(\pi^*) = r_j$。对每一个判定点 $t \leqslant r(\pi^*)$, 如果存在某个工件的拆分部分可以被加工, 那么加工具有最大比值 $\dfrac{e_j}{p_j}$ 的工件 J_j(或者 J_j^k); 否则, 等待下一个判定点。对每个判定点 $t > r(\pi^*)$, 接收所有满足 $r_j \leqslant r(\pi^*)$ 且 $p_j \leqslant e_j$ 的工件 J_j(或者 J_j^k), 并且拒绝其他的工件。

步骤 3　对每个 $r(\pi^*) = r_j (j = 1, 2, \cdots, n)$, 设 $Z(r_j)$ 是在步骤 2 中获得的排序目标函数值, 然后, 选出目标函数值最小的那个可行排序。

定理 5.12　算法 5.9 在 $O(n^2)$ 时间内得到问题 $1|r_j, \text{split}|C_{\max} + E$ 的一个最优排序。

证明　上述讨论保证了算法 5.9 的正确性。显然, 步骤 1 的重新标号工件需要 $O(n \log n)$ 时间。进一步, 对每一个 $r(\pi^*) = r_j$, 在步骤 2 中至多有 $O(n)$ 步迭代。因此, 获得所有的可行排序需要 $O(n^2)$ 时间。最后, 选出目标函数值最小的排序需要 $O(n)$ 时间。因此, 算法 5.9 的时间复杂性最多为 $O(n^2)$。定理 5.12 得证。 □

注释　如果 $r(\pi^*)$ 被事先给定, 算法 5.9 实际上是一个最优的在线算法。

5.3.3　具有任意到达时间的在线排序问题

令 $\alpha \in \{\text{immediate-decision, delayed-decision}\}$ 且 $\beta \in \{\text{non-split, split}\}$, 本节考虑在线排序问题 $1|r_j, \text{on-line}, \alpha, \beta|C_{\max} + E$。首先我们证明了, 甚至当所有的工件有相同的加工时间或者相同的拒绝费用时, 对上述问题任何确定的在线算法的竞争比至少为 2。记 Z 和 Z^* 分别为在线算法 A 和最优的离线算法的目标函数值, 则可得如下的定理。

定理 5.13　对每一个排序问题 $1|r_j, \text{on-line}, \alpha, \beta|C_{\max} + E$, 甚至当所有的工件有相同的加工时间时, 任何确定的在线算法都有一个至少为 2 的竞争比。

证明　给定一个在线算法 A, 为了找到该算法竞争比的一个下界, 构造一个特别的实例且所有的工件有相同的加工时间 1。第一个工件 J_1 在时间 $r_1 = 1$ 到达并

且有一个拒绝费用 $e_1 = 1$。如果算法 A 在时间区间 $[1,2]$ 接收和加工工件 J_1 或者 J_1 的任何一个拆分部分，那么以后没有其他工件到达。因此，有 $Z \geqslant r_1 + 1 = 2$ 且 $Z^* = e_1 = 1$。进一步，可得 $\dfrac{Z}{Z^*} \geqslant 2$。如果算法 A 在时间区间 $[1,2]$ 没有加工工件 J_1 或 J_1 的任何一个拆分部分，那么工件 J_2 在时间 $r_2 = 2$ 到达并且有一个拒绝费用 $e_2 = 1$。再次，如果算法 A 在时间区间 $[2,3]$ 接收和加工工件 J_1 或者 J_2，或者它们的任何一个拆分部分，那么以后没有其他工件到达。因此，有 $Z \geqslant r_2 + 2 = 4$ 且 $Z^* = e_1 + e_2 = 2$。进一步，可得 $\dfrac{Z}{Z^*} \geqslant 2$。如果算法 A 在时间区间 $[2,3]$ 没有加工工件 J_1 和 J_2，或者它们的任何一个拆分部分，那么工件 J_3 在时间 $r_3 = 3$ 到达并且有一个拒绝费用 $e_3 = 1$。这个过程至多在 k 个工件中重复进行使得 $r_j = j$ 且 $e_j = 1$，这里 $j = 1, 2, \cdots, k$。如果算法 A 在时间区间 $[j, j+1]$ 接收和加工工件 $J_1, J_2, \cdots, J_j$，或者它们的任何一个拆分部分，那么以后没有其他工件到达。因此，有 $Z \geqslant r_j + j = 2j$ 且 $Z^* = e_1 + e_2 + \cdots + e_j = j$。进一步，可得 $\dfrac{Z}{Z^*} \geqslant 2$。

如果算法 A 在时间区间 $[1, k+1]$ 没有加工工件 $J_1, J_2, \cdots, J_k$，或者它们的任何一个拆分部分，那么工件 J_{k+1} 在时间 $r_{k+1} = k+1$ 到达并且有一个拒绝费用 $e_{k+1} = k+2$。显然，在最优排序中，所有的工件都被接收并被依次安排在机器上加工。因此，有 $Z^* = k+2$。如果算法 A 在时间区间 $[k+1, +\infty)$ 接收和加工工件 $J_1, J_2, \cdots, J_{k+1}$，或者它们的任何一个拆分部分，则有 $Z \geqslant 2k+2$。如果算法 A 在时间区间 $[k+1, +\infty)$ 拒绝所有的工件，也有 $Z = 2k+2$。在两种情形下，均可得，当 $k \to \infty$ 时，

$$\frac{Z}{Z^*} \geqslant \frac{2k+2}{k+2} \to 2$$

定理 5.13 得证。 □

注释 如果使用 $k+1$ 个一致的工件 $J_{k+1}, J_{k+2}, \cdots, J_{2k+1}$ 去代替上述实例中的工件 J_{k+1}，这里 $r_j = k+1$，$p_j = 0$ 且 $e_j = 1$，$j = k+1, k+2, \cdots, 2k+1$。相似地，有 $Z^* = k+1$ 最优排序接受所有的工件。如果算法 A 在时间区间 $[k+1, +\infty)$ 接收和加工工件 $J_1, J_2, \cdots, J_{2k+1}$，或者它们的任何一个拆分部分，则有 $Z \geqslant 2k+1$。如果算法 A 在时间区间 $[k+1, +\infty)$ 拒绝所有的工件，也有 $Z = 2k+1$。在两种情形下，均可得，当 $k \to \infty$ 时，

$$\frac{Z}{Z^*} \geqslant \frac{2k+1}{k+2} \to 2$$

这表明，甚至当所有的工件有相同的拒绝费用时，任何确定的在线算法 A 都有一个竞争比至少为 2。

给定一个实例 $I = \{J_1, J_2, \cdots, J_n\}$ 使得 $r_1 \leqslant r_2 \leqslant \cdots \leqslant r_n$，对每一个 $j = 1, 2, \cdots, n$，定义 $I_j = \{J_1, J_2, \cdots, J_j\}$ 为实例 I 中前 j 个工件的集合，设 $Z_s^*(I_j)$ 为问

题 $1|r_j, \text{split}|C_{\max}+E$ 在实例 I_j 下的最优目标函数值, 由定理 5.12 可知, $Z_s^*(I_j)$ 能在 $O(n^2)$ 时间内被计算出来。下面, 对于问题 $1|r_j, \text{on-line}, \alpha, \beta|C_{\max}+E$, 给出一个在线算法如下:

算法 5.10　在线算法 1。

步骤 1　置 $C_0 = E_0 = 0$ 且 $j = 1$。

步骤 2　假设工件 J_j 在时间 r_j 到达, 如果 $\max\{C_{j-1}, r_j\} + p_j + E_{j-1} \leqslant 2Z_s^*(I_j)$, 则接收 J_j 并且在时间 $\max\{C_{j-1}, r_j\}$ 加工工件 J_j, 置 $C_j = \max\{C_{j-1}, r_j\} + p_j$ 且 $E_j = E_{j-1}$; 否则, 拒绝工件 J_j 并且置 $C_j = C_{j-1}, E_j = E_{j-1} + e_j$。

步骤 3　如果没有新的工件到达, 算法终止并输出当前的排序; 否则, 置 $j = j+1$ 返回到步骤 2。

设 $Z(I) = C_n + E_n$ 为算法 5.10 在实例 I 上的目标函数值, $Z^*(I)$ 为离线排序问题 $1|r_j, \text{non-split}|C_{\max}+E$ 在实例 I 上的最优目标函数值, 显然, 对任何实例 I, 都有 $Z_s^*(I) \leqslant Z^*(I)$。

定理 5.14　对每一个实例 I, 都有 $Z(I) \leqslant 2Z_s^*(I) \leqslant 2Z^*(I)$。也就是说, 对每个排序问题 $1|r_j, \text{on-line}, \alpha, \beta|C_{\max}+E$, 算法 5.10 都是 2-竞争的。

证明　(反证法)。如果可能的话, 设 $I = \{J_1, J_2, \cdots, J_n\}$ 且 $r_1 \leqslant r_2 \leqslant \cdots \leqslant r_n$ 是一个最小的反例使得 $Z(I) > 2Z_s^*(I)$, 其中 "最小" 是指实例 I 有最少可能的工件个数, 则有以下命题。

命题 1　在算法 5.10 中, 工件 J_n 一定被拒绝。

对命题 1 的证明。(反证法)。假设在算法 5.10 中, J_n 被接收并且最后一个在机器上加工。因此, 由算法 5.10 可知, $Z(I) = C_n + E_n = \max\{C_{n-1}, r_n\} + p_n + E_{n-1} \leqslant 2Z_s^*(I_n) = 2Z_s^*(I)$, 这与 I 是一个反例矛盾。命题 1 得证。 □

设 π^* 是问题 $1|r_j, \text{split}|C_{\max}+E$ 在实例 I 下的一个最优排序, 不失一般性, 假设 π^* 满足引理 5.2 的所有性质。

命题 2　在最优排序 π^* 中, 工件 J_n 一定被完全接收。

对命题 2 的证明。(反证法)。首先, 假设 J_n 的所有拆分部分在 π^* 中都被拒绝, 设 π 是 π^* 限制在实例 I_{n-1} 上的子排序。显然, π 也是实例 I_{n-1} 上的一个可行排序并且目标函数值至多为 $Z_s^*(I_n) - e_n$。因此, 有 $Z_s^*(I_{n-1}) \leqslant Z_s^*(I_n) - e_n$。因为 $I = I_n$ 是一个最小反例, 所以 $Z(I_{n-1}) = C_{n-1} + E_{n-1} \leqslant 2Z_s^*(I_{n-1})$。再由命题 1 可知, 在算法 5.10 中, 工件 J_n 一定被拒绝。因此, 有

$$Z(I) = Z(I_n) = C_n + E_n = C_{n-1} + E_{n-1} + e_n \leqslant 2(Z_s^*(I_{n-1}) + e_n) \leqslant 2Z_s^*(I_n)$$

这与 I 是一个反例矛盾。这也表明一定存在 J_n 的某个拆分部分在 π^* 中被接收。进一步, 可得 $r(\pi^*)=r_n$ 且 $p_n \leqslant e_n$。由引理 5.2 可知, J_n 的所有拆分部分在 π^* 中都被接收。命题 2 得证。 □

命题 3 $C_{n-1}<r_n$。

对命题 3 的证明。(反证法)。假设 $C_{n-1} \geqslant r_n$, 由命题 1 可知, J_n 被拒绝, 因此有

$$C_{n-1}+p_n+E_{n-1}>2Z_s^*(I_n)$$

另外, 由于工件 J_n 在 π^* 中一定被完全接收, π^* 限制在实例 I_{n-1} 上的子排序的目标函数值至多为 $Z_s^*(I_n)-p_n$, 因此, 有 $Z_s^*(I_{n-1}) \leqslant Z_s^*(I_n)-p_n$。进一步, 因为实例 I 是最小反例, 可得

$$C_{n-1}+E_{n-1} \leqslant 2Z_s^*(I_{n-1}) \leqslant 2(Z_s^*(I_n)-p_n) \leqslant 2Z_s^*(I_n)-p_n$$

这也表明

$$C_{n-1}+p_n+E_{n-1} \leqslant 2Z_s^*(I_n)$$

这与 I 是一个反例相矛盾。命题 3 得证。 □

命题 4 $E_{n-1}>Z_s^*(I_n)$。

对命题 4 的证明。由命题 1 和命题 3 可知, 在算法 5.10 中工件 J_n 一定被拒绝并且 $C_{n-1}<r_n$。由算法 5.10 可知, $r_n+p_n+E_{n-1}>2Z_s^*(I_n)$。再由命题 2, 因为在 π^* 中工件 J_n 被完全接收, 则有 $r_n+p_n \leqslant Z_s^*(I_n)$。因此, 有 $E_{n-1}>Z_s^*(I_n)$。命题 4 得证。

命题 5 对每一个 $j=1,2,\cdots,n$, 都有 $E_j \leqslant Z_s^*(I_j)$ 成立。

对命题 5 的证明。(归纳法)。当 $j=1$ 时, 分以下两种情形进行讨论。

(1) J_1 在算法 5.10 中被接收。这表明 $E_1=E_0=0 \leqslant Z_s^*(I_1)$。

(2) J_1 在算法 5.10 中被拒绝。由算法 5.10 可得, $r_1+p_1>2Z_s^*(I_1)$。假设存在 J_1 的某个拆分部分在 $\pi^*(I_1)$ 中被接收, 这里 $\pi^*(I_1)$ 是问题 $1|r_j,\text{split}|C_{\max}+E$ 在实例 I_1 下的最优排序。由引理 5.2 可知, J_1 的所有拆分部分在 $\pi^*(I_1)$ 中都被接收。因此, 有 $r_1+p_1 \leqslant Z_s^*(I_1)$, 与 $r_1+p_1>2Z_s(I_1)$ 相矛盾。这表明 J_1 的所有拆分部分在 $\pi^*(I_1)$ 中都被拒绝。因此, 有 $E_1=e_1=Z_s^*(I_1)$。

现在来讨论 $j>1$ 的情形。假设 $E_j \leqslant Z_s^*(I_j)$, 下面来证明 $E_{j+1} \leqslant Z_s^*(I_{j+1})$。针对工件 J_{j+1}, 分以下两种情形进行讨论。

(1) J_{j+1} 在算法 5.10 中被接收。这表明 $E_{j+1}=E_j \leqslant Z_s^*(I_j) \leqslant Z_s^*(I_{j+1})$。

(2) J_{j+1} 在算法 5.10 中被拒绝。由算法 5.10 可得, $\max\{C_j,r_{j+1}\}+p_{j+1}+E_j>$

$2Z_s^*(I_{j+1})$。假设 J_{j+1} 的所有拆分部分在 $\pi^*(I_{j+1})$ 中都被拒绝, 这里 $\pi^*(I_{j+1})$ 是问题 $1|r_j,\text{split}|C_{\max}+E$ 在实例 I_{j+1} 下的最优排序。因为 $\pi^*(I_{j+1})$ 在实例 I_j 上的子排序也是 I_j 的可行排序并且目标函数值恰好为 $Z_s^*(I_{j+1})-e_{j+1}$, 所以有 $Z_s^*(I_j)\leqslant Z_s^*(I_{j+1})-e_{j+1}$。进一步, 有 $E_{j+1}=E_j+e_{j+1}\leqslant Z_s^*(I_j)+e_{j+1}\leqslant Z_s^*(I_{j+1})$。现在, 假设存在 J_{j+1} 的某个拆分部分在 $\pi^*(I_{j+1})$ 中被接收, 由引理 5.18 可知, J_{j+1} 的所有拆分部分在 $\pi^*(I_{j+1})$ 中都被接收。注意 $\pi^*(I_{j+1})$ 在实例 I_j 上的子排序也是 I_j 的可行排序并且目标函数值至多为 $Z_s^*(I_{j+1})-p_{j+1}$。因此, 有 $Z_s^*(I_j)\leqslant Z_s^*(I_{j+1})-p_{j+1}$。

如果 $r_{j+1}\geqslant C_j$, 由算法 5.10 可得, $r_{j+1}+p_{j+1}+E_j>2Z_s^*(I_{j+1})$。因为 J_{j+1} 在 $\pi^*(I_{j+1})$ 中被完全接收, 所以 $r_{j+1}+p_{j+1}\leqslant Z_s^*(I_{j+1})$。这表明 $E_j>Z_s^*(I_{j+1})\geqslant Z_s^*(I_j)$, 这与我们的假设矛盾。如果 $C_j>r_{j+1}$, 由算法 5.10 可得, $C_j+E_j+p_{j+1}>2Z_s^*(I_{j+1})\geqslant 2Z_s^*(I_j)+2p_{j+1}$。这表明 $C_j+E_j>2Z_s^*(I_j)+p_{j+1}\geqslant 2Z_s^*(I_j)$, 这与 I 是一个最小反例矛盾。因此, 有 $E_j<Z_s^*(I_j)$。

综上可知, 对于任何 $j=1,2,\cdots,n$, 都有 $E_j\leqslant Z_s^*(I_j)$ 成立。命题 5 得证。 □

由命题 5, 有 $E_{n-1}\leqslant Z_s^*(I_{n-1})\leqslant Z_s^*(I_n)$, 这与命题 4 相矛盾。因此, 可以得出结论: 不存在定理 5.14 的任何反例。定理 5.14 得证。 □

5.3.4　具有两个不同到达时间的在线排序问题

本节考虑上述在线问题的一个特殊情形: 所有的工件至多有两个不同的到达时间, 并提供一个在线算法, 其有最好可能的竞争比 $\dfrac{\sqrt{5}+1}{2}\approx 1.618$。

定理 5.15　对于每一个排序问题 $1|r_j,\text{on-line},\alpha,\beta|C_{\max}+E$, 甚至当所有的工件至多有两个不同的到达时间时, 不存在任何确定的竞争比严格小于 $\dfrac{\sqrt{5}+1}{2}\approx 1.618$ 的在线算法。这里 $\alpha\in\{\text{immediate-decision, delayed-decision}\}$ 且 $\beta\in\{\text{split, non-split}\}$。

证明　给定问题 $1|r_j,\text{on-line},\alpha,\beta|C_{\max}+E$ 的任意一个确定的在线算法 A。第一个工件 J_1 在时间 $t_1=\dfrac{\sqrt{5}-1}{2}$ 到达使得 $p_1=1$ 且 $e_1=1$。如果算法 A 在时间区间 $\left[\dfrac{\sqrt{5}-1}{2},\dfrac{\sqrt{5}+1}{2}\right]$ 接收和加工工件 J_1 或者 J_1 的任何一个拆分部分, 那么以后没有其他工件到达。注意到, 在最优排序中 J_1 被完全拒绝, 因此, 有 $Z^*=1$。进一步, 有 $\dfrac{Z}{Z^*}\geqslant\dfrac{t_1+1}{e_1}=\dfrac{\sqrt{5}+1}{2}$。如果算法 A 在时间区间 $\left[\dfrac{\sqrt{5}-1}{2},\dfrac{\sqrt{5}+1}{2}\right]$ 没有加工工件 J_1 或者 J_1 的任何一个拆分部分, 那么工件 J_2 在时间 $t_2=\dfrac{\sqrt{5}+1}{2}$ 到达使得 $p_2=0$ 且 $e_2=\dfrac{\sqrt{5}+1}{2}$。再次, 不管算法 A 在时间区间 $\left[\dfrac{\sqrt{5}+1}{2},+\infty\right)$ 接收和加工工件 J_1 或者 J_2, 或者它们的任何一个拆分部分, 或者完全拒绝工件 J_1 和 J_2, 都有

$Z \geqslant 1+\frac{\sqrt{5}+1}{2}=\frac{\sqrt{5}+3}{2}$。然而, 在最优排序中 J_1 和 J_2 都被接收至机器上依次加工, 即 $Z^*=\frac{\sqrt{5}+1}{2}$。进一步, 有 $\frac{Z}{Z^*} \geqslant \frac{\frac{\sqrt{5}+3}{2}}{\frac{\sqrt{5}+1}{2}}=\frac{\sqrt{5}+1}{2}$。定理 5.15 得证。 □

在提出在线算法之前, 首先提出下面几个有用的记号。给定一个存在两个不同到达时间的实例 $I=\{J_1, J_2, \cdots, J_n\}$, 设 t_1 和 t_2 分别为实例 I 中两个潜在的到达时间, 分别定义 $I_1=\{J_j \in I: r_j=t_1\}, I_2=\{J_j \in I: r_j=t_2\}$, 设 $Z_s^*(I_1)$ 和 $Z_s^*(I)$ 分别为问题 $1|r_j, \text{split}|C_{\max}+E$ 在实例 I_1 和 I 上的最优值。由定理 5.12 可知, 上述两个值能由算法 5.9 在 $O(n^2)$ 时间内计算出来。进一步, 给定一个常数 ρ, 将 I_1 和 I_2 中的工件划分成四个不同的集合使得 $S_{11}(\rho)=\{J_j \in I_1: p_j \leqslant \rho e_j\}$, $S_{12}(\rho)=\{J_j \in I_1: p_j>\rho e_j\}$, $S_{21}(\rho)=\{J_j \in I_2: p_j \leqslant \rho e_j\}$ 且 $S_{22}(\rho)=\{J_j \in I_2: p_j>\rho e_j\}$。下面, 将提出一个确定的在线算法 2(即算法 5.11)。注意到算法 5.11 输出的是一个可行的、非拆分的、立即决定的排序。

算法 5.11 在线算法 2。

步骤 1 置 $\rho=\frac{\sqrt{5}+1}{2}$。

步骤 2 在时刻 t_1, 如果 $S_{11}(\rho) \neq \varnothing$ 且 $t_1+\sum_{J_j \in S_{11}(\rho)} p_j+\sum_{J_j \in S_{12}(\rho)} e_j \leqslant \rho Z_s^*(I_1)$, 则接收 $S_{11}(\rho)$ 中的所有工件并且拒绝 $S_{12}(\rho)$ 中的工件, 置 $C_{\max}(I_1)=t_1+\sum_{J_j \in S_{11}(\rho)} p_j$ 且 $E(I_1)=\sum_{J_j \in S_{12}(\rho)} e_j$; 否则, 拒绝 I_1 中的所有工件, 置 $C_{\max}(I_1)=0$ 且 $E(I_1)=\sum_{J_j \in I_1} e_j$。

步骤 3 在时刻 t_2, 如果 $S_{21}(1) \neq \varnothing$ 且

$$\max\{C_{\max}(I_1), t_2\}+\sum_{J_j \in S_{21}(1)} p_j+E(I_1)+\sum_{J_j \in S_{22}(1)} e_j \leqslant \rho Z_s^*(I)$$

则接收 $S_{21}(1)$ 中的工件且拒绝 $S_{22}(1)$ 中的工件, 置 $C_{\max}(I)=\max\{C_{\max}(I_1), t_2\}+\sum_{J_j \in S_{21}(1)} p_j$ 且 $E(I)=E(I_1)+\sum_{J_j \in S_{22}(1)} e_j$; 否则, 拒绝 I_2 中的所有工件, 置 $C_{\max}(I)=C_{\max}(I_1)$ 且 $E(I)=E(I_1)+\sum_{J_j \in I_2} e_j$。

设 $Z(I)=C_{\max}(I)+E(I)$ 为算法 5.11 获得的目标函数值, $Z^*(I)$ 是离线排序问题 $1|r_j, \text{non-split}|C_{\max}+E$ 的最优目标函数值, 则有以下定理。

定理 5.16 对每一个实例 I, 都有 $Z(I) \leqslant \frac{\sqrt{5}+1}{2} Z_s^*(I) \leqslant \frac{\sqrt{5}+1}{2} Z^*(I)$。

证明　显然, 只需证明 $Z(I) \leqslant \rho Z_s^*(I)$, 这里 $\rho = \dfrac{\sqrt{5}+1}{2}$。假设 $I=(I_1,I_2)$ 是一个反例使得 $Z(I) > \rho Z_s^*(I)$, π^* 是离线问题 $1|r_j,\text{split}|C_{\max}+E$ 在实例 I 上的一个最优排序, A^* 和 R^* 分别是 π^* 中接收工件和拒绝工件的集合, 则可得出以下命题。

命题 1　算法 5.11 一定拒绝 I_2 中的所有工件。

对命题 1 的证明。显然, $S_{22}(1)$ 中的工件一定被算法 5.11 拒绝。如果 $S_{21}(1) \neq \varnothing$ 并且 $S_{21}(1)$ 中的工件被算法 5.11 接收, 那么有

$$Z(I) = \max\{C_{\max}(I_1), t_2\} + \sum_{J_j \in S_{21}(1)} p_j + E(I_1) + \sum_{J_j \in S_{21}(1)} e_j \leqslant \rho Z_s^*(I)$$

这与 I 是一个反例矛盾。命题 1 得证。□

由命题 1, 有 $Z(I) = Z(I_1) + \sum\limits_{J_j \in I_2} e_j$, 其中 $Z(I_1) = C_{\max}(I_1) + E(I_1)$ 是算法 5.11 应用于实例 I_1 上的目标函数值。

命题 2　$Z(I_1) \leqslant \rho Z_s^*(I_1)$。

对命题 2 的证明。如果 $S_{11}(\rho) \neq \varnothing$ 并且 $S_{11}(\rho)$ 中的工件被算法 5.11 接收, 那么有 $Z(I_1) = t_1 + \sum\limits_{J_j \in S_{11}(\rho)} p_j + \sum\limits_{J_j \in S_{12}(\rho)} e_j \leqslant \rho Z_s^*(I_1)$。如果 $S_{11}(\rho) = \varnothing$ 或者 $S_{11}(\rho)$ 中的工件被算法 5.11 拒绝, 则有 $Z(I_1) = \sum\limits_{J_j \in I_1} e_j$。设 $\pi^*(I_1)$ 是问题 $1|r_j,\text{split}|C_{\max}+E$ 在实例 I_1 上的最优排序, 如果 $\pi^*(I_1)$ 拒绝 I_1 中所有的工件, 则有 $Z(I_1) = \sum\limits_{J_j \in I_1} e_j = Z_s^*(I_1)$。如果 $\pi^*(I_1)$ 接收 I_1 中的某个工件, 由引理 5.18 可知, 则 $\pi^*(I_1)$ 一定接收 $S_{11}(1)$ 中所有的工件并且拒绝 $S_{12}(1)$ 中的所有工件。因此, 有 $S_{11}(\rho) \supseteq S_{11}(1) \neq \varnothing$ 且 $Z_s^*(I_1) = t_1 + \sum\limits_{J_j \in S_{11}(1)} p_j + \sum\limits_{J_j \in S_{12}(1)} e_j$。进一步, 可得

$$\begin{aligned}
t_1 + \sum_{J_j \in S_{11}(\rho)} p_j + \sum_{J_j \in S_{12}(\rho)} e_j &= t_1 + \sum_{J_j \in S_{11}(1)} p_j + \sum_{J_j \in S_{11}(\rho)\setminus S_{11}(1)} p_j + \sum_{J_j \in S_{12}(\rho)} e_j \\
&\leqslant t_1 + \sum_{J_j \in S_{11}(1)} p_j + \rho \sum_{J_j \in S_{11}(\rho)\setminus S_{11}(1)} e_j + \sum_{J_j \in S_{12}(\rho)} e_j \\
&\leqslant \rho\Big(t_1 + \sum_{J_j \in S_{11}(1)} p_j + \sum_{J_j \in S_{11}(\rho)\setminus S_{11}(1)} e_j + \sum_{J_j \in S_{12}(\rho)} e_j\Big) \\
&= \rho\Big(t_1 + \sum_{J_j \in S_{11}(1)} p_j + \sum_{J_j \in S_{12}(1)} e_j\Big) \\
&= \rho Z_s^*(I_1)
\end{aligned}$$

因此, $S_{11}(\rho)$ 中的工件应该被算法 5.11 接收, 得出矛盾。命题 2 得证。□

命题 3 排序 π^* 一定接收 $S_{21}(1)$ 中的所有工件并且拒绝 $S_{22}(1)$ 中的所有工件。

对命题 3 的证明。由引理 5.2 可知, $S_{22}(1)$ 中的工件一定被排序 π^* 拒绝。如果 $S_{21}(1)=\varnothing$ 或者 $S_{21}(1)$ 中的工件被 π^* 拒绝, 那么有 $Z_s^*(I)=Z_s^*(I_1)+\sum\limits_{J_j\in I_2}e_j$。进一步, 由命题 2, 有 $Z(I)=Z(I_1)+\sum\limits_{J_j\in I_2}e_j\leqslant\rho\Big(Z_s^*(I_1)+\sum\limits_{J_j\in I_2}e_j\Big)=\rho Z_s^*(I)$。命题 3 得证。 □

命题 4 $C_{\max}(I_1)<t_2$。

对命题 4 的证明。(反证法)。假设 $C_{\max}(I_1)\geqslant t_2$, 由命题 3 可知, 排序 π^* 一定接收 $S_{21}(1)$ 中的所有工件并且拒绝 $S_{22}(1)$ 中的所有工件。注意到 π^* 限制在 I_1 上的子排序的目标函数值至多为 $Z_s^*(I)-\sum\limits_{J_j\in S_{21}(1)}p_j-\sum\limits_{J_j\in S_{22}(1)}e_j$, 因此, 有 $Z_s^*(I_1)\leqslant Z_s^*(I)-\sum\limits_{J_j\in S_{21}(1)}p_j-\sum\limits_{J_j\in S_{22}(1)}e_j$。等价地, 有 $Z_s^*(I_1)+\sum\limits_{J_j\in S_{21}(1)}p_j+\sum\limits_{J_j\in S_{22}(1)}e_j\leqslant Z_s^*(I)$。进一步, 如果在算法 5.11 步骤 3 接收 $S_{21}(1)$ 中的工件并且拒绝 $S_{22}(1)$ 中的工件, 则有

$$
\begin{aligned}
&C_{\max}(I_1)+\sum_{J_j\in S_{21}(1)}p_j+E(I_1)+\sum_{J_j\in S_{22}(1)}e_j\\
&\leqslant\Big(Z_s^*(I_1)+\sum_{J_j\in S_{21}(1)}p_j+\sum_{J_j\in S_{22}(1)}e_j\Big)+(\rho-1)Z_s^*(I_1)\\
&\leqslant Z_s^*(I)+(\rho-1)Z_s^*(I)\\
&=\rho Z_s^*(I)
\end{aligned}
$$

因此, $S_{21}(1)$ 中的工件应该被算法 5.11 接收, 得出矛盾。命题 4 得证。 □

由命题 1, 有 $Z(I)=Z(I_1)+\sum\limits_{J_j\in I_2}e_j$。进一步, 如果算法 5.11 接收 $S_{11}(\rho)$ 中的工件, 那么有 $Z(I_1)=t_1+\sum\limits_{J_j\in S_{11}(\rho)}p_j+\sum\limits_{J_j\in S_{12}(\rho)}e_j$。否则, I_1 中的所有工件都被算法 5.11 拒绝, 则有 $Z(I_1)=\sum\limits_{J_j\in I_1}e_j$。下面分两种情形对它们进行讨论。

(1) $Z(I_1)=t_1+\sum\limits_{J_j\in S_{11}(\rho)}p_j+\sum\limits_{J_j\in S_{12}(\rho)}e_j$。

在这种情形下, 有 $C_{\max}(I_1)=t_1+\sum\limits_{J_j\in S_{11}(\rho)}p_j$ 和 $E(I_1)=\sum\limits_{J_j\in S_{12}(\rho)}e_j$。由命题 4,

有 $C_{\max}(I_1)=t_1+\sum\limits_{J_j\in S_{11}(\rho)}p_j<t_2$。进一步, 由命题 3 可知, $S_{21}(1)$ 中的工件一定被排序 π^* 接收。因此, 由引理 5.18 和 $t_1+\sum\limits_{J_j\in S_{11}(\rho)}p_j<t_2$ 可知, $S_{11}(\rho)$ 中的工件一定被 π^* 接收。设 $S_{12}(\rho)\bigcap A^*$ 和 $S_{12}(\rho)\bigcap R^*$ 分别是 $S_{12}(\rho)$ 中工件在 π^* 中的接收工件和拒绝工件的集合, 由引理 5.18, 有 $\sum\limits_{J_j\in S_{12}(\rho)\bigcap A^*}p_j\leqslant t_2$。进一步, 可得

$$\sum_{J_j\in S_{12}(\rho)\bigcap A^*}e_j\leqslant\frac{\sum\limits_{J_j\in S_{12}(\rho)\bigcap A^*}p_j}{\rho}\leqslant\frac{t_2}{\rho}=(\rho-1)t_2\leqslant(\rho-1)Z_s^*(I)$$

由命题 3, 也有 $Z_s^*(I)\geqslant t_2+\sum\limits_{J_j\in S_{21}(1)}p_j+\sum\limits_{J_j\in S_{12}(\rho)\bigcap R^*}e_j+\sum\limits_{J_j\in S_{22}(1)}e_j$。如果在算法 5.11 步骤 3 接收 $S_{21}(1)$ 中的工件并且拒绝 $S_{22}(1)$ 中的工件, 则有

$$\begin{aligned}
&t_2+\sum_{J_j\in S_{21}(1)}p_j+\sum_{J_j\in S_{12}(\rho)}e_j+\sum_{J_j\in S_{22}(1)}e_j\\
&=\Big(t_2+\sum_{J_j\in S_{21}(1)}p_j+\sum_{J_j\in S_{12}(\rho)\bigcap R^*}e_j+\sum_{J_j\in S_{22}(1)}e_j\Big)+\sum_{J_j\in S_{12}(\rho)\bigcap A^*}e_j\\
&\leqslant Z_s^*(I)+(\rho-1)Z_s^*(I)\\
&=\rho Z_s^*(I)
\end{aligned}$$

因此, $S_{21}(1)$ 中的工件一定被算法 5.11 接收, 得出矛盾。(1) 得证。

(2) $Z(I_1)=\sum\limits_{J_j\in I_1}e_j$。

在这种情形下, 有 $S_{11}(\rho)=\varnothing$ 或者 $S_{11}(\rho)$ 中的工件一定被算法 5.11 拒绝。如果 $S_{11}(\rho)=\varnothing$, 设 $S_{12}(\rho)\bigcap A^*$ 和 $S_{12}(\rho)\bigcap R^*$ 分别是 $S_{12}(\rho)$ 中的工件在 π^* 中被接收工件和拒绝工件的集合。类似于情形 (1) 的证明, 如果在算法 5.11 步骤 3 中接收 $S_{21}(1)$ 中的工件并且拒绝 $S_{22}(1)$ 中的工件, 那么有

$$t_2+\sum_{J_j\in S_{21}(1)}p_j+\sum_{J_j\in S_{12}(\rho)}e_j+\sum_{J_j\in S_{22}(1)}e_j\leqslant\rho Z_s^*(I)$$

得出矛盾。

如果 $S_{11}(\rho)\neq\varnothing$ 且算法 5.11 拒绝 $S_{11}(\rho)$ 中的所有工件, 则有

$$t_1+\sum_{J_j\in S_{11}(\rho)}p_j+\sum_{J_j\in S_{12}(\rho)}e_j>\rho Z_s^*(I_1)$$

假设 $\pi^*(I_1)$ 接收 $S_{11}(1)$ 中的所有工件并且拒绝 $S_{12}(1)$ 中的工件, 则有 $Z_s^*(I_1)=t_1+\sum\limits_{J_j\in S_{11}(1)}p_j+\sum\limits_{J_j\in S_{12}(1)}e_j$。进一步, 有

$$
\begin{aligned}
t_1+\sum_{J_j\in S_{11}(\rho)}p_j+\sum_{J_j\in S_{12}(\rho)}e_j&=t_1+\sum_{J_j\in S_{11}(1)}p_j+\sum_{J_j\in S_{11}(\rho)\setminus S_{11}(1)}p_j+\sum_{J_j\in S_{12}(\rho)}e_j\\
&\leqslant t_1+\sum_{J_j\in S_{11}(1)}p_j+\rho\sum_{J_j\in S_{11}(\rho)\setminus S_{11}(1)}e_j+\sum_{J_j\in S_{12}(\rho)}e_j\\
&\leqslant \rho\Big(t_1+\sum_{J_j\in S_{11}(1)}p_j+\sum_{J_j\in S_{12}(1)}e_j\Big)\\
&=\rho Z_s^*(I_1)
\end{aligned}
$$

得出矛盾。因此，$\pi^*(I_1)$ 一定拒绝 I_1 中的所有工件，也就是说，$Z_s^*(I_1)=\sum\limits_{J_j\in I_1}e_j$。所以，有 $t_1+\sum\limits_{J_j\in S_{11}(\rho)}p_j+\sum\limits_{J_j\in S_{12}(\rho)}e_j>\rho Z_s^*(I_1)=\rho\sum\limits_{J_j\in I_1}e_j$。进一步，有

$$
t_1+\sum_{J_j\in S_{11}(\rho)}p_j>\rho\sum_{J_j\in S_{11}(\rho)}e_j+(\rho-1)\sum_{J_j\in S_{12}(\rho)}e_j\geqslant\rho\sum_{J_j\in S_{11}(\rho)}e_j
$$

设 $S_{11}(\rho)\bigcap A^*$ 和 $S_{11}(\rho)\bigcap R^*$ 分别是 $S_{11}(\rho)$ 中工件在 π^* 中接收工件和拒绝工件的集合，因为 $S_{21}(1)$ 中的工件在 π^* 中被接收，$S_{11}(1)$ 中的工件也在 π^* 中被接收，注意到对每一个工件 $J_j\in S_{11}(\rho)\bigcap R^*$ 有 $p_j\leqslant\rho e_j$，进一步，可得

$$
t_1+\sum_{J_j\in S_{11}(\rho)\bigcap A^*}p_j+\sum_{J_j\in S_{11}(\rho)\bigcap R^*}p_j>\rho\Big(\sum_{J_j\in S_{11}(\rho)\bigcap A^*}e_j+\sum_{J_j\in S_{11}(\rho)\bigcap R^*}e_j\Big)
$$

所以，有

$$
t_1+\sum_{J_j\in S_{11}(\rho)\bigcap A^*}p_j>\rho\sum_{J_j\in S_{11}(\rho)\bigcap A^*}e_j+\sum_{J_j\in S_{11}(\rho)\bigcap R^*}(\rho e_j-p_j)\geqslant\rho\sum_{J_j\in S_{11}(\rho)\bigcap A^*}e_j
$$

因此，也有

$$
\sum_{J_j\in S_{11}(\rho)\bigcap A^*}e_j\leqslant\frac{t_1+\sum\limits_{J_j\in S_{11}(\rho)\bigcap A^*}p_j}{\rho}=(\rho-1)\Big(t_1+\sum_{J_j\in S_{11}(\rho)\bigcap A^*}p_j\Big)
$$

如果 $t+\sum\limits_{J_j\in S_{11}(\rho)}p_j\leqslant t_2$，那么 $S_{11}(\rho)$ 中的工件一定被 π^* 接收，也就是说，$S_{11}(\rho)\subset A^*$。设 $S_{12}(\rho)\bigcap R^*$ 为 $S_{12}(\rho)$ 中工件在 π^* 中拒绝工件的集合，那么有 $Z_s^*(I)\geqslant t_2+\sum\limits_{J_j\in S_{21}(1)}p_j+\sum\limits_{J_j\in S_{12}(\rho)\bigcap R^*}e_j+\sum\limits_{J_j\in S_{22}(1)}p_j$。如果算法 5.11 步骤 3 接收 $S_{21}(1)$ 中的工件并且拒绝 $S_{22}(1)$ 中的工件，那么有

$$\begin{aligned}
&t_2+\sum_{J_j\in S_{21}(1)}p_j+\sum_{J_j\in I_1}e_j+\sum_{J_j\in S_{22}(1)}e_j\\
&=t_2+\sum_{J_j\in S_{21}(1)}p_j+\sum_{J_j\in S_{11}(\rho)}e_j+\sum_{J_j\in S_{12}(\rho)\bigcap A^*}e_j+\sum_{J_j\in S_{12}(\rho)\bigcap R^*}e_j+\sum_{J_j\in S_{22}(1)}e_j\\
&\leqslant\Big(t_2+\sum_{J_j\in S_{21}(1)}p_j+\sum_{J_j\in S_{12}(\rho)\bigcap R^*}e_j+\sum_{J_j\in S_{22}(1)}e_j\Big)+\\
&\quad(\rho-1)\Big(t_1+\sum_{J_j\in S_{11}(\rho)}p_j+\sum_{J_j\in S_{12}(\rho)\bigcap A^*}p_j\Big)\\
&\leqslant\rho Z_s^*(I)
\end{aligned}$$

因此, $S_{21}(1)$ 中的工件一定被算法 5.11 接收, 得出矛盾。如果 $t+\sum_{J_j\in S_{11}(\rho)}p_j>t_2$, 那么 $S_{12}(\rho)$ 中的工件一定被 π^* 拒绝。因此, 有

$$Z_s^*(I)\geqslant t_2+\sum_{J_j\in S_{21}(1)}p_j+\sum_{J_j\in S_{11}(\rho)\bigcap R^*}e_j+\sum_{J_j\in S_{12}(\rho)}e_j+\sum_{J_j\in S_{22}(1)}e_j$$

如果算法 5.11 步骤 3 接收 $S_{21}(1)$ 中的工件并且拒绝 $S_{22}(1)$ 中的工件, 那么有

$$\begin{aligned}
&t_2+\sum_{J_j\in S_{21}(1)}p_j+\sum_{J_j\in I_1}e_j+\sum_{J_j\in S_{22}(1)}e_j\\
&=t_2+\sum_{J_j\in S_{21}(1)}p_j+\sum_{J_j\in S_{11}(\rho)\bigcap A^*}e_j+\sum_{J_j\in S_{11}(\rho)\bigcap R^*}e_j+\sum_{J_j\in S_{12}(\rho)}e_j+\sum_{J_j\in S_{22}(1)}e_j\\
&\leqslant\Big(t_2+\sum_{J_j\in S_{21}(1)}p_j+\sum_{J_j\in S_{11}(\rho)\bigcap R^*}e_j+\sum_{J_j\in S_{12}(\rho)}e_j+\sum_{J_j\in S_{22}(1)}p_j\Big)+\\
&\quad(\rho-1)\Big(t_1+\sum_{J_j\in S_{11}(\rho)\bigcap A^*}p_j\Big)\\
&\leqslant\rho Z_s^*(I)
\end{aligned}$$

因此, $S_{21}(1)$ 中的工件应该被算法 5.11 接收, 得出矛盾。(2) 得证。

根据上述讨论, 我们得出结论: 不存在定理 5.16 的任何反例。定理 5.16 得证。 □

5.4 具有不同外包折扣最小化最大完工时间的单机排序问题

5.4.1 引言

在之前的工件可拒绝或者可外包排序中, 每一个工件的外包 (拒绝) 费用是相互独

立的且不变的。本节研究一种特殊的工件可外包排序问题, 并考虑不同的外包折扣方案对生产商的决策所产生的影响。在过去, 折扣方案已经被销售者广泛应用于顾客和工业市场以实现更好的盈利。在实践中, 通常有两种比较受欢迎的折扣办法被应用。第一种是以金额为基础的折扣方案, 第二种是基于利率的折扣方案。然而, 在排序问题中折扣方案还很少被人们所研究。据笔者所知, 笔者团队最先进行对具有外包折扣的工件可外包排序问题的研究。在该问题中, 工件的实际外包费用是互相依赖的。

5.4.2 问题的提出和预备知识

本节考虑一个集成的生产排序和外包问题, 它可以描述如下: 假设有一个制造商拥有一台内部机器和一个外包商, 这个制造商接到 n 工件 $\mathcal{J}=\{J_1,J_2,\cdots,J_n\}$。与每一个工件 J_j 相关的参数是加工时间 p_j、到达时间 r_j 以及原始外包费用 e_j。每一个 J_j 要么由制造商的内部机器生产, 要么外包给外包商, 这种情况下制造商要支付给外包商一定的外包费用 e_j。

令 O 表示外包工件的集合, $V=\sum\limits_{J_j\in O}e_j$ 表示 O 中工件的原始总外包费用。为了鼓励制造商外包更多的工件, 外包商会提供依赖于 V 的不同的折扣方案。本节考虑四种比较常见的折扣方案, 分别称为"模型 i", $i=1,2,3,4$。令 $g^i(V)$ 表示模型 i 中 O 中工件的实际总外包费用, 假设有 $m\leqslant n$ 个不相交的费用区间 $[W_0,W_1),[W_1,W_2),\cdots,[W_{m-1},W_m)$, 其中 $W_0=0$, $W_m=+\infty$, 同时也假设当 $V\in[W_0,W_1)$ 时, 这四种方案都没有任何折扣。对每一个 $k=1,2,\cdots,m-1$ 和 $V\in[W_k,W_{k+1})$, $g^i(V)$ $(i=1,2,3,4)$ 定义如下:

在模型 1 中, 如果 $V\in[W_k,W_{k+1})$, 则外包商提供一定的折扣额 DC_k, 且 $g^1(V)$ 定义为

$$g^1(V)=V-\mathrm{DC}_k \tag{5.1}$$

这里假设 $\mathrm{DC}_1<\mathrm{DC}_2<\cdots<\mathrm{DC}_{m-1}$。因此, 模型 1 可以称为**满减折扣方案**。在模型 2 中, 外包商提供的折扣额为 $\mathrm{DC}_k=V-W_k$ 且 $g^2(V)$ 定义为

$$g^2(V)=W_k \tag{5.2}$$

模型 2 称为**抹零折扣方案**。模型 1 和模型 2 都属于以折扣额为基础的折扣模型。

在模型 3 和模型 4 中, 如果 $V\in[W_k,W_{k+1})$, 外包商提供一个确定的折扣率 DR_k, 假设 $1>\mathrm{DR}_1>\mathrm{DR}_2>\cdots>\mathrm{DR}_{m-1}>0$, 则 $g^3(V)$ 定义为

$$g^3(V)=\mathrm{DR}_k\cdot V \tag{5.3}$$

模型 3 也称为**相同折扣方案**。

同理, $g^4(V)$ 定义为

$$g^4(V) = W_1 + \text{DR}_1 \cdot (W_2 - W_1) + \cdots + \text{DR}_{k-1} \cdot (W_k - W_{k-1}) + \text{DR}_k \cdot (V - W_k) \quad (5.4)$$

模型 4 也称为**阶梯折扣方案**。模型 3 和模型 4 都属于基于折扣率的折扣模型。

下面结合一个例子进行说明。当 $k = 0, 1, 2$ 时, $W_k = 1000k$ 且 $W_3 = +\infty$。在模型 1 中, 假设:

$$g^1(V) = \begin{cases} V, & \text{如果} \ V \in [0, 1000) \\ V - 200, & \text{如果} \ V \in [1000, 2000) \\ V - 500, & \text{如果} \ V \in [2000, +\infty) \end{cases}$$

在模型 2 中, 假设:

$$g^2(V) = \begin{cases} V, & \text{如果} \ V \in [0, 1000) \\ 1000, & \text{如果} \ V \in [1000, 2000) \\ 2000, & \text{如果} \ V \in [2000, +\infty) \end{cases}$$

在模型 3 中, 假设:

$$g^3(V) = \begin{cases} V, & \text{如果} \ V \in [0, 1000) \\ 0.9V, & \text{如果} \ V \in [1000, 2000) \\ 0.8V, & \text{如果} \ V \in [2000, +\infty) \end{cases}$$

在模型 4 中, 假设:

$$g^4(V) = \begin{cases} V, & \text{如果} \ V \in [0, 1000) \\ 1000 + 0.9(V - 1000), & \text{如果} \ V \in [1000, 2000) \\ 1000 + 0.9 \times 1000 + 0.8(V - 2000), & \text{如果} \ V \in [2000, +\infty) \end{cases}$$

令 $\overline{O}$ 表示内部生产工件的集合, $C_{\max}(\overline{O}) = \max\{C_j \mid J_j \in \overline{O}\}$ 表示 $\overline{O}$ 中所有工件的最大完工时间。我们的任务是找到一个集成的排序从而使得 $C_{\max}(\overline{O}) + g^i(V)$ 最小。利用排序问题的三参数表示法, 本节所研究的四个排序问题可以表示为

$$1|r_j, \text{模型 } i|C_{\max}(\overline{O}) + g^i(V), \quad i = 1, 2, 3, 4 \quad (5.5)$$

注意, 一旦工件集合 O 和 $\overline{O}$ 确定下来, 工件集 $\overline{O}$ 中剩下的排序问题就转化为一个经典的排序问题 $1|r_j|C_{\max}$。根据 ERD 规则, 可推出如下引理。

引理 5.3 对于问题 $1|r_j, \text{模型 } i|C_{\max}(\overline{O}) + g^i(V)$, $i = 1, 2, 3, 4$, 存在一个最优排序使得 $\overline{O}$ 中所有工件按照 ERD 规则在内部机器上加工。

本节主要贡献如下: 首先, 证明了所研究的四个排序问题中的每一个都是一般

NP-困难的。其次, 针对每一个排序问题都提出了一种有效的拟多项式时间算法。最后, 对于第四个排序问题 $1|r_j$, 模型 $4|C_{\max}(\overline{O})+g^4(V)$, 当工件到达时间都为 0 时, 提出了一个 $O(n\log n)$-时间的最优算法。当工件有不同到达时间的时候, 给出了一个 $O(n^2/\epsilon)$-时间的全多项式时间近似方案。

5.4.3 到达时间都为 0 的特殊情形

本节考虑当每个工件的到达时间均为 0 的特殊情况, 也即 $r_j=0, j=1,2,\cdots,n$。对于 $i=1,2,3,4$, 用 1|模型 $i|C_{\max}(\overline{O})+g^i(V)$ 表示相应的排序问题。

下面将证明每一个问题 1|模型 $i|C_{\max}(\overline{O})+g^i(V)$, $i=1,2,3$ 都是一般 NP-困难的, 但是最后一个问题 1|模型 $4|C_{\max}(\overline{O})+g^i(V)$ 可以在 $O(n\log n)$ 时间内解决。当总外包费用没有折扣时, 每个问题 1|模型 $i|C_{\max}(\overline{O})+g^i(V)$ $(i=1,2,3,4)$ 都与 $1||C_{\max}(\overline{O})+V$ 等价。后一个问题是平凡的, 因为在 $p_j>e_j$ 时所有的工件 J_j 都被外包, 而在 $p_j\leqslant e_j$ 时所有的工件 J_j 都在内部加工。

1. 模型 1, 2 和 3 的 NP-困难性

下面证明, 当 $i=1,2,3$ 时, 每一个问题 1|模型 $i|C_{\max}(\overline{O})+g^i(V)$ 都是 NP-困难的。在证明过程中, 将使用 NP-困难的划分问题 (Garey et al., 1979) 来进行归结。该划分问题可以描述如下:

问题 5.2 划分问题 2。给定 $t+1$ 个正整数 $a_1,a_2,\cdots,a_t$ 和 B 使得 $\sum_{i=1}^{t}a_i=2B$, 是否存在一个子集 $S\subset\{1,2,\cdots,t\}$ 使得 $\sum_{i\in S}a_i=B$?

定理 5.17 问题 1|模型 $i|C_{\max}(\overline{O})+g^i(V)$ $(i=1,2,3)$ 是 NP-困难的。

证明 对于给定的划分问题 2 的一个实例, 可以构造问题 1|模型 $i|C_{\max}(\overline{O})+g^i(V)$ $(i=1,2,3)$ 判定问题的实例如下:

(1) 有 $n=t+1$ 个工件。

(2) 对于 $1\leqslant j\leqslant t$, $p_j=8a_j$ 且 $e_j=10a_j$。

(3) 对于 $j=t+1$, $p_j=100B$ 且 $e_j=90B$。

(4) 在模型 1 中, 如果 $0\leqslant V<100B$, 则有 $g^1(V)=V$; 如果 $100B\leqslant V<+\infty$, 则有 $g^1(V)=V-10B$。

(5) 在模型 2 中, 如果 $0\leqslant V<90B+1$, 则有 $g^2(V)=V$; 如果 $90B+1\leqslant V<100B+1$, 则有 $g^2(V)=90B$; 如果 $100B+1\leqslant V<+\infty$, 则有 $g^2(V)=100B$。

(6) 在模型 3 中, 如果 $0\leqslant V<100B$, 则有 $g^3(V)=V$; 如果 $100B\leqslant V<+\infty$, 则有 $g^3(V)=0.9V$。

(7) 门槛值由 $Y = 98B$ 定义。

(8) 判定问题为: 对任意给定的 $i \in \{1,2,3\}$, 是否存在一个排序 π 使得 $C_{\max}(\overline{O}) + g^i(V) \leqslant Y$。

上述构造可以在多项式时间里完成。下面将证明划分问题有一个解当且仅当有一个排序 π 使得 $C_{\max}(\overline{O}) + g^i(V) \leqslant Y$ $(i = 1,2,3)$。

首先, 假设划分问题有一个解 S 使得 $\sum\limits_{i \in S} a_i = B$。令 $O = \{J_j \mid j \in S\} \bigcup J_{t+1}$ 且 $\overline{O} = \{J_j \mid j \notin S\}$, 以任意顺序在机器上加工 $\overline{O}$ 中的工件并且将 O 中所有工件外包。注意到 $V = \sum\limits_{j \in S} e_j + e_{t+1} = 10B + 90B = 100B$, 因此, 一方面, 当 $i = 1,2,3$ 时, 有 $g^i(V) = 90B$; 另一方面, $C_{\max}(\overline{O}) = \sum\limits_{j \notin S} p_j = \sum\limits_{j \notin S} 8a_j = 8B$。因此, 当 $i = 1,2,3$ 时, 有 $C_{\max}(\overline{O}) + g^i(V) = 98B = Y$。

然后, 假设对任意给定的 $i \in \{1,2,3\}$, 存在一个排序 π 使得 $C_{\max}(\overline{O}) + g^i(V) \leqslant Y$。现在证明划分问题有解。分别用 O 和 $\overline{O}$ 表示外包工件的集合和内部生产工件的集合, 令 S_1 表示 O 中工件下标的集合, S_2 表示 $\overline{O}$ 中工件下标的集合, 则有如下命题:

命题 1　$J_{t+1} \in O$ 且 $O \setminus \{J_{t+1}\} \neq \varnothing$。

对命题 1 的证明。如果 $J_{t+1} \notin O$, 则 $J_{t+1} \in \overline{O}$ 且 $C_{\max}(\overline{O}) \geqslant p_{t+1} = 100B > 98B = Y$, 得到矛盾。如果 $O = \{J_{t+1}\}$, 则 $\overline{O} = \{J_j \mid 1 \leqslant j \leqslant t\}$, 这表明 $C_{\max}(\overline{O}) + g^i(V) \geqslant \sum\limits_{j=1}^{t} p_j + e_{t+1} = 16B + 90B = 106B > Y$, 得到矛盾。命题 1 得证。 □

命题 2　$V = \sum\limits_{J_j \in O} e_j = 100B$。

对命题 2 的证明。根据命题 1 可知, $\sum\limits_{J_j \in O} e_j = 100B$ 等价于 $\sum\limits_{J_j \in O \setminus \{J_{t+1}\}} e_j = 10B$, 也等价于 $\sum\limits_{j \in S_1 \setminus \{t+1\}} a_j = B$。假设 $\sum\limits_{j \in S_1 \setminus \{t+1\}} a_j < B$, 则有 $\sum\limits_{j \in S_2} a_j = 2B - \sum\limits_{j \in S_1 \setminus \{t+1\}} a_j > B$。

再根据命题 1, 有 $\sum\limits_{j \in S_1 \setminus \{t+1\}} a_j > 0$, 它表明 $90B < V < 100B$。一方面, $g^1(V) = g^3(V) = V > 90B$, $g^2(V) = 90B$; 另一方面, $C_{\max}(\overline{O}) = \sum\limits_{J_j \in \overline{O}} p_j = 8\sum\limits_{j \in S_2} a_j > 8B$。因此, 对任意给定的 $i = 1,2,3$, 都有 $C_{\max}(\overline{O}) + g^i(V) > 8B + 90B = 98B = Y$, 得出矛盾。

现在假设 $\sum_{j\in S_1\setminus\{t+1\}} a_j > B$, 则有 $V=\sum_{J_j\in O} e_j > 100B$, 它进一步表明:

$$g^1(V)=V-10B=\sum_{J_j\in O\setminus J_{t+1}} e_j+e_{t+1}-10B=10\sum_{J_j\in O\setminus J_{t+1}} a_j+80B$$

$$g^2(V)=100B$$

$$g^3(V)=V\cdot 0.9=\Big(\sum_{J_j\in O\setminus J_{t+1}} e_j+e_{t+1}\Big)\cdot 0.9=9\sum_{J_j\in O\setminus J_{t+1}} a_j+81B$$

因此, 进一步可得

$$\begin{aligned}
C_{\max}(\overline{O})+g^1(V)&=8\sum_{j\in S_2} a_j+10\sum_{j\in S_1\setminus\{t+1\}} a_j+80B\\
&=8\sum_{j=1}^{t} a_j+2\sum_{j\in S_1\setminus\{t+1\}} a_j+80B\\
&=16B+2\sum_{j\in S_1\setminus\{t+1\}} a_j+80B\\
&>16B+2B+80B\\
&=98B\\
&=Y
\end{aligned}$$

$$C_{\max}(\overline{O})+g^2(V)\geqslant g^2(V)=100B>98B=Y$$

$$\begin{aligned}
C_{\max}(\overline{O})+g^3(V)&=8\sum_{j\in S_2} a_j+9\sum_{j\in S_1\setminus\{t+1\}} a_j+81B\\
&=8\sum_{j=1}^{t} a_j+\sum_{j\in S_1\setminus\{t+1\}} a_j+81B\\
&=16B+\sum_{j\in S_1\setminus\{t+1\}} a_j+81B\\
&>16B+B+81B\\
&=98B\\
&=Y
\end{aligned}$$

也得出矛盾。综上, 可得 $V=\sum_{J_j\in O} e_j=100B$。命题 2 得证。 □

令 $S=\{j\mid J_j\in O\setminus J_{t+1}\}$, 根据命题 2, 有 $\sum\limits_{j\in S}a_j=B$, 因此, S 是划分问题的一个解。定理 5.17 得证。

2. 模型 4 的多项式时间算法

本节研究问题 $1|\text{模型}4|C_{\max}(\overline{O})+g^4(V)$。在此之前, 先给出它的一个重要性质。

引理 5.4　问题 $1|\text{模型 }4|C_{\max}(\overline{O})+g^4(V)$ 存在一个最优排序 π^* 使得, 对于任意两个工件 J_x 和 J_y 满足 $\dfrac{e_x}{p_x}\leqslant\dfrac{e_y}{p_y}$ 且 J_y 被外包, 则 J_x 也一定被外包。

证明　若不然, 假设 π^* 中有两个工件 J_x 和 J_y 满足 $\dfrac{e_x}{p_x}\leqslant\dfrac{e_y}{p_y}$ 且 J_y 是外包的, 然而 J_x 是内部生产的。令 O^* 和 $\overline{O^*}$ 分别表示 π^* 中外包工件的集合和内部生产工件的集合, 令 $V^*=\sum\limits_{J_j\in O^*}e_j$ 表示 π^* 中原始总外包费用, $C_{\max}(\pi^*)=\sum\limits_{J_j\in\overline{O}^*}p_j$ 表示 π^* 中内部生产工件的最大完工时间, 并假设对于一些整数 $k,k'\in\{0,1,\cdots,m-1\}$, 有 $V^*\in[W_k,W_{k+1})$, $V'=V^*-e_y\in[W_{k'},W_{k'+1})$。

显然, 因为 $V'\leqslant V^*$, 故有 $k'\leqslant k$。我们首先证明 $\mathrm{DR}_k\cdot e_y\leqslant p_y$。通过令 $O=O^*\setminus\{J_y\}$ 以及 $\overline{O}=\overline{O^*}\bigcup J_y$, 可以得到一个可行排序 π。很容易验证 π 中内部生产工件的最大完工时间等于 $C_{\max}(\pi)=C_{\max}(\pi^*)+p_y$。由 $g^4(V)$ 的定义可得, $g^4(V^*)=W_1+\mathrm{DR}_1\cdot(W_2-W_1)+\cdots+\mathrm{DR}_{k-1}\cdot(W_k-W_{k-1})+\mathrm{DR}_k\cdot(V^*-W_k)$ 以及 $g^4(V')=W_1+\mathrm{DR}_1\cdot(W_2-W_1)+\cdots+\mathrm{DR}_{k'-1}\cdot(W_{k'}-W_{k'-1})+\mathrm{DR}_{k'}\cdot(V'-W_{k'})$。注意, 对任意 $1\leqslant\lambda\leqslant k$, 有 $\mathrm{DR}_\lambda\geqslant\mathrm{DR}_k$, 因此, 可得

$$
\begin{aligned}
&g^4(V^*)-g^4(V')\\
&=\mathrm{DR}_{k'}\cdot(W_{k'+1}-W_{k'})+\cdots+\mathrm{DR}_k\cdot(V^*-W_k)-\mathrm{DR}_{k'}\cdot(V'-W_{k'})\\
&=\mathrm{DR}_{k'}\cdot(W_{k'+1}-V')+\cdots+\mathrm{DR}_{k-1}\cdot(W_k-W_{k-1})+\mathrm{DR}_k\cdot(V^*-W_k)\\
&\geqslant\mathrm{DR}_k\cdot(W_{k'+1}-V')+\cdots+\mathrm{DR}_k\cdot(W_k-W_{k-1})+\mathrm{DR}_k\cdot(V^*-W_k)\\
&=\mathrm{DR}_k\cdot(V^*-V')\\
&=\mathrm{DR}_k\cdot e_y
\end{aligned}
$$

根据 π^* 的最优性, 可得 $C_{\max}(\pi^*)+g^4(V^*)\leqslant C_{\max}(\pi)+g^4(V')=C_{\max}(\pi^*)+p_y+g^4(V')$, 或者等价地得到 $p_y\geqslant g^4(V^*)-g^4(V')\geqslant\mathrm{DR}_k\cdot e_y$。

然后, 我们证明 $\mathrm{DR}_k\cdot e_x\leqslant p_x$。通过令 $O=O^*\bigcup\{J_x\}$ 以及 $\overline{O}=\overline{O^*}\setminus\{J_x\}$, 可以得到一个可行排序 σ。假设对一些 k'' $(k\leqslant k''\leqslant m)$, 有 $V''=V^*+e_x\in[W_{k''},W_{k''+1})$。很容易验证 σ 中内部生产工件的最大完工时间等于 $C_{\max}(\sigma)=C_{\max}(\pi^*)-p_x$。根据 $g^4(V'')$ 的定义, 可得

$$g^4(V'')=W_1+\mathrm{DR}_1\cdot(W_2-W_1)+\cdots+\mathrm{DR}_{k''-1}\cdot(W_{k''}-W_{k''-1})+\mathrm{DR}_{k''}\cdot(V''-W_{k''})$$

注意, 对任意 $\lambda'\in\{k,\cdots,m\}$, 都有 $\mathrm{DR}_k\geqslant\mathrm{DR}_{\lambda'}$。因此, 可得

$$\begin{aligned}&g^4(V'')-g^4(V^*)\\&=\mathrm{DR}_k\cdot(W_{k+1}-V^*)+\cdots+\mathrm{DR}_{k''-1}\cdot(W_{k''}-W_{k''-1})+\mathrm{DR}_{k''}\cdot(V''-W_{k''})\\&\leqslant\mathrm{DR}_k\cdot(W_{k+1}-V^*)+\cdots+\mathrm{DR}_k\cdot(W_{k''}-W_{k''-1})+\mathrm{DR}_k\cdot(V''-W_{k''})\\&=\mathrm{DR}_k\cdot(V''-V^*)\\&=\mathrm{DR}_k\cdot e_x\end{aligned}$$

注意到 $\dfrac{e_x}{p_x}\leqslant\dfrac{e_y}{p_y}$ 以及 $\mathrm{DR}_k\cdot e_y\leqslant p_y$, 因此可得, $\mathrm{DR}_k\leqslant\dfrac{p_y}{e_y}\leqslant\dfrac{p_x}{e_x}$。

最后, 考虑可行解 σ。在 σ 中, J_x 和 J_y 均外包, 现在证明 σ 也是一个最优解。为了达到该目的, 考虑 σ 的值, 则有

$$C_{\max}(\sigma)+g^4(V'')\leqslant C_{\max}(\pi^*)-p_x+g^4(V^*)+\mathrm{DR}_k\cdot e_x\leqslant C_{\max}(\pi^*)+g^4(V^*)$$

它表明 σ 是最优的。引理 5.4 得证。 □

基于引理 5.4, 不难引出一个多项式时间精确算法来解决问题 $1|$模型$4|C_{\max}(\overline{O})+g^4(V)$。对工件重新标号使得 $\dfrac{e_1}{p_1}\leqslant\dfrac{e_2}{p_2}\leqslant\cdots\leqslant\dfrac{e_n}{p_n}$, 假设 μ 是最优解中外包工件的最小下标 (如果最优解里没有外包工件, 则令 $\mu=n+1$), 从而, 在最优解里, $\{J_1,J_2,\cdots,J_{\mu-1}\}$ 中的所有工件均由内部生产, 同时其他所有工件均外包。下面给出算法 5.12, 其可以在 $O(n\log n)$ 时间内最优地解决问题 $1|$模型$4|C_{\max}(\overline{O})+g^4(V)$。

算法 5.12 多项式时间精确算法。

步骤 1 对工件重新进行标号使得 $\dfrac{e_1}{p_1}\leqslant\dfrac{e_2}{p_2}\leqslant\cdots\leqslant\dfrac{e_n}{p_n}$, 令 $H_0=\sum\limits_{j=1}^{n}p_j$, $H'_0=0$ 以及 $Z_0=H_0$。

步骤 2 对 $j=1,2,\cdots,n$, 计算 $H_j=H_{j-1}-p_{n-j+1}$, $H'_j=H'_{j-1}+e_{n-j+1}$ 以及 $Z_j=H_j+g^4(H'_j)$。

步骤 3 令 $\zeta=\arg\min\{Z_j\mid j=0,1,\cdots,n\}$, $O=\{J_j\mid j\leqslant\zeta\}$ 以及 $\overline{O}=\mathcal{J}\setminus O$。

步骤 4 确定一个可行解使得 $\overline{O}$ 中所有工件都由内部生产, O 中所有工件均外包。

定理 5.18 算法 5.12 可以在 $O(n\log n)$ 时间内解决问题 $1|$模型 $4|C_{\max}(\overline{O})+g^4(V)$。

证明 基于满足 $\dfrac{e_1}{p_1}\leqslant\dfrac{e_2}{p_2}\leqslant\cdots\leqslant\dfrac{e_n}{p_n}$ 的工件顺序, 假设 μ 是最优解中外包工

件的最小下标 (如果最优解中没有外包工件则令 $\mu = n + 1$)。根据引理 5.4 可知, 在最优排序中, 当内部生产工件的集合是 $\overline{O^*} = \mathcal{J} \setminus O^* = \{J_j \mid j < \mu\}$, 外包工件的集合是 $O^* = \{J_j \mid j \geqslant \mu\}$。根据 H_j 和 H'_j 的构造, 有 $H'_\mu = \sum_{j=\mu}^{n} e_j = \sum_{J_j \in O^*} e_j$, $H_\mu = \sum_{j=1}^{\mu-1} p_j = \sum_{J_j \in \overline{O^*}} p_j$, 以及 $Z_\mu = H_\mu + g^4(H'_\mu) = \sum_{J_j \in \overline{O^*}} p_j + g^4\Big(\sum_{J_j \in O^*} e_j\Big)$。根据 ζ 的定义可得, $Z_\zeta = Z_\mu$, 它表明由步骤 4 确定的解是最优的。现在考虑算法 5.12 的复杂性。步骤 1 需要 $O(n\log n)$ 时间。在步骤 2 里, 计算 $H_1, H_2, \cdots, H_n$ 和 $H'_1, H'_2, \cdots, H'_n$ 所有值仅需要 $O(n)$ 时间。注意 $g^4(W_1) = W_1$ 以及

$$
\begin{aligned}
g^4(W_{k+1}) &= W_1 + \mathrm{DR}_1 \cdot (W_2 - W_1) + \cdots + \mathrm{DR}_k \cdot (W_{k+1} - W_k) \\
&= g^4(W_k) + \mathrm{DR}_k \cdot (W_{k+1} - W_k)
\end{aligned}
$$

因此, 可以提前在 $O(m)$ 时间内递归计算出 $g^4(W_1), g^4(W_2), \cdots, g^4(W_m)$ 的所有值, 同时也要注意 $g^4(W_1) \leqslant g^4(W_2) \leqslant \cdots \leqslant g^4(W_m)$。根据 $g^4(V)$ 的定义, 对每一个给定的 H'_j, 基于 $g^4(W_1), g^4(W_2), \cdots, g^4(W_m)$ 这 m 个值, $g^4(H'_j)$ 的值可以通过二分法搜索在 $O(\log m)$ 时间内计算出。因此, 步骤 2 总共需要 $O(n\log m)$ 时间, 步骤 3 仅需要 $O(n)$ 时间, 确定这个解仅花费了 $O(n)$ 时间。因此, 总的运行时间复杂度为 $O(n\log n) + O(n\log m) = O(n\log n)$, 其中假设 $m \leqslant n$。定理 5.18 得证。 □

5.4.4 不同到达时间的一般情形

本节研究当工件有不同的到达时间的一般情形。下面的结果证明了本书所研究的四个排序问题中的每一个排序问题都是一般 NP-困难的。

定理 5.19 当 $i = 1, 2, 3, 4$ 时, 问题 $1|r_j$, 模型 $i|C_{\max}(\overline{O}) + g^i(V)$ 是一般 NP-困难的。

证明 前面已经证明了当 $i = 1, 2, 3$ 时, 问题 1|模型 $i|C_{\max}(\overline{O}) + g^i(V)$ 的 NP-困难性。因此, 对于不同到达时间的一般情形, 当 $i = 1, 2, 3$ 时, 问题 $1|r_j$, 模型 $i|C_{\max}(\overline{O}) + g^i(V)$ 也是 NP-困难的。

现在证明问题 $1|r_j$, 模型 $4|C_{\max}(\overline{O}) + g^4(V)$ 是 NP-困难的。令 $1|r_j|C_{\max}(\overline{O}) + V$ 表示当在总外包费用上没有折扣时的问题, 如果将工件 J_j 的外包费用 e_j 当作拒绝费用 w_j, 则问题 $1|r_j|C_{\max}(\overline{O}) + V$ 可以归结为问题 $1|r_j|C_{\max} + \sum_{J_j \in R} w_j$, 此时 R 为可拒绝作业的集合。Zhang 等 (2009) 已经证明了后一个问题是 NP-困难的。可以观察到, 当 $m = 1$ 时, $1|r_j|C_{\max}(\overline{O}) + V$ 是 $1|r_j$, 模型 $4|C_{\max}(\overline{O}) + g^4(V)$ 的一种特殊情形, 这

表明问题 $1|r_j$, 模型 $4|C_{\max}(\overline{O})+g^4(V)$ 也是 NP-困难的。

我们将在下一节中证明, 四个排序问题中的每一个排序问题都存在一个拟多项式时间算法, 它表明这四个问题全都是一般 NP-困难的。定理 5.19 得证。 □

1. 动态规划算法

基于引理 5.3, 重新标记这些工件使得 $r_1 \leqslant r_2 \leqslant \cdots \leqslant r_n$。然后, 针对问题 $1|r_j$, 模型 $i|C_{\max}(\overline{O})+g^i(V)$ $(i=1,2,3,4)$, 提出一种拟多项式时间动态规划算法。

当考虑工件 $J_1,J_2,\cdots,J_j$ 以及原始总外包费用为 V 时, 令 $f_j(V)$ 表示内部生产工件最优的最大完工时间, 在外包工件的原始总外包费用为 V 时考虑工件 $J_1,J_2,\cdots,J_j$ 的任意最优排序。在任意这样的排序中, 现在的工件 J_j 有两种可能的情形: J_j 被外包或者由内部加工。

(1) 工件 J_j 被外包。在这种情形下, 工件 $J_1,J_2,\cdots,J_{j-1}$ 中外包工件的原始总外包费用是 $V-e_j$, 因此, 有 $f_j(V)=f_{j-1}(V-e_j)$。

(2) 工件 J_j 由内部加工。在这种情形下, 工件 $J_1,J_2,\cdots,J_{j-1}$ 中外包工件的原始总外包费用仍是 V, 且 $J_1,J_2,\cdots,J_{j-1}$ 中内部加工工件的最大完工时间为 $f_{j-1}(V)$。因此, 工件 J_j 的开工时间是 $\max\{f_{j-1}(V),r_j\}$。进一步, 可得 $f_j(V)=\max\{f_{j-1}(V),r_j\}+p_j$。

把两种情形结合起来, 我们可得到如下动态规划算法。当 $i=1,2,3,4$ 时, 它可以最优地解决问题 $1|r_j$, 模型 $i|C_{\max}(\overline{O})+g^i(V)$。

算法 5.13 动态规划算法 6。

(I) 递推关系: 对 $j=1,2,\cdots,n$,

$$f_j(V)=\min\{\max\{f_{j-1}(V),r_j\}+p_j, f_{j-1}(V-e_j)\}$$

(II) 边界条件:

$$f_1(V)=\begin{cases} r_1+p_1, & \text{如果 } V=0 \\ 0, & \text{如果 } V=e_1 \\ +\infty, & \text{其他} \end{cases}$$

(III) 目标: $\min\left\{f_n(V)+g^i(V) \mid 0\leqslant V\leqslant \sum\limits_{j=1}^{n} e_j\right\}$。

定理 5.20 算法 5.13 在 $O\left(n\sum\limits_{j=1}^{n}e_j\right)$ 时间解决问题 $1|r_j$, 模型 $i|C_{\max}(\overline{O})+g^i(V)$, 其中 $i=1,2,3,4$。

特别地, 如果所有工件的外包费用均相同, 也就是说, 当 $e_j=e$ $(j=1,2,\cdots,n)$ 时, 则有 $V\in\{je \mid 0\leqslant j\leqslant n\}$。因此, 对每个 V 至多有 $O(n)$ 个选择, 从而可得如下推论。

推论 5.4　算法 5.13 在 $O(n^2)$ 时间内解决问题 $1|r_j, e_j = e$, 模型 $i|C_{\max}(\overline{O}) + g^i(V)$, 其中 $i = 1, 2, 3, 4$。

我们现在针对最后一个排序问题 $1|r_j$, 模型 $4|C_{\max}(\overline{O}) + g^4(V)$ 提出另一个拟多项式时间动态规划算法, 该算法将被应用在设计该问题的近似方案当中。当仅仅考虑工件 $J_1, J_2, \cdots, J_j$ 且在 $J_1, J_2, \cdots, J_j$ 中的最大完工时间确切为 C 时, 令 $F_j(C)$ 表示原始外包费用的最小值。考虑当前的工件 J_j。一方面, 如果 J_j 外包, 则在 $J_1, J_2, \cdots, J_{j-1}$ 中由内部生产的工件的完工时间仍为 C, 在这种情形下有 $F_j(C) = F_{j-1}(C) + e_j$。注意如果 $C < r_j + p_j$, J_j 必定外包。另一方面, 如果 J_j 由内部生产, 则 J_j 的开工时间等于 $C - p_j$。在这种情形下, 如果 $C - p_j > r_j$, 则在 $J_1, J_2, \cdots, J_{j-1}$ 中工件的最大完工时间为 $C - p_j$, 因此有 $F_j(C) = F_{j-1}(C - p_j)$。如果 $C - p_j = r_j$, 则在 $J_1, J_2, \cdots, J_{j-1}$ 中由内部生产的工件的完工时间最多为 r_j。因此, 对一些整数 $C' \leqslant r_j$, 可得 $F_j(C) = \min\{F_{j-1}(C') \mid 0 \leqslant C' \leqslant r_j\}$, 其中, C' 表示在 $J_1, J_2, \cdots, J_{j-1}$ 中工件的最大完工时间。令 T 表示所有的 n 个工件按照 ERD 规则排序到机器上时的最大完工时间, 则可给出如下的动态规划算法。

算法 5.14　动态规划算法 7。

(I) 递推关系: 当 $j = 1, 2, \cdots, n$,

$$F_j(C) = \begin{cases} F_{j-1}(C) + e_j, & \text{如果}\ C < r_j + p_j \\ \min\{F_{j-1}(C) + e_j, \min\{F_{j-1}(C') \mid 0 \leqslant C' \leqslant r_j\}\}, & \text{如果}\ C = r_j + p_j \\ \min\{F_{j-1}(C) + e_j, F_{j-1}(C - p_j)\}, & \text{如果}\ C > r_j + p_j \end{cases}$$

(II) 边界条件:

$$F_1(C) = \begin{cases} e_1, & \text{如果}\ C = 0 \\ 0, & \text{如果}\ C = r_1 + p_1 \\ +\infty, & \text{其他} \end{cases}$$

(III) 目标: $\min\{C + g^4(F_n(C)) \mid 0 \leqslant C \leqslant T\}$。

定理 5.21　算法 5.14 在 $O(nT)$ 时间内解决问题 $1|r_j$, 模型 $4|C_{\max}(\overline{O}) + g^4(V)$。

证明　注意到, 在区间 $[0, +\infty)$ 上, $g^4(V)$ 是 V 的一个递增的、分段的线性凹函数。因此, 算法 5.14 产生了问题 $1|r_j$, 模型 $4|C_{\max}(\overline{O}) + g^4(V)$ 的最优解。

现在考虑算法的时间复杂性。当 $C \neq r_j + p_j$, 递归函数 $F_j(C)$ 至多有 $O(nT)$ 个状态, 且每一次迭代需要常数时间。当 $C = r_j + p_j$, 函数 $F_j(C)$ 至多有 $O(n)$ 种状态, 且每一次迭代需要时间为 $O(T)$, 因此, 总的运行时间复杂度为 $O(nT)$。定理 5.21 得证。 □

特别地, 如果所有工件的加工时间都相同, 也就是说, 当 $p_j = p\ (j = 1, 2, \cdots, n)$ 时, 则有 $C, C' \in \{0\} \bigcup \{r_j + kp \mid 1 \leqslant j, k \leqslant n\}$。因此, 可得如下推论。

推论 5.5 算法 5.14 在 $O(n^3)$ 时间内解决问题 $1|r_j, p_j = p$, 模型 $4|C_{\max}(\overline{O}) + g^4(V)$。

注释 我们想指出的是, 算法 5.14 对于问题 $1|r_j$, 模型 $i|C_{\max}(\overline{O}) + g^i(V)\ (i = 1, 2, 3)$ 而言是一个无效的算法。原因在于, 对任意给定的 $i = 1, 2, 3$, $g^i(V)$ 在区间 $[0, +\infty)$ 上不是 V 的一个增函数。由于函数 $g^i(V)\ (i = 1, 2, 3)$ 缺少单调性, 因此针对问题 $1|r_j$, 模型 $i|C_{\max}(\overline{O}) + g^i(V)$ 提出一个有效的近似方案是很困难的。

2. 模型 4 的近似算法

在这一部分, 我们考虑问题 $1|r_j$, 模型 $4|C_{\max}(\overline{O}) + g^4(V)$, 并针对该问题提出一个简单的 2-近似算法和一个全多项式时间近似方案。其中的 2-近似算法可以描述如下。

算法 5.15 2-近似算法。

步骤 1 对 n 个工件重新标号使得 $r_1 \leqslant r_2 \leqslant \cdots \leqslant r_n$, 并且对于 $j = 1, 2, \cdots, n-1$, 如果 $r_j = r_{j+1}$, 则 $e_j \geqslant e_{j+1}$。

步骤 2 对于 $l = 1, 2, \cdots, n$, 进行如下步骤:

步骤 2.1 令 $\mathcal{S}_l = \{J_1, J_2, \cdots, J_l\}$, $\mathcal{S}'_l = \mathcal{J} \setminus \mathcal{S}_l$, 且 $q_l = |\mathcal{S}_l|$。再令 $H_{l,0} = r_l + \sum\limits_{J_j \in \mathcal{S}_l} p_j$, $H'_{l,0} = \sum\limits_{J_j \in \mathcal{S}'_l} e_j$, 且 $z_{l,0} = H_{l,0} + g^4(H'_{l,0})$。

步骤 2.2 重排 $\mathcal{S}_l$ 中工件的目标使得 $\mathcal{S}_l = \{J_{[1]}, J_{[2]}, \cdots, J_{[q_l]}\}$ 且满足 $\dfrac{e_{[1]}}{p_{[1]}} \leqslant \dfrac{e_{[2]}}{p_{[2]}} \leqslant \cdots \leqslant \dfrac{e_{[q_l]}}{p_{[q_l]}}$, 此时 $[1], [2], \cdots, [q_l]$ 是 $1, 2, \cdots, q_l$ 的一个排列。

步骤 2.3 对 $i = 1, 2, \cdots, q_l - 1$, 计算 $H_{l,i} = H_{l,i-1} - p_{[q_l-i+1]}$, $H'_{l,i} = H'_{l,i-1} + e_{[q_l-i+1]}$ 和 $z_{l,i} = H_{l,i} + g^4(H'_{l,i})$。

步骤 2.4 令 $\rho_l = \arg\min\{z_{l,i} \mid i = 0, 1, \cdots, q_l - 1\}$。

步骤 2.5 令 $\overline{O}_l = \{J_{[j]} \mid j > \rho_l\}$, 确定解 π_l 使得 $\overline{O}_l$ 中所有工件均由内部生产且开始时间为 r_l, 且 $\mathcal{J} \setminus \overline{O}_l$ 中所有的工件均外包。

步骤 3 令 π_0 表示所有的这 n 个工件均外包的排序, 在排序 $\pi_0, \pi_1, \cdots, \pi_n$ 中, 选择目标函数值最小的来作为最终的解。

定理 5.22 算法 5.15 对于问题 $1|r_j$, 模型 $4|C_{\max}(\overline{O}) + g^4(V)$ 是 2-近似的, 且这个界 2 是紧的。进一步可得, 算法 5.15 可以在 $O(n^2 \log n)$ 时间内被执行。

证明 令 π^* 表示最优解, $\overline{O}^*$ 表示 π^* 中由内部生产的工件的集合。如果 $\overline{O}^* = \varnothing$, 则在步骤 3 产生的解 π_0 是最优的, 它表明在这种情形下算法 5.15 确定一个最优解, 因此在下面的分析中只需要考虑当 $\overline{O}^* \neq \varnothing$ 的情形。假设 $r_1 \leqslant r_2 \leqslant \cdots \leqslant r_n$, 且 ℓ 是内部生产工件的最大下标。考虑解 π_ℓ。回想一下在解 π_ℓ 的构造中, 有 $\mathcal{S}_\ell = \{J_1, J_2, \cdots, J_\ell\} = \{J_j \in \mathcal{J} \mid r_j \leqslant r_\ell\}$, 以及 $\mathcal{S}'_\ell = \mathcal{J} \setminus \mathcal{S}_\ell = \{J_j \in \mathcal{J} \mid r_j > r_\ell\}$。在最优解 π^* 中, $\mathcal{S}'_\ell$ 中的所有工件必定外包。令 $\tilde{\mathcal{S}} \subseteq \mathcal{S}_\ell$ 表示内部生产工件的集合, 则可得如下性质: 如果 $\tilde{\mathcal{S}}$ 中的工件加工过程需要从时间 r_ℓ 开始, 就可以证明对 $\mathcal{S}_\ell$ 中满足 $\dfrac{e_{[x]}}{p_{[x]}} \leqslant \dfrac{e_{[y]}}{p_{[y]}}$ 的任意两个工件 $J_{[x]}$ 和 $J_{[y]}$, 如果 $J_{[y]}$ 外包则 $J_{[x]}$ 必定外包。基于这样一个性质以及内部生产工件集 $\overline{O}_\ell$ 的构造, 可以推断当内部生产工件的加工需要从时间 r_ℓ 开始时, π_ℓ 是最好的解。这进一步表明 π_ℓ 的值受 $r_\ell + Z^* \leqslant 2Z^*$ 的约束, 因此, 算法 5.15 是 2-近似的。

下面给出一个例子表明这个界 2 是紧的。考虑例子 $n = 2$, $(r_1, p_1, e_1) = (0, 1, 3)$, $(r_2, p_2, e_2) = (1, 0, 3)$, 且对任意 $V \geqslant 0$ 有 $g^4(V) = V$。对于这样的例子, 最优排序是在区间 $[0, 1]$ 上处理第一个工件, 在时间 1 处理第二个工件, 且最优解的值为 1。通过应用算法 5.15, 解 π_0 的值为 $3 + 3 = 6$, 解 π_1 的值为 $1 + 3 = 4$, 解 π_2 的值为 $1 + 1 = 2$。因此, 通过算法 5.15 确定的最终解为 π_2, 即这个界 2 是紧的。

下面说明如何在 $O(n^2 \log n)$ 时间内实现算法 5.15。步骤 1 需要时间为 $O(n \log n)$。对于每一个给定的 $l = 1, 2, \cdots, n$, 步骤 2.1, 步骤 2.4 以及步骤 2.5 各自需要的时间均为 $O(n)$, 步骤 2.2 需要的时间为 $O(n \log n)$。同时, 可以证明步骤 2.3 在 $O(n \log m)$ 时间内实现, 步骤 3 需要的时间为 $O(n)$。因此, 算法 5.15 可以在 $O(n^2 \log n)$ 时间内实现。定理 5.22 得证。 □

现在提出一个全多项式时间近似方案。令 Z 表示近似算法 5.15 确定的解值, Z^* 表示最优解的值, 根据定理 5.22, 有 $Z^* \leqslant Z \leqslant 2Z^*$。对任意满足 $r_j + p_j > Z$ 的工件 J_j, 最优排序一定外包 J_j。全多项式时间近似方案建立在动态规划算法 5.14 上。如果对任意满足 $r_j + p_j > Z$ 的 J_j, 首先用 Z 代替 $r_j + p_j$ 的值, 然后用 Z 代替 T, 算法 5.14 仍旧产生一个最优解。在没有损失的情形下, 假设对 $j = 1, 2, \cdots, n$, $r_j + p_j \leqslant Z$, 我们的全多项式时间近似方案可以描述如下。

算法 5.16　全多项式时间近似方案 3。

步骤 1　对任意给定的 $\epsilon > 0$, 对 $j = 1, 2, \cdots, n$, 令 $M = \dfrac{\epsilon Z}{4n}$, 修改工件 J_j 的到达时间 r_j 和加工时间 p_j 使得 $r'_j = \left\lfloor \dfrac{r_j}{M} \right\rfloor M$ 以及 $p'_j = \left\lfloor \dfrac{p_j}{M} \right\rfloor M$。

步骤 2　对这个修改后的问题实例应用算法 5.14 以便得到一个最优解, 令 $\overline{O}$ 表示这个确定的解中的内部生产工件集。

步骤 3　对任意 $J_j \in \overline{O}$, 用 (r_j, p_j) 代替 (r'_j, p'_j), 令 $\overline{O}$ 中由内部生产的工件（原始到达时间和原始加工时间）遵循 ERD 规则, 令 $\mathcal{J} \setminus \overline{O}$ 中所有工件均外包。

定理 5.23 对于问题 $1|r_j$,模型 $4|C_{\max}(\overline{O})+g^4(V)$ 存在复杂度为 $O\Big(\dfrac{n^2}{\epsilon}\Big)$ 的 FPTAS。

证明 令 Z_ϵ 表示由算法 5.16 得到的排序的值, $\tilde{Z}^*$ 表示修改后的问题实例的最优解值。注意对 $j=1,2,\cdots,n$, 有 $r'_j \leqslant r_j < r'_j + M$ 以及 $p'_j \leqslant p_j < p'_j + M$, 这表明 $\tilde{Z}^* \leqslant Z^*$。当对 $\overline{O}$ 中任意工件用 (r_j,p_j) 代替 (r'_j,p'_j) 时, 有

$$Z_\epsilon \leqslant \tilde{Z}^* + \sum_{j=1}^{n}(r_j - r'_j) + \sum_{j=1}^{n}(p_j - p'_j) \leqslant Z^* + 2nM \leqslant Z^* + \frac{\epsilon Z}{2} \leqslant (1+\epsilon)Z^*$$

现在考虑算法 5.16 的时间复杂性。观察到对任意 $J_j \in \mathcal{J}$, r'_j 和 p'_j 都是 M 的倍数。因此, 在算法 5.14 中, 每一个考虑在内的 C 值都是 M 的倍数, 每一个考虑在内的 C' 值也是 M 的倍数。而且, 在算法 5.14 里对每一个 C 值和每一个 C' 值, 各自至多有 $\dfrac{Z}{M} = \dfrac{4n}{\epsilon} = O\Big(\dfrac{n}{\epsilon}\Big)$ 个选择。因此, 针对修改后的问题实例的算法 5.14 运行时间是 $O\Big(\dfrac{n^2}{\epsilon}\Big)$。同样地, 算法 5.16 的运行时间也是 $O\Big(\dfrac{n^2}{\epsilon}\Big)$。定理 5.23 得证。 □

参考文献

BARTAL Y, LEONARDI S, SPACCAMELA A M, et al, 2000. Multiprocessor scheduling with rejection[J]. SIAM Journalon Discrete Mathematics, 13: 64-78.

CAO Z G, WANG Z, ZHANG Y Z, et al, 2006. On several scheduling problems with rejection or discretely compressible processing times[J]. Lecture Notes in Computer Science, 3959: 90-98.

CHOI B C, CHUNG J B, 2011. Two-machine flow shop scheduling problem with an out sourcing option[J]. European Journal of Operational Research, 213: 66-72.

CHOI B C, CHUNG K H, 2016. Min-max regret version of a scheduling problem with out sourcing decisions under processing time uncertainty[J]. European Journal of Operational Research, 252: 367-375.

Du J Z, Leung J Y T, 1990. Minimizing total tardiness on one machine is NP-hard[J]. Mathematics of Operations Research, 15: 483-495.

ENGELS D W, KARGER D R, KOLLIOPOULOS S G, et al, 2003. Techniques for scheduling with rejection[J]. Journal of Algorithms, 49: 175-191.

GAREY M R, JOHNSON D S, 1979. Computers and intractability: a guide to the theory of NP-completeness[M]. San Francisco: Freeman&company.

HOOGEVEEN H, SKUTELLA M, WOEGINGER G J, 2003. Preemptive scheduling with rejection[J]. Mathematics Programming, 94: 361-374.

JACKSON J R, 1955. Scheduling a production line to minimize maximum tardiness[R]. Research Report 43, Management Science Research Project, University of California, Los Angeles.

LAWLER E L, 1973. Optimal sequencing a single machine subject to precedence constraints[J]. Management Science, 19: 544-546.

LEE I S, SUNG C S, 2008a. Minimizing due date related measures for a single machine scheduling problem with outsourcing allowed[J]. European Journal of Operational Research, 186: 931-952.

LEE I S, SUNG C S, 2008b. Single machine scheduling with outsourcing allowed[J]. International Journal of Production Economics, 101: 623-634.

LEE Y H, JEONG C S, MOON C, 2002. Advanced planning and scheduling with outsourcing in manufacturing supply chain[J]. Computer & Industrial Engineering, 43: 351-374.

Lenstra J K, Rinnooy Kan A H G, Brucker P, 1977.Complexity of machine scheduling problems[J]. Annals of Discrete Mathematics, 1: 343-362.

LU L F, WU Z T, ZHANG L Q, 2011. Optimal algorithms for single-machine scheduling with rejection to minimize the makespan[J]. International Journal of Production Economics, 130: 153-158.

LU L F, ZHANG L Q, OU J W, 2018. In-house production and outsourcing under different discount schemes on the total outsourcing cost[J]. Annals of Operations Research, 298: 361-374.

Moore J M, 1968. An n job, one machine sequencing algorithm for minimizing the number of late jobs[J]. Management Science 15: 102-109.

QI X T, 2011. Outsourcing and production scheduling for a two-stage flow shop[J]. International Journal of Production Economics, 129: 43-50.

SEIDEN S, 2001. Preemptive multiprocessor scheduling with rejection[J]. Theoretical Computer Science, 262: 437-458.

SHABTAY D, GASPAR N, KASPI M, 2013. A survey on offline scheduling with rejection[J]. Journal of Scheduling, 16: 3-28.

Smith W E, 1955. Various optimizers for single-stage production[J]. Naval Research Logistics Quarterly, 3: 59-66.

Xing W X, Zhang, J W , 2000. Parallel machine scheduling with splitting jobs[J]. Discrete Applied Mathematics, 103: 259-269.

ZHANG L Q, LU L F, YUAN J J, 2009. Single machine scheduling with release dates and rejection[J]. European Journal of Operational Research, 198: 975-978.

ZHANG L Q, LU L F, YUAN J J, 2010. Single-machine scheduling under the job rejection constraint[J]. Theoretical Computer Science, 411: 1877-1882.

张玉忠, 2020. 工件可拒绝排序问题综述 [J]. 运筹学学报, 24(2): 111-130.

第 6 章　重新排序问题

在实际制造业中, 生产过程中会不可预料地出现各种干扰, 比较常见的干扰有以下几种: 新订单的到达、订单取消、订单加工顺序有变、加工延误、到达时间变化、机器故障、人力或原材料不足等。在这些干扰下, 生产商不得不对当前的订单重新排序。重新排序就是调整事先已经计划好的加工方案或最优的加工方案, 来应对干扰的产生, 其目的是在不会过分偏离原生产计划的同时尽可能降低生产成本。

Hall 等 (2004) 研究了有新订单到达的重新排序模型。他们引入了序列错位和时间错位的概念, 来分别确切地衡量干扰的程度。具体来讲, 该重新排序模型可描述如下: 管理者事先已经按照某一规则将原有的订单或任务安排好, 使得某一个目标函数达到最优。但是在加工开始前或者加工过程中又有新的订单或任务到达, 此时为了不过多增加生产成本, 就要把新的任务和原有未完成的任务一起加工, 但是这样做会干扰原有的生产计划, 给客户造成不便或打乱资源的分配计划。因此, 为了不过多打乱资源分配计划, 生产计划者就要调整已有的排序并在生产成本和干扰程度之间进行权衡。

本章内容主要参考了慕运动 (2007) 的博士论文以及 Zhao 等 (2013; 2017) 的论文。

6.1　在错位约束下最小化最大完工时间的单机排序问题

6.1.1　引言

该问题可以描述如下: 假设有 n_O 个初始工件 $\mathcal{J}_O = \{J_1, J_2, \cdots, J_{n_O}\}$ 和 n_N 个新工件 $\mathcal{J}_N = \{J_{n_O+1}, J_{n_O+2}, \cdots, J_{n_O+n_N}\}$, 其中, $n_O + n_N = n$。同时也假设有一台单机, 它一次只能加工一个工件, 对于每个工件 J_j $(1 \leqslant j \leqslant n)$, 有一个到达时间 r_j。问题的目标是寻找一个排序使得最大完工时间最小。设 π^* 是初始工件 $J_1, J_2, \cdots, J_{n_O}$

的一个最优排序, 而 σ 是所有工件 (包含初始工件和新工件) 的一个可行排序。对每个初始工件 J_j $(1 \leqslant j \leqslant n_O)$, 定义如下:

(1) 如果工件 J_j 分别是 π^* 和 σ 中的第 x 个工件和第 y 个工件, 则工件 J_j 的序列错位 $D_j(\pi^*, \sigma) = |x - y|$。

(2) 工件 J_j 的时间错位 $\Delta_j(\pi^*, \sigma) = |C_j(\sigma) - C_j(\pi^*)|$。

上述记号在不至于引起混淆的情况下, 可以分别简记为 $D_j(\pi^*)$ 和 $\Delta_j(\pi^*)$。进一步, 也可定义以下记号。

(1) 最大序列错位

$$D_{\max}(\pi^*) = \max\{D_j(\pi^*) : 1 \leqslant j \leqslant n_O\}$$

(2) 序列错位和

$$\sum D_j(\pi^*) = \sum_{j=1}^{n_O} D_j(\pi^*)$$

(3) 最大时间错位

$$\Delta_{\max}(\pi^*) = \max\{\Delta_j(\pi^*) : 1 \leqslant j \leqslant n_O\}$$

(4) 时间错位和

$$\sum \Delta_j(\pi^*) = \sum_{j=1}^{n_O} \Delta_j(\pi^*)$$

下面讨论在各种错位约束下的最小化最大完工时间的重新排序问题。令 $\Gamma \in \{D_{\max}(\pi^*), \sum D_j(\pi^*), \Delta_{\max}(\pi^*), \sum \Delta_j(\pi^*)\}$, 则研究的问题可以记为 $1|r_j, \Gamma \leqslant k|C_{\max}$。

6.1.2 具有最大序列错位约束的问题 $1|r_j, D_{\max}(\pi^*) \leqslant k|C_{\max}$

本节讨论具有最大序列错位约束的问题 $1|r_j, D_{\max}(\pi^*) \leqslant k|C_{\max}$。首先, 假设 $\mathcal{J}_O$ 中的工件在最优排序 π^* 中按 ERD 规则排列, 即 $r_1 \leqslant r_2 \leqslant \cdots \leqslant r_{n_O}$。其次, 为简单起见, 也假设 $\mathcal{J}_N$ 中的工件按 ERD 规则排列, 即 $r_{n_O+1} \leqslant r_{n_O+2} \leqslant \cdots \leqslant r_{n_O+n_N}$。

定义 6.1 对于工件集 $\mathcal{E} \subseteq \mathcal{J}$, 称 $\mathcal{E}$ 的一个排序 σ 是**正则的**, 如果不存在其他的排序 τ, 使得对任一个工件 J_j 都满足 $C_j(\tau) \leqslant C_j(\sigma)$ 且至少有一个工件 J_i 满足 $C_i(\tau) < C_i(\sigma)$, 则称这个正则排序的工件是**正则排列的**。

可以直接观察得到, 一个目标函数是最小化最大完工时间的排序问题一定存在一个正则的最优排序。

令 $\mathcal{J}=\mathcal{J}_O\bigcup\mathcal{J}_N$, 对于工件集 $\mathcal{E}\subseteq\mathcal{J}$, 由 ERD 规则排序得到的 $\mathcal{E}$ 的一个正则排序称为 $\mathcal{E}$ 的一个**正则 ERD 规则排列**。这样的排序记作 ERD($\mathcal{E}$), 其最大完工时间记为 $C(\mathcal{E})$, 即 $C(\mathcal{E})=C_{\max}(\text{ERD}(\mathcal{E}))$。

引理 6.1 对一个正则的 ERD 规则排序 ERD($\mathcal{E}$) 而言, ERD($\mathcal{E}$) 中的每一个工件 $J_j\in\mathcal{E}$ 的到达时间 r_j 和开始加工时间 S_j 之间都没有空闲时间。

证明 设 S_j 是工件 J_j 在正则的 ERD 规则排列 σ 中的开始加工时间, 如果在到达时间 r_j 和开始加工时间 S_j 之间有空闲时间, 则一定有一个空闲区间 $[x,y)$ 使得 $r_j<y\leqslant S_j$。假设件 J_i 是 σ 中第一个满足条件 $S_i\geqslant y$ 的工件, 则 $S_i\leqslant S_j$ 并且机器在时间区间 $[x,S_i)$ 内是空闲的。因为 σ 是一个正则的 ERD 规则排列, 于是有 $r_i\leqslant r_j<y$。通过将工件 J_i 左移到时刻 $\max\{x,r_i\}$ 开工, 可得到排序 τ 满足 $C_i(\tau)<C_i(\sigma)$ 且 $C_l(\tau)=C_l(\sigma)$, $l\neq i$。这就与 σ 的正则性假设矛盾。因此, 到达时间 r_j 和开始加工时间 S_j 之间没有空闲时间。引理 6.1 得证。 □

由文献 (Hall et al., 2004) 以及第 2 章的结果可以发现, 当考虑的重新排序问题具有 (SPT, SPT) 性质、(ERD, ERD) 性质或 (EDD, EDD) 性质时, 问题就有多项式时间或拟多项式时间算法; 否则, 问题要么是强 NP-困难的, 要么是复杂性未解的。

对本节讨论的问题 $1|r_j,D_{\max}(\pi^*)\leqslant k|C_{\max}$, 下面将证明 (ERD, ERD) 性质不成立; 但它具有所谓的弱 ERD 性质, 基于它的弱 ERD 性质可以给出一个多项式时间的算法。令 $\mathcal{J}_M=\{\,J_j\in\mathcal{J}_N:\ r_j<r_{n_O}\}$，可得出如下的引理。

引理 6.2 在工件系 $(\mathcal{J}_O,\mathcal{J}_N)$ 下的重新排序问题 $1\mid r_j,D_{\max}(\pi^*)\leqslant k\mid C_{\max}$ 可以以多项式形式归结为在工件系 $(\mathcal{J}_O,\mathcal{J}_M)$ 下对应的重新排序问题。

证明 可以看到, 存在工件系 $(\mathcal{J}_O,\mathcal{J}_N)$ 下的重新排序问题 $1\mid r_j,D_{\max}(\pi^*)\leqslant k\mid C_{\max}$ 的一个最优排序, 使得到达时间大于等于原始工件中最大到达时间 r_{n_O} 的工件按 ERD 规则排列在排序的后面。因此, 基本的问题是确定工件系 $(\mathcal{J}_O,\mathcal{J}_M)$ 在最大序列错位约束下的最小化最大完工时间问题。引理 6.2 得证。 □

注释 这个结论对问题 $1\mid r_j,\sum D_j(\pi^*)\leqslant k\mid C_{\max}$, $1\mid r_j,\varDelta_{\max}(\pi^*)\leqslant k\mid C_{\max}$ 和 $1\mid r_j,\sum\varDelta_j(\pi^*)\leqslant k\mid C_{\max}$ 也是成立的。

由引理 6.2, 并假设 $\mathcal{J}_N=\mathcal{J}_M$, 这意味着, 对每一个新工件 $J_j\in\mathcal{J}_N$, 都有 $r_j<r_{n_O}$。

对于 $\mathcal{J}=\mathcal{J}_O\bigcup\mathcal{J}_N$ 的一个排序 σ 和一个工件 $J_j\in\mathcal{J}_N$, 工件 J_j 称为排序 σ 的一个**插入工件**。如果有一个工件 $J_i\in\mathcal{J}_O$, 使得在排序 σ 中工件 J_j 在工件 J_i 之前加工, 即 $C_j(\sigma)<C_i(\sigma)$, 则记 $\mathcal{F}(\sigma)=\{J_j:\ J_j$ 是 σ 中的插入工件$\}$。

引理 6.3　对于问题 $1 \mid r_j, D_{\max}(\pi^*) \leqslant k \mid C_{\max}$, 存在一个最优排序 σ, 使得 $\mathcal{J}_O \bigcup \mathcal{F}(\sigma)$ 的工件按 ERD 规则排列。自然地, $\mathcal{J}_O$ 的工件与 π^* 的顺序一样。

证明　对于问题 $1 \mid r_j, D_{\max}(\pi^*) \leqslant k \mid C_{\max}$ 的一个最优排序 σ, 如果将 $\mathcal{J}_O \bigcup \mathcal{F}(\sigma)$ 的工件按 ERD 规则重新排列, 则 $\mathcal{J}_O$ 的工件自然与 π^* 的顺序一样, 新的排序的条件约束不会被打破, 最大完工时间不会增加。引理 6.3 得证。□

原始工件和插入工件按 ERD 规则排列的性质称为**弱 ERD 性质**。由引理 6.1 可知, 只须找到一个具有弱 ERD 性质的最优正则排序即可。注意到 $C(\mathcal{E}) = \max\{C_j : J_j \in \mathcal{E}\}$ 是 $\text{ERD}(\mathcal{E})$ 的最大完工时间, 因此, 如果 σ 是 $\mathcal{J}$ 的具有弱 ERD 性质的正则排序, 则有

$$C_{\max}(\sigma) = C(\mathcal{J}_O \bigcup \mathcal{F}(\sigma)) + P(\mathcal{J}_N \setminus \mathcal{F}(\sigma))$$

其中, $P(\mathcal{J}_N \setminus \mathcal{F}(\sigma)) = \sum\limits_{J_j \in \mathcal{J}_N \setminus \mathcal{F}(\sigma)} p_j$。这是因为对于 $J_j \in \mathcal{J}_N \setminus \mathcal{F}(\sigma)$, 有 $r_j < r_{n_O}$ 并且在 σ 中工件 J_{n_O} 之后没有空闲时间。

下面我们先引入一些记号。记 $\mathcal{E}$ 是具有到达时间的工件集合, 假设 $\mathcal{E}$ 中的工件已经按 ERD 序正则地排好, S_j 和 C_j 分别是 $\mathcal{E}$ 中的工件 J_j 的开工时间和完工时间, 则每一个工件 $J_j \in \mathcal{E}$ 在 $\text{ERD}(\mathcal{E})$ 中都占有一个时间区间 $[S_j, C_j)$。

在下面的讨论中, 称集合 $[0, C(\mathcal{E})) \setminus \bigcup\limits_{J_j \in \mathcal{E}} [S_j, C_j)$ 为空闲区间。特殊地, 对 $0 \leqslant t \leqslant C(\mathcal{E})$, 用 $I(\mathcal{E}, t)$ 表示时刻 t 后的最大空闲时间, 即 $I(\mathcal{E}, t) = [t, C(\mathcal{E})) \setminus \bigcup\limits_{J_j \in \mathcal{E}} [S_j, C_j)$; 用 $L(\mathcal{E}, t)$ 表示 $I(\mathcal{E}, t)$ 的长度。

例 6.1　设 $\mathcal{E} = \{J_a,\ J_b,\ J_c\}$, 其中

$$r_a = 1,\ p_a = 1,\ r_b = 4,\ p_b = 2,\ r_c = 7,\ p_c = 3$$

则如图 6.1 所示, 有

$$C(\mathcal{E}) = 10,\ I(\mathcal{E}, 3) = [3, 4) \bigcup [6, 7),\ L(\mathcal{E}, 3) = (4-3) + (7-6) = 2$$

由 $I(\mathcal{E}, t)$ 和 $L(\mathcal{E}, t)$ 的定义可以得到, 如果 $t' > t$ 是使得在 $\text{ERD}(\mathcal{E})$ 序中 t' 和 t 之间没有空闲时间的另一时刻, 则有 $I(\mathcal{E}, t) = I(\mathcal{E}, t')$ 和 $L(\mathcal{E}, t) = L(\mathcal{E}, t')$。

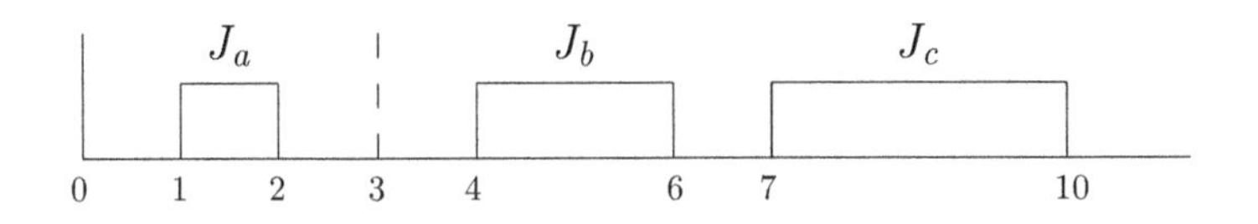

图 6.1　工件 J_a、J_b、J_c 的时间区间

现在转到工件集合 $\mathcal{J} = \mathcal{J}_O \bigcup \mathcal{J}_N$。对 $\mathcal{E} \subseteq \mathcal{J}$ 且 $\mathcal{J}_O \subseteq \mathcal{E}$ 以及 $\mathcal{J}_N \setminus \mathcal{E}$ 的一个工件 J_j, 记

$$X(\mathcal{E}, J_j) = C(\mathcal{E}) + p_j - C(\mathcal{E} \bigcup \{J_j\})$$

注意到, $X(\mathcal{E}, J_j)$ 可以理解为当工件 J_j 插入到 $\mathcal{E}$ 中时, 工件 J_j 在 ERD($\mathcal{E}$) 中占有的空闲时间的长度。类似地, 对子集 $\mathcal{F} \subseteq \mathcal{J} \setminus \mathcal{E}$, 记

$$X(\mathcal{E}, \mathcal{F}) = C(\mathcal{E}) + P(\mathcal{F}) - C(\mathcal{E} \bigcup \mathcal{F})$$

其中, $P(\mathcal{F})$ 是 $\mathcal{F}$ 中工件的加工时间和。同样, $X(\mathcal{E}, \mathcal{F})$ 可以理解为当工件集 $\mathcal{F}$ 插入到 $\mathcal{E}$ 中时, 工件集 $\mathcal{F}$ 在 ERD($\mathcal{E}$) 中占有的空闲时间的长度。

例 6.2 在例 6.1 中, 进一步假设 $\mathcal{F} = \{J_d,\ J_e\}$, 其中

$$r_d = 3,\ p_d = 3,\ r_e = 5,\ p_e = 1$$

则容易得到

$$C(\ \mathcal{E} \bigcup \{J_d\}) = 11,\ C(\ \mathcal{E} \bigcup \{J_e\}) = 10,\ C(\ \mathcal{E} \bigcup \mathcal{F}) = 12$$

且

$$X(\mathcal{E}, J_d) = 2,\ X(\mathcal{E}, J_e) = 1,\ X(\mathcal{E}, \mathcal{F}) = 2$$

对一个具有弱 ERD 性质的正则排序 σ, 它的最大完工时间可用如下公式计算:

$$\begin{aligned} C_{\max}(\sigma) &= C(\mathcal{J}_O \bigcup \mathcal{F}(\sigma)) + P(\mathcal{J}_N \setminus \mathcal{F}) \\ &= C(\mathcal{J}_O) + P(\mathcal{F}(\sigma)) - X(\mathcal{J}_O, \mathcal{F}(\sigma)) + P(\mathcal{J}_N \setminus \mathcal{F}) \end{aligned}$$

因此, 问题 $1|\ r_j, D_{\max}(\pi^*) \leqslant k|C_{\max}$ 的目标等于寻找 $\mathcal{J}_N$ 的最多包括 k 个工件的一个子集 $\mathcal{F}$, 使得 $X(\mathcal{J}_O, \mathcal{F})$, 也就是在 $\mathcal{J}_O$ 的 ERD 排序中插入工件集 $\mathcal{F}$, 它所占的空闲时间尽可能地多。

基于上述思想, 本节给出的算法就是从 $\mathcal{E} := \mathcal{J}_O$ 开始, 总是选择插入这样的工件 $J_j \in \mathcal{J}_N \setminus \mathcal{E}$ 使得 $X(\mathcal{E}, J_j)$ 尽可能大。因此, 容易得到下面的引理。

引理 6.4 对工件集 $\mathcal{E}$ ($\mathcal{J}_O \subseteq \mathcal{E}$) 和一个工件 $J_j \in \mathcal{J}_N \setminus \mathcal{E}$, 则有

$$X(\mathcal{E}, J_j) = \min\{p_j, L(\mathcal{E}, r_j)\}$$

引理 6.5 假设 $\mathcal{E}$ 和 $\mathcal{E}'$ 是两个工件集, 且 $\mathcal{J}_O \subseteq \mathcal{E} \subseteq \mathcal{E}'$, 并设 $J_j \in \mathcal{J}_N \setminus \mathcal{E}'$ 则有

$$X(\mathcal{E}, J_j) \geqslant X(\mathcal{E}', J_j)$$

证明 令 σ 是 $\mathcal{E}$ 中工件的 ERD 排序, σ' 是 $\mathcal{E}'$ 中工件的 ERD 排序。显然,

r_j 之后在 σ 中的空闲时间区间大于或等于在 σ' 中的空闲时间区间。因此有, $X(\mathcal{E}, J_j) \geqslant X(\mathcal{E}', J_j)$。引理 6.5 得证。 □

对于上述两个引理, 引理 6.5 说明被一个插入工件占用了多少空闲时间; 引理 6.6 说明插入一个新工件 J_j 到一个集合 $\mathcal{E}$ 中占用的空闲时间, 不会比插入到集合 $\mathcal{E}$ 的一个母集中占用的空闲时间少。下面介绍本节算法的核心, 即引理 6.6。

引理 6.6 假设 $\mathcal{E}$ 是一个工件集, $\mathcal{J}_O \subseteq \mathcal{E}$ 且存在 $\mathcal{J} = \mathcal{J}_O \bigcup \mathcal{J}_N$ 的一个具有弱 ERD 性质的最优正则排序 σ, 使得 $\mathcal{E} \setminus \mathcal{J}_O$ 中的工件都是插入工件, 即 $\mathcal{E} \setminus \mathcal{J}_O \subseteq \mathcal{F}(\sigma)$。进一步假设 $J_j \in \mathcal{J}_N \setminus \mathcal{E}$ 且

$$X(\mathcal{E}, J_j) = \max\{X(\mathcal{E}, J_i) : J_i \in \mathcal{J}_N \setminus \mathcal{E}\}$$

如果 $|\mathcal{E} \setminus \mathcal{J}_O| \leqslant k-1$, 则存在一个具有弱 ERD 性质的最优正则排序 τ, 使得 $(\mathcal{E} \setminus \mathcal{J}_O) \bigcup \{J_j\}$ 的所有工件都是插入工件, 即 $(\mathcal{E} \setminus \mathcal{J}_O) \bigcup \{J_j\} \subseteq \mathcal{F}(\tau)$。

证明 令 π 是 $\mathcal{J} = \mathcal{J}_O \bigcup \mathcal{J}_N$ 的一个具有弱 ERD 性质的最优正则排序, 且 $(\mathcal{E} \setminus \mathcal{J}_O) \bigcup \{J_j\}$ 的所有工件都是插入工件。如果 J_j 也是 π 的一个插入工件, 则不考虑这个工件。因此, 假设 J_j 不是 π 的一个插入工件, 即 $J_j \in \mathcal{J}_N \setminus \mathcal{F}(\pi)$。

令 $\mathcal{F} = \mathcal{F}(\pi)$ 是 π 中插入工件的集合, 则 $\mathcal{E} \setminus \mathcal{J}_O \subseteq \mathcal{F}$ 且

$$C_{\max}(\pi) = C(\mathcal{J}_O \bigcup \mathcal{F}) + P(\mathcal{J}_N \setminus \mathcal{F})$$

如果 $|\mathcal{F}| < k$, 则通过在排序 π 增加一个插入工件 J_j 定义一个具有弱 ERD 性质的正则排序 τ, 即 $\mathcal{J}_O \bigcup \mathcal{F} \bigcup \{J_j\}$ 的工件按 ERD 序正则地排列, 其他工件在 $\mathcal{J}_O \bigcup \mathcal{F} \bigcup \{J_j\}$ 的工件之后正则地排列, 因此有

$$C_{\max}(\tau) = C(\mathcal{J}_O \bigcup \mathcal{F} \bigcup \{J_j\}) + P(\mathcal{J}_N \setminus (\mathcal{F} \bigcup \{J_j\}))$$

进而, 可得

$$\begin{aligned} C_{\max}(\pi) - C_{\max}(\tau) &= C(\mathcal{J}_O \bigcup \mathcal{F}) + p_j - C(\mathcal{J}_O \bigcup \mathcal{F} \bigcup \{J_j\}) \\ &= X(\mathcal{J}_O \bigcup \mathcal{F}, J_j) \\ &\geqslant 0 \end{aligned}$$

因此, 可以推出, τ 是一个具有弱 ERD 性质的最优正则排序, 使得 $(\mathcal{E} \setminus \mathcal{J}_O) \bigcup \{J_j\}$ 的所有工件都是插入工件, 即 $(\mathcal{E} \setminus \mathcal{J}_O) \bigcup \{J_j\} \subseteq \mathcal{F}(\tau)$。

如果总假设 $|\mathcal{F}| = k$, 则 $\mathcal{F} \setminus \mathcal{E}$ 是非空的。因为 $|\mathcal{F} \bigcap \mathcal{E}| = |\mathcal{E} \setminus \mathcal{J}_O| \leqslant k-1$, 下面将证明存在一个工件 $J_i \in \mathcal{F} \setminus \mathcal{E}$ 和一个具有弱 ERD 性质的最优正则排序 σ, 使得 $(\mathcal{F} \setminus \{J_i\}) \bigcup \{J_j\} = \mathcal{F}(\sigma)$。这就是引理 6.6 的结论, 因为 $(\mathcal{E} \setminus \mathcal{J}_O) \bigcup \{J_j\} \subseteq (\mathcal{F}(\pi) \setminus \{J_i\}) \bigcup \{J_j\}$。

假设 $J_i \in \mathcal{F}$ 是一个能使得 $C_i(\pi)$ 尽可能地大的工件, 即 J_i 是 $\mathcal{F} \setminus \mathcal{E}$ 中最后一个插入工件。在 π 中 J_i 的开工时间是 $S_i(\pi) = C_i(\pi) - p_i$, 通过将工件 J_j 加入插入工件集和将工件 J_i 从插入工件集中去掉, 可以得到一个新的具有弱 ERD 性质的最优正则排序 σ, 使得 $\mathcal{F}(\sigma) = (\mathcal{F}(\pi) \setminus \{J_i\}) \bigcup \{J_j\}$, 剩下就只需证明排序 σ 是最优的。

于是有

$$C_{\max}(\pi) = C(\mathcal{J}_O \bigcup \mathcal{F}) + P(\mathcal{J}_N \setminus \mathcal{F})$$

和

$$C_{\max}(\sigma) = C(\mathcal{J}_O \bigcup (\mathcal{F} \setminus \{J_i\}) \bigcup \{J_j\}) + P(\mathcal{J}_N \setminus \mathcal{F}) - p_j + p_i$$

因为

$$C(\mathcal{J}_O \bigcup \mathcal{F}) = C(\mathcal{J}_O \bigcup (\mathcal{F} \setminus \{J_i\})) + p_i - X(\mathcal{J}_O \bigcup (\mathcal{F} \setminus \{J_i\}), J_i)$$

和

$$C(\mathcal{J}_O \bigcup (\mathcal{F} \setminus \{J_i\}) \bigcup \{J_j\}) = C(\mathcal{J}_O \bigcup (\mathcal{F} \setminus \{J_i\})) + p_j - X(\mathcal{J}_O \bigcup (\mathcal{F} \setminus \{J_i\}), J_j)$$

所以有

$$\begin{aligned} C_{\max}(\pi) - C_{\max}(\sigma) &= C(\mathcal{J}_O \bigcup \mathcal{F}) + p_j - C(\mathcal{J}_O \bigcup (\mathcal{F} \setminus \{J_i\}) \bigcup \{J_j\}) - p_i \\ &= X(\mathcal{J}_O \bigcup (\mathcal{F} \setminus \{J_i\}), J_j) - X(\mathcal{J}_O \bigcup (\mathcal{F} \setminus \{J_i\}), J_i) \end{aligned}$$

为了证明 σ 是一个具有弱 ERD 性质的最优正则排序, 只需证明

$$X(\mathcal{J}_O \bigcup (\mathcal{F} \setminus \{J_i\}), J_j) \geqslant X(\mathcal{J}_O \bigcup (\mathcal{F} \setminus \{J_i\}), J_i) \tag{*}$$

因为 $\mathcal{E} \subseteq \mathcal{J}_O \bigcup (\mathcal{F} \setminus \{J_i\})$, 则有 $C(\mathcal{J}_O \bigcup (\mathcal{F} \setminus \{J_i\})) \geqslant C(\mathcal{E})$。

如果

$$C(\mathcal{J}_O \bigcup (\mathcal{F} \setminus \{J_i\})) > C(\mathcal{E})$$

可以断言, 在排序 ERD$(\mathcal{J}_O \bigcup (\mathcal{F} \setminus \{J_i\}))$ 中, 时刻 r_i 之后没有空闲时间, 于是 $X(\mathcal{J}_O \bigcup (\mathcal{F} \setminus \{J_i\}), J_i) = 0$。

假设不是如此, 在排序 ERD$(\mathcal{J}_O \bigcup (\mathcal{F} \setminus \{J_i\}))$ 中, 时刻 r_i 之后一定有空闲时间。因为, $C(\mathcal{J}_O \bigcup (\mathcal{F} \setminus \{J_i\})) > C(\mathcal{E})$, $\mathcal{J}_O \bigcup (\mathcal{F} \setminus \{J_i\}) \neq \mathcal{E}$。因此, $|\mathcal{F} \setminus \{J_i\}| > |\mathcal{E} \setminus \mathcal{J}_O|$, 故有 $\mathcal{F} \setminus (\mathcal{E} \bigcup \{J_i\}) \neq \varnothing$。

假设 J_x 是 $\mathcal{F} \setminus \mathcal{E}$ 中倒数第二个插入的工件, 即 $J_x \in \mathcal{F} \setminus \mathcal{E}$, $x \neq i$ 且 $C_i(\pi)$ 是尽可能地大。由 π 的弱 ERD 性质, 有 $r_x \leqslant r_i$。这就意味着, 在排序 ERD$(\mathcal{J}_O \bigcup (\mathcal{F} \setminus \{J_i\}))$ 中, 时刻 r_x 之后一定有空闲时间。因为在排序 ERD$(\mathcal{J}_O \bigcup (\mathcal{F} \setminus \{J_i\}))$ 中, r_x 和 S_x 之

间没有空闲时间, 所以在排序 $\mathrm{ERD}(\mathcal{J}_O \bigcup (\mathcal{F} \setminus \{J_i\}))$ 中工件 J_x 之后就有空闲时间。令 t 是这样的一个最早时刻, 在排序 $\mathrm{ERD}(\mathcal{J}_O \bigcup (\mathcal{F} \setminus \{J_i\}))$ 中时刻 t 之后没有空闲时间, 则在排序 $\mathrm{ERD}(\mathcal{J}_O \bigcup (\mathcal{F} \setminus \{J_i\}))$ 中时刻 t 之前, J_x 已经完工。

记 $\mathcal{J}^t = \{J_y \in \mathcal{J}_O \bigcup (\mathcal{F} \setminus \{J_i\}) : C_y \geqslant t$ 在 $\mathrm{ERD}(\mathcal{J}_O \bigcup (\mathcal{F} \setminus \{J_i\}))$ 中 $\}$, 则

$$\min\{r_y : J_y \in \mathcal{J}^t\} = t$$

且 $\mathcal{J}^t \subseteq \mathcal{E}$。因此有

$$C(\mathcal{J}_O \bigcup (\mathcal{F} \setminus \{J_i\})) = C(\mathcal{J}^t) \leqslant C(\mathcal{E})$$

得出矛盾。

于是, 可以得到结论: 在排序 $\mathrm{ERD}(\mathcal{J}_O \bigcup (\mathcal{F} \setminus \{J_i\}))$ 中, 时刻 r_i 之后没有空闲时间。进而, $X(\mathcal{J}_O \bigcup (\mathcal{F} \setminus \{J_i\}), J_i) = 0$, 于是可以推出

$$X(\mathcal{J}_O \bigcup (\mathcal{F} \setminus \{J_i\}), J_j) \geqslant X(\mathcal{J}_O \bigcup (\mathcal{F} \setminus \{J_i\}), J_i)$$

即在假设条件 $C(\mathcal{J}_O \bigcup (\mathcal{F} \setminus \{J_i\})) > C(\mathcal{E})$ 下, 式 $(*)$ 成立。

下面总假设

$$C(\mathcal{J}_O \bigcup (\mathcal{F} \setminus \{J_i\})) = C(\mathcal{E})$$

并考虑以下两种情形。

1) $S_i(\pi) \geqslant r_j$

在这种情形下, 因为在 r_i 和 $S_i(\pi)$ 之间没有空闲时间, 因此有

$$L(\mathcal{J}_O \bigcup (\mathcal{F} \setminus \{J_i\}), r_i) = L(\mathcal{J}_O \bigcup (\mathcal{F} \setminus \{J_i\}), S_i(\pi))$$

设 $J_y \in \mathcal{J}_N$ 但 $J_y \notin \mathcal{F} \setminus \{J_i\}$, 因为 $\mathcal{E} \setminus \mathcal{J}_O \subseteq \mathcal{F} \setminus \{J_i\}$, 则由引理 6.5 可以得到

$$X(\mathcal{E}, J_y) = X(\mathcal{J}_O \bigcup (\mathcal{F} \setminus \{J_i\}), J_y)$$

由引理 6.4 可以得到

$$X(\mathcal{E}, J_y) = \min\{p_y, L(\mathcal{E}, r_y)\}$$

和

$$X(\mathcal{J}_O \bigcup (\mathcal{F} \setminus \{J_i\}), J_y) = \min\{p_y, L(\mathcal{J}_O \bigcup (\mathcal{F} \setminus \{J_i\}), r_y)\}$$

进而得到

$$X(\mathcal{J}_O \bigcup (\mathcal{F} \setminus \{J_i\}), J_y) = \min\{X(\mathcal{E}, J_y), L(\mathcal{J}_O \bigcup (\mathcal{F} \setminus \{J_i\}), r_y)\}$$

上面的讨论意味着

$$X(\mathcal{J}_O \bigcup (\mathcal{F}\setminus\{J_i\}), J_i) = \min\{X(\mathcal{E}, J_i), L(\mathcal{J}_O \bigcup (\mathcal{F}\setminus\{J_i\}), r_i)\}$$

和

$$X(\mathcal{J}_O \bigcup (\mathcal{F}\setminus\{J_i\}), J_j) = \min\{X(\mathcal{E}, J_j), L(\mathcal{J}_O \bigcup (\mathcal{F}\setminus\{J_i\}), r_j)\}$$

成立。

由于

$$X(\mathcal{E}, J_j) \geqslant X(\mathcal{E}, J_i)$$

(由引理 6.6 的假设) 和

$$L(\mathcal{J}_O \bigcup (\mathcal{F}\setminus\{J_i\}), r_j) \geqslant L(\mathcal{J}_O \bigcup (\mathcal{F}\setminus\{J_i\}), S_i(\pi))$$

可以推出

$$X(\mathcal{J}_O \bigcup (\mathcal{F}\setminus\{J_i\}), J_j) \geqslant X(\mathcal{J}_O \bigcup (\mathcal{F}\setminus\{J_i\}), J_i)$$

即式 $(*)$ 成立。

2) $S_i(\pi) < r_j$

在这种情形下, 考虑下面两种子情形。

(1) 在排序 $\mathrm{ERD}(\mathcal{J}_O \bigcup (\mathcal{F}\setminus\{J_i\}))$ 中, 时刻 r_i 和 r_j 之间有空闲时间。

在这种子情形中, 在时刻 r_j 之后 $\mathrm{ERD}(\mathcal{J}_O \bigcup (\mathcal{F}\setminus\{J_i\}))$ 和 $\mathrm{ERD}(\mathcal{E})$ 是相同的, 这是因为 J_i 是 $\mathcal{F}\setminus\mathcal{E}$ 的插入到 π 中的最后一个工件, 因此有

$$X(\mathcal{J}_O \bigcup (\mathcal{F}\setminus\{J_i\}), J_j) = X(\mathcal{E}, J_j)$$

由引理 6.6 可以得到

$$X(\mathcal{J}_O \bigcup (\mathcal{F}\setminus\{J_i\}), J_i) \leqslant X(\mathcal{E}, J_i)$$

由此得到

$$X(\mathcal{E}, J_j) \geqslant X(\mathcal{E}, J_i)$$

即可推出

$$X(\mathcal{J}_O \bigcup (\mathcal{F}\setminus\{J_i\}), J_j) \geqslant X(\mathcal{J}_O \bigcup (\mathcal{F}\setminus\{J_i\}), J_i)$$

即式 $(*)$ 成立。

(2) 在排序 $\mathrm{ERD}(\mathcal{J}_O \bigcup (\mathcal{F}\setminus\{J_i\}))$ 中, 时刻 r_i 和 r_j 之间没有空闲时间。

在这种子情形中, 因为时刻 r_i 和 r_j 之间没有空闲时间, 可以推出

$$L(\mathcal{J}_O \bigcup (\mathcal{F} \setminus \{J_i\}), r_i) = L(\mathcal{J}_O \bigcup (\mathcal{F} \setminus \{J_i\}), r_j)$$

如情形 (1) 的讨论, 也可以得到

$$X(\mathcal{J}_O \bigcup (\mathcal{F} \setminus \{J_i\}), J_i) = \min\{X(\mathcal{E}, J_i), L(\mathcal{J}_O \bigcup (\mathcal{F} \setminus \{J_i\}), r_i)\}$$

和

$$X(\mathcal{J}_O \bigcup (\mathcal{F} \setminus \{J_i\}), J_j) = \min\{X(\mathcal{E}, J_j), L(\mathcal{J}_O \bigcup (\mathcal{F} \setminus \{J_i\}), r_j)\}$$

由于

$$X(\mathcal{E}, J_j) \geqslant X(\mathcal{E}, J_i)$$

可以得到

$$X(\mathcal{J}_O \bigcup (\mathcal{F} \setminus \{J_i\}), J_j) \geqslant X(\mathcal{J}_O \bigcup (\mathcal{F} \setminus \{J_i\}), J_i)$$

即式 (*) 成立。

综上可知, 引理 6.6 的结论成立。引理 6.6 得证。□

基于上面的讨论, 对问题 $1 \mid r_j, D_{\max}(\pi^*) \leqslant k \mid C_{\max}$, 可以给出如下算法。

算法 6.1

步骤 1　令 $\mathcal{E} := \mathcal{J}_O$, $i := 0$。

步骤 2　如果 $i = \min\{k, n_N\}$, 则转到步骤 5。

步骤 3　选择工件 $J_j \in \mathcal{J}_N \setminus \mathcal{E}$, 使得 $X(\mathcal{E}, J_j) = C(\mathcal{E}) + p_j - C(\mathcal{E} \bigcup \{J_j\})$ 尽可能地大。

步骤 4　令 $\mathcal{E} := \mathcal{E} \bigcup \{J_j\}$, $i := i + 1$, 转到步骤 2。

步骤 5　将 $\mathcal{E}$ 和 $\mathcal{J}_N \setminus \mathcal{E}$ 中的工件分别按 ERD 序排序, 得到排列 π_1 和 π_2。

步骤 6　最终的具有弱 ERD 性质的正则排序由 (π_1, π_2) 确定。

定理 6.1　算法 6.1 在多项式时间 $O(n_N^2(n_O+n_N))$ 内给出问题 $1 \mid r_j, D_{\max}(\pi^*) \leqslant k \mid C_{\max}$ 的一个最优排序。

证明　算法 6.1 从 $\mathcal{E} := \mathcal{J}_O$, $i := 0$ 开始, 这就保证对具有弱 ERD 性质的最优正则排序 π, 有 $\mathcal{E} \setminus \mathcal{J}_O \subseteq \mathcal{F}(\pi)$。在每步迭代过程中, 条件 $|\mathcal{E} \setminus \mathcal{J}_O| = i$ 始终保持成立。

如果 $i = \min\{k, n_N\}$, 这意味着对具有弱 ERD 性质的最优正则排序 π, 有 $\mathcal{E} \setminus \mathcal{J}_O = \mathcal{F}(\pi)$。由弱 ERD 性质, 将 $\mathcal{E}$ 和 $\mathcal{J}_N \setminus \mathcal{E}$ 中的工件分别按 ERD 序排列, 得到排列 π_1 和 π_2; 最后得到具有弱 ERD 性质的最优正则排序 (π_1, π_2)。当然, π_2 也能将 $\mathcal{J}_N \setminus \mathcal{E}$ 中的工件按任意顺序排列, 因为这些工件的最大到达时间是 r_{n_O}。

否则, $\mathcal{J}_N \setminus \mathcal{E}$ 不为空。选择工件 $J_j \in \mathcal{J}_N \setminus \mathcal{E}$, 使得 $X(\mathcal{E}, J_j) = C(\mathcal{E}) + p_j - C(\mathcal{E}\bigcup\{J_j\})$ 尽可能地大。由引理 6.4 可知, 存在一个具有弱 ERD 性质的最优正则排序 τ, 使得 $(\mathcal{E} \setminus \mathcal{J}_O)\bigcup\{J_j\} \subseteq \mathcal{F}(\tau)$。令 $\mathcal{E} := \mathcal{E}\bigcup\{J_j\}$, $i := i+1$, 进入下一个阶段。因此算法 6.1 是正确的。

最后, $\mathcal{J}_O$ 和 $\mathcal{J}_N$ 的工件分别在 $O(n_O \log n_O)$ 和 $O(n_N \log n_N)$ 内按顺序排列。算法 6.1 中 $C(\mathcal{E}\bigcup\{J_j\})$ 的计算需要 $O(n_N(n_O + n_N))$ 时间。这就意味着步骤 2 的时间界是 $O(n_N(n_O + n_N))$。因此上述算法的计算复杂性为 $O(n_N^2(n_O + n_N))$。定理 6.1 得证。 □

例 6.3 假设 $k = 2$, $\mathcal{J}_O = \{J_a, J_b, J_c\}$, $\mathcal{J}_N = \{J_d, J_e, J_f\}$, 其中

$$r_a = 1,\ r_b = 4,\ r_c = 8,\ r_d = 0,\ r_e = 2,\ r_f = 3$$
$$p_a = 1,\ p_b = 2,\ p_c = 3,\ p_d = 1,\ p_e = 2,\ p_f = 4$$

由上述算法, 首先选择 J_f 作为插入工件, 然后选择 J_d 作为插入工件。因此, 最终得到的最优排序为 $(J_d, J_a, J_f, J_b, J_c, J_e)$, 最大完工时间 $C_{\max} = 14$。

6.1.3 具有序列错位和约束的问题 $1|r_j, \sum D_j(\pi^*) \leqslant k|C_{\max}$

本节讨论具有到达时间的序列错位和约束下的最小化最大完工时间问题 $1|r_j, \sum D_j(\pi^*) \leqslant k|C_{\max}$。和 6.1.2 节一样, 本节也假设 $\mathcal{J}_N$ 的工件按 ERD 序排列, 即 $r_{n_O+1} \leqslant r_{n_O+2} \leqslant \cdots \leqslant r_{n_O+n_N}$。

将问题 $1|r_j, \sum D_j(\pi^*) \leqslant k|C_{\max}$ 的判定形式记为

$$1|r_j|\sum D_j(\pi^*) \leqslant k, C_{\max} \leqslant Y$$

这样, 问题就转化成: 对于 $\mathcal{J} = \mathcal{J}_O \bigcup \mathcal{J}_N$ 的工件, 是否存在一个排序 σ 使得

$$\sum_{J_j \in \mathcal{J}_O} D_j(\pi^*) \leqslant k$$

且

$$C_{\max}(\sigma) \leqslant Y$$

同时, 将问题 $1|\ r_j, \sum D_j(\pi^*) \leqslant k|C_{\max}$ 的对偶形式记为

$$1|r_j, C_{\max} \leqslant Y|\sum D_j(\pi^*)$$

这个问题的目标是找到一个排序 σ, 在满足约束条件 $C_{\max}(\sigma) \leqslant Y$ 下, 使得 $\sum D_j(\pi^*, \sigma)$ 最小。注意到, 这两个问题 $1|r_j, \sum D_j(\pi^*) \leqslant k|\ C_{\max}$ 和 $1|r_j, C_{\max} \leqslant Y|\sum D_j(\pi^*)$ 有相同的判定形式: $1|r_j|\sum D_j(\pi^*) \leqslant k, C_{\max} \leqslant Y$。

显然, 如果对偶问题 $1|r_j, C_{\max} \leqslant Y|\sum D_j(\pi^*)$ 能够在多项式时间 $O(F(n_O, n_N))$ 内可解, 则判定形式 $1|r_j|\sum D_j(\pi^*) \leqslant k, C_{\max} \leqslant Y$ 也能够在多项式时间 $O(F(n_O, n_N))$ 内可解; 因此原问题 $1|r_j, \sum D_j(\pi^*) \leqslant k \mid C_{\max}$ 也能够在多项式时间 $O(F(n_O, n_N) \cdot (\log r_{\max}))$ 内可解。这是因为, 在任何最优排序 σ 中, $\sum\limits_j p_j \leqslant C_{\max}(\sigma) \leqslant \sum\limits_j p_j + r_{\max}$, 其中 $r_{\max} = \max\{r_j : J_j \in \mathcal{J}\}$。

和 6.1.2 节一样, 如果不存在其他的排序 τ, 使得对任一个工件 J_j 都有 $C_j(\tau) \leqslant C_j(\sigma)$ 且至少存在一个工件 J_i 满足 $C_i(\tau) < C_i(\sigma)$, 则称工件集 $\mathcal{E}$ ($\mathcal{E} \subseteq \mathcal{J}$) 的排序 σ 是**正则的**。

不巧的是, 对本节要讨论的问题 $1|r_j, C_{\max} \leqslant Y|\sum D_j(\pi^*)$, 不是每一个正则排序都是最优的。例如, 假设 $\mathcal{J}_O = \{J_1, J_2, J_3\}$, $\mathcal{J}_N = \{J_4\}$, 其中

$$p_1 = p_2 = p_3 = p_4 = 1,\ r_1 = 0,\ r_2 = 2,\ r_3 = 4,\ r_4 = 0,\ Y = 5$$

则问题 $1 \mid r_j, C_{\max} \leqslant Y \mid \sum D_j(\pi^*)$ 的唯一最优排序中, 四个工件这样排列 (J_1, J_2, J_4, J_3), 它不是正则排序。

$\mathcal{J}$ 中工件的一个正则排序可以由 ERD 规则得到, 称为 $\mathcal{J}$ 的 ERD**正则排序**。这里用 $C(\mathcal{J})$ 表示 ERD($\mathcal{J}$) 的最大完工时间, 即 $C(\mathcal{J}) = C_{\max}(\text{ERD}(\mathcal{J}))$。由此, 可得出以下的引理。

引理 6.7　如果 $C(\mathcal{J}) > Y$, 则问题 $1 \mid r_j, C_{\max} \leqslant Y \mid \sum D_j(\pi^*)$ 没有可行解。

引理 6.7 显然是成立的。因此, 在下面的讨论中, 总假定 $Y \geqslant C(\mathcal{J})$, 这也意味着 $Y \geqslant \sum\limits_j p_j$。

引理 6.8　问题 $1|r_j, C_{\max} \leqslant Y|\sum D_j(\pi^*)$ 有一个最优排序 π, 其具有以下性质:

(1) π 中第一个工件的开工时间 S_π 是 $Y - \sum\limits_j p_j$;

(2) $\mathcal{J}_O$ 中的工件和它们下标的原来顺序一样, 均按 ERD 序排列。

证明　设 π 是问题 $1 \mid r_j, C_{\max} \leqslant Y \mid \sum D_j(\pi^*)$ 的一个最优排序, 它使得 S_π 尽可能地大, 则 $C_{\max}(\pi) \leqslant Y$。如果 $S_\pi < Y - \sum\limits_j p_j$, 则在两个时刻 S_π 和 Y 之间一定有空闲时间。因此, 可以将 π 中的工件向右移动 (不改变它们的顺序), 使得工件间的空闲时间去掉。这样得到的排序仍然是最优的, 因为新的排序的目标函数值没有改变。但这与 π 的选择相矛盾。因此 π 是一个第一个工件的开工时间是 $Y - \sum\limits_j p_j$ 的最优排序。

假设在排序 π 中, $\mathcal{J}_O$ 中工件的顺序与它们下标的原来顺序不一样。令 J_i 是第一个这样的原始工件, 在 π 中至少有一个原始工件 $J_{i'}$ $(i'>i)$ 在 J_i 之前加工; J_j $(j>i)$ 是在 J_i 之前加工的最后一个原始工件。通过将工件 J_i 左移插到工件 J_j 之前, 使得 J_i 的开工时间为 $S_j(\pi)$, 可以得到一个新的排序 τ。这个排序 τ 仍然是可行的, 并且其开工时间是 $Y-\sum\limits_j p_j$。进而, 对每一个原始工件 J_k $(k\notin\{i,j\})$, 都有

$$D_k(\pi^*,\tau)\leqslant D_k(\pi^*,\pi)$$

为了证明 τ 仍是一个最优排序, 只需证明

$$D_i(\pi^*,\tau)+D_j(\pi^*,\tau)\leqslant D_i(\pi^*,\pi)+D_j(\pi^*,\pi)$$

假设在排序 π 中, J_j 是第 x 个工件, J_i 是第 y 个工件, 则 $y>x$ 并且在 J_j 和 J_i 之间有 $y-x-1$ 个新工件加工。根据 J_i 和 J_j 的选择, 在排序 π 中每一个原始工件 J_k $(k<i)$ 一定在 J_j 之前加工，因此有 $x\geqslant i$。这就意味着

$$D_i(\pi^*,\pi)=|y-i|=y-i$$

和

$$D_i(\pi^*,\tau)=|x-i|=x-i$$

注意到 $D_j(\pi^*,\pi)=|x-j|$ 和 $D_j(\pi^*,\tau)=|x+1-j|\leqslant|x-j|+1$, 则有

$$\begin{aligned}D_i(\pi^*,\tau)+D_j(\pi^*,\tau)&=x-i+|x+1-j|\\&\leqslant y-i+|x+1-j|-1\\&\leqslant y-i+|x-j|\\&=D_i(\pi^*,\pi)+D_j(\pi^*,\pi)\end{aligned}$$

由此得 τ 是一个最优排序。

重复上述过程, 最终可以得到具有性质 (1) 和 (2) 的最优排序。引理 6.8 得证。□

这种所有工件都排在区间 $\left[Y-\sum\limits_j p_j,Y\right)$ 内且没有空闲区间, 原始工件与它们原来的下标一样按 ERD 序排列的性质, 则称为**没有空闲时间的 ERD 性质**。由引理 6.8 可知, 只需找到具有没有空闲时间的 ERD 性质的最优排序即可。

引理 6.9 假设 k $(k\leqslant n-1)$ 是一个非负整数, $\mathcal{J}^{(k)}$ 是 $\mathcal{J}=\mathcal{J}_O\bigcup\mathcal{J}_N$ 的一个子集。假设对问题 $1\mid r_j,C_{\max}\leqslant Y\mid\sum D_j(\pi^*)$, 存在一个具有没有空闲时间的 ERD 性质的最优排序 π, 使得排在前面的 k 个工件是 $\mathcal{J}^{(k)}$ 中的工件。令 $C^{(k)}=\left(Y-\sum\limits_j p_j\right)+\sum\limits_{J_j\in\mathcal{J}^{(k)}}p_j$, 则有以下情形:

(1) 如果 $\mathcal{J}_O \setminus \mathcal{J}^{(k)}$ 非空, 且 $\min\{r_j : J_j \in \mathcal{J}_O \setminus \mathcal{J}^{(k)}\} \leqslant C^{(k)}$, 则存在一个具有没有空闲时间的 ERD 性质的最优排序 τ, 使得 $J_{\tau(i)} = J_{\pi(i)}$ $(1 \leqslant i \leqslant k)$, 且在 τ 中, 第 $(k+1)$ 个工件是 $\mathcal{J}_O \setminus \mathcal{J}^{(k)}$ 的第一个原始工件;

(2) 否则, 存在一个具有没有空闲时间的 ERD 性质的最优排序 σ, 使得 $J_{\sigma(i)} = J_{\pi(i)}$ $(1 \leqslant i \leqslant k)$, 且在 σ 中, 第 $(k+1)$ 个工件是 $\mathcal{J}_N \setminus \mathcal{J}^{(k)}$ 的任何一个使得 $r_j \leqslant C^{(k)}$ 且 p_j 尽可能大的新工件 J_j。

证明　在情形 (1) 中, 如果 π 中的第 $(k+1)$ 个工件是原始工件, 则由假设 π 是一个具有没有空闲时间的 ERD 性质的最优排序可知, π 中的第 $(k+1)$ 个工件一定是 $\mathcal{J}_O \setminus \mathcal{J}^{(k)}$ 的原始工件, 因此结论成立。否则, 假设 π 中的第 $(k+1)$ 个工件是一个新工件, 令 J_i 是 $\mathcal{J}_O \setminus \mathcal{J}^{(k)}$ 中的第一个原始工件, 由情形 (1) 的假设, 有 $r_i \leqslant C^{(k)}$。因此可以通过将工件 J_i 左移到第 $(k+1)$ 个位置, 得到一个新的可行排序 τ。显然, τ 是一个具有没有空闲时间的 ERD 性质的排序, 且对 $J_j \in \mathcal{J}_O \setminus \{J_i\}$, 满足条件 $D_i(\pi^*, \tau) < D_i(\pi^*, \pi)$ 和 $D_j(\pi^*, \tau) = D_j(\pi^*, \pi)$。因此, 得到

$$\sum_{J_j \in \mathcal{J}_O} D_j(\pi^*, \tau) < \sum_{J_j \in \mathcal{J}_O} D_j(\pi^*, \pi)$$

这与 π 的最优性矛盾, 因此情形 (1) 成立。

在情形 (2) 中, 排序 π 中的第 $(k+1)$ 个工件一定是个新工件, 记 $J_x \in \mathcal{J}_N \setminus \mathcal{J}^{(k)}$。由 π 是没有空闲时间的 ERD 性质的排序, 可以得到 $r_x \leqslant C^{(k)}$。令 $J_j \in \mathcal{J}_N \setminus \mathcal{J}^{(k)}$ 是使得 $r_j \leqslant C^{(k)}$ 且 p_j 尽可能地大的工件, 如果 J_j 是不同于 J_x 的另一个工件, 那么 $p_j \geqslant p_x$。这就意味着, 通过交换 J_j 和 J_x 在 π 中的位置, 得到的排序 (记为 σ), 是一个具有没有空闲时间的 ERD 性质的可行排序。因为对每一个原始工件 $J_j \in \mathcal{J}_O$, 都有 $D_j(\pi^*, \sigma) = D_j(\pi^*, \pi)$ 成立, 因此可得 σ 是一个具有没有空闲时间的 ERD 性质的最优排序, 情形 (2) 成立。

综上可知, 情形 (1) 和情形 (2) 均成立, 引理 6.9 得证。 □

由引理 6.9 的结果, 可以得到问题 $1 \mid r_j, C_{\max} \leqslant Y \mid \sum D_j(\pi^*)$ 的一个贪婪算法: 从时刻 $Y - \sum_j p_j$ 开始; 在每一个决策时刻, 如果有原始工件到达, 选择下标最小的原始工件排序; 否则, 选择已经到达的具有最大加工时间的新工件排序。详细算法描述如下:

算法 6.2

步骤 1　将 $\mathcal{J} = \mathcal{J}_O \bigcup \mathcal{J}_N$ 中的工件按 ERD 序排列。

步骤 2　计算 $C(\mathcal{J}) = C_{\max}(\text{ERD}(\mathcal{J}))$。

步骤 3　如果 $C(\mathcal{J}) > Y$, 则停止, 排序问题是不可解的。

步骤 4 令 $i := 0$, $\mathcal{J}_O^* := \mathcal{J}_O$, $\mathcal{J}_N^* := \mathcal{J}_N$ 和 $t := Y - \sum_j p_j$。

步骤 5 如果 $i = n$，则转到步骤 7。

步骤 6 如果 $\mathcal{J}_O^*$ 是非空的, 且在 $\mathcal{J}_O^*$ 中, 第一个工件 (记为 J_x) 的到达时间 $r_x \leqslant t$, 则令 $J_{\pi(i+1)} = J_x$。置 $i := i + 1$, $\mathcal{J}_O^* := \mathcal{J}_O^* \setminus \{J_x\}$, $t := t + p_x$, 转到步骤 5。

步骤 7 选择 $J_y \in \mathcal{J}_N^*$, 使得 $r_y \leqslant t$ 且 p_y 尽可能地大, 并令 $J_{\pi(i+1)} = J_y$, 置 $i := i + 1$, $\mathcal{J}_N^* := \mathcal{J}_N^* \setminus \{J_y\}$, $t := t + p_y$, 转到步骤 5。

步骤 8 输出工件序列 $\pi = (J_{\pi(1)}, J_{\pi(2)}, \cdots, J_{\pi(n)})$, 且将工件序列 π 从时刻 $Y - \sum_j p_j$ 开始排序。

于是得到本节的主要结果。

定理 6.2 排序问题 $1 \mid r_j, C_{\max} \leqslant Y \mid \sum D_j(\pi^*)$ 在多项式时间 $O(n \log n + n_N^2)$ 内可解。

证明 根据引理 6.7～引理 6.9 可知, 算法 6.2 能够正确解决问题 $1 \mid r_j, C_{\max} \leqslant Y \mid \sum D_j(\pi^*)$。步骤 1 运行时间是 $O(n \log n)$, 计算 $\sum_j p_j$ 需要 $O(n)$ 时间, 计算 $C(\mathrm{ERD}(\mathcal{J}))$ 也需要 $O(n)$ 时间。步骤 4 需要 $O(1)$ 时间选择原始工件 J_x, 步骤 5 需要 $O(n_N)$ 时间选择新工件 J_y。因为算法结束所有工件被选出, 从步骤 4 到算法结束总的运行时间是 $O(n_O + n_N^2)$。因此, 得到算法 6.2 的计算复杂性是 $O(n \log n + n_N^2)$。定理 6.2 得证。 □

定理 6.2 表明, 问题 $1|r_j, \sum D_j(\pi^*) \leqslant k|C_{\max}$ 也能在 $O((n \log n + n_N^2)(\log r_{\max}))$ 时间内解决。这个时间界是多项式时间, 但是它不是强多项式时间。这里所谓的 **"强多项式时间"** 是指运行时间 $F(n_O, n_N)$ 是关于 n_O 和 n_N 的多项式。对此问题, Zhao 等 (2013) 给出了一个时间复杂性为 $O(n^2 n_N \log n_N)$ 的强多项式时间最优算法 (见 6.3 节)。

6.1.4 具有最大时间错位约束或者时间错位和约束的排序问题

本节讨论了具有最大时间错位约束或者时间错位和约束的两个排序问题, 分别记为 $1|r_j, \Delta_{\max}(\pi^*) \leqslant k|C_{\max}$ 和 $1|r_j, \sum \Delta_j(\pi^*) \leqslant k|C_{\max}$。

定理 6.3 排序问题 $1|r_j, \Delta_{\max}(\pi^*) \leqslant k|C_{\max}$ 和 $1|r_j, \sum \Delta_j(\pi^*) \leqslant k|C_{\max}$ 是强 NP-困难的。

证明 排序问题的判定问题显然在 NP 类。为了证明问题的强 NP-困难性, 用强 NP-完全的 3-划分问题 (见文献 (Garey et al., 1979)) 来归结。

问题 6.1　3-划分问题。对给定的 $3t$ 个整数元素 $a_1, a_2, \cdots, a_{3t}$，其中 $\sum_{i=1}^{3t} = ty$ 且 $y/4 < a_i < y/2\ (i = 1, 2, \cdots, 3t)$，问是否存在 $\{a_1, a_2, \cdots, a_{3t}\}$ 的一个划分 $S_1, S_2, \cdots, S_t$ 使得 $|S_j| = 3$ 且 $\sum_{i \in S_j} a_i = y\ (i = 1, 2, \cdots, t)$?

对给定的 3-划分问题的实例，可以构造排序问题 $1|r_j, \varDelta_{\max}(\pi^*) \leqslant k|C_{\max}$ 和 $1|r_j, \sum \varDelta_j(\pi^*) \leqslant k|C_{\max}$ 对应的判定问题的实例如下:

(1) $n_O = t$。

(2) $n_N = 3t$。

(3) $p_j = 1, r_j = jy + j - 1, j = 1, 2, \cdots, t$。

(4) $p_j = a_{j-t}, r_j = 0, j = t + 1, t + 2, \cdots, 4t$。

(5) $k = 0, C = ty + t$。

易知，上面的构造过程可在多项式时间内完成。

下面证明 3-划分问题有解当且仅当存在一个可行排序 π，使得在最大时间错位与总的时间错位和为 k 的前提下最大完工时间不小于门槛值 C，即 $C_{\max} \leqslant C$。

如果 3-划分问题有解，可以将 $a_1, a_2, \cdots, a_{3t}$ 重新标号使得

$$a_{3i-2} + a_{3i-1} + a_{3i} = y$$

对一切 $1 \leqslant i \leqslant t$ 都成立。因为 J_O 的工件按 ERD 序排列，则其最优排序是 $(J_1, J_2, \cdots, J_t)$。构造一个排序问题的一个可行排序如下:

$$J_{t+1}, J_{t+2}, J_{t+3}, J_1, J_{t+4}, J_{t+5}, J_{t+6}, J_2, \cdots, J_{4t-2}, J_{4t-1}, J_{4t}, J_t$$

容易看出此问题的解满足 $\varDelta_{\max}(\pi^*) = 0$, $\sum \varDelta_j(\pi^*) = 0$，且最大完工时间是 $C_{\max} = ty + t$。因此，此问题有可行解。

反过来，假设所考虑的排序问题有解 π，使得它的最大完工时间是 $C_{\max} = ty + t$ 并且满足 $\varDelta_{\max}(\pi^*) = 0$, $\sum \varDelta_j(\pi^*) = 0$，往证 3-划分问题有解。

假设 σ 是一个可行排序，则 $\varDelta_{\max}(\pi^*) \leqslant 0$ 且 $\sum \varDelta_j(\pi^*) \leqslant 0$，也就意味着对一切的 $j = 1, 2, \cdots, t$，都有 $\varDelta_j(\pi^*) = 0$ 和 $C_j(\sigma) = C_j(\pi)$。因此，工件 $J_1, J_2, \cdots, J_t$ 必须和在 π^* 中一样，分别在相同的区间 $[ty, ty + 1], [2ty + 1, 2ty + 2], \cdots, [t^2y + t - 1, t^2y + t]$ 内加工。因为 $C_{\max} \leqslant C$, J_N 的工件必须在这些区间 $[0, ty], [ty + 1, 2ty + 1], \cdots, [(t - 1)ty + t - 1, t^2y + t - 1]$ 内加工。这也就说明 3-划分问题有解。定理 6.3 得证。　□

因为上述两个问题 $1|r_j, \varDelta_{\max}(\pi^*) \leqslant k|C_{\max}$ 和 $1|r_j, \sum \varDelta_j(\pi^*) \leqslant k|C_{\max}$ 都是强 NP-困难的，下面给出上述两个排序问题的近似算法。

对问题 $1 \mid r_j, \varDelta_{\max}(\pi^*) \leqslant k \mid C_{\max}$，因为约束条件 $\varDelta_{\max}(\pi^*) \leqslant k$ 可以转化为 π^*

中工件的最后期限, 即 $C_{\max}(\sigma)-C_{\max}(\pi^*)\leqslant k$, 也就是 $C_{\max}(\sigma)\leqslant C_{\max}(\pi^*)+k$。先让 $\mathcal{J}_O$ 的工件按 ERD 序排列, 为了让最大完工时间最小, 一个简单的想法是在每一个原始工件的最早开工时间和最晚开工时间之间, 用 $\mathcal{J}_N$ 的工件占用尽量多原始工件之间的空闲时间。记 I_i 为第 i 个空闲区间并表示它的长度, 记 $I_i(t)$ 为 t 时刻之后第 i 个空闲区间长度, 因此可以提出一个如下的近似算法。

算法 6.3

步骤 1　将 $\mathcal{J}_O$ 的工件按 ERD 序排列, 置 $i=1$。

步骤 2　令 $\mathcal{J}_N(i)=\{J_j\in\mathcal{J}_N: r_j\leqslant t+I_i\}$, 从第 i 个空闲区间 I_i 的开始时间 t 开始, 如果存在能安排在这个区间且占用区间长之和大于该区间 $[t,t+I_i]$ 的一半的工件, 就尽量在区间 $[t,t+I_i+k]$ 内安排它们; 否则就将这些工件安排在这个区间内。

步骤 3　让下一个原始工件接着新工件安排, 转到下一个空闲区间, 置 $i:=i+1$, 更新 I_i 并将已安排的工件从 $\mathcal{J}_N(i)$ 中去掉再并上已经到达的新工件, 并转到步骤 2。

步骤 4　如果最后一个原始工件已经被安排, 将剩余新工件按 ERD 序排在最后一个原始工件后面。

定理 6.4　对排序问题 $1\mid r_j,\Delta_{\max}(\pi^*)\leqslant k\mid C_{\max}$, 算法 6.3 的近似比为 $\dfrac{3}{2}$。

证明　考虑该重新排序问题的一个实例 $\mathcal{I}$。令 $C^O_{\max}$ 表示原始工件集排序问题 $1\mid r_j\mid C_{\max}$ 的一个最优排序 π^* 的最优值, 令 $C^{\text{opt}}_{\max}$ 表示这个排序问题 $1\mid r_j,\ \Delta_{\max}(\pi^*)\leqslant k\mid C_{\max}$ 的一个最优排序 σ^* 的最优值, 令 $C^A_{\max}(\sigma)$ 表示这个排序问题 $1\mid r_j,\ \Delta_{\max}(\pi^*)\leqslant k|C_{\max}$ 由算法 6.3 得到的一个排序 σ 的目标值, 令 I_o 表示在最优排序 π^* 中总空闲时间。如果在排序 σ 中最后一个原始工件之后没有空闲时间, 则 $C^{\text{opt}}_{\max}\geqslant C^O_{\max}\geqslant I_o$。否则, 排序 σ 是最优排序。

令 I^A_i 表示在排序 σ 中第 i 空闲区间被占用的空闲时间, 下面分两种情形进行讨论:

(1) 在某一区间 I_i, 如果存在能安排在这个区间且占用区间长之和大于该区间 $[t,t+I_i]$ 的一半的工件, 那么在这个区间安排的 $\mathcal{J}_N$ 中工件加工时间和大于 $\dfrac{1}{2}I_i$, 因此区间 I_i 最多有一半空闲区间没有被占用。这里区间 I_i 可能被向后推移了一段时间, 但推移的那一部分一定是被工件占用了。因此, 相对于原来的区间来说没有被占用的空闲区间就更少了。

(2) 在某一区间 I_i, 如果不存在能安排在这个区间且占用区间长之和大于该区间 $[t,t+I_i]$ 的一半的工件, 那么在最优解中这个区间安排的 $\mathcal{J}_N$ 中工件加工时间和也不会大于 $\dfrac{1}{2}I_i$, 因此区间 I_i 最多有一半在最优解应该占用空闲区间没有被占用, 这一部分区间长一定小于该区间长的一半。同样的道理, 这里区间 I_i 可能被向后推移了一段时间, 但推移的那一部分一定是被工件占用了。因此, 相对于更新后的区间都不存在占用区间长之和大于该区间 $[t, t+I_i]$ 的一半的工件, 那么对原来的区间来说就更不会有占用空闲区间之和大于该区间的一半的工件了。

所以, 总的被耽搁的空闲区间之和小于等于 $\frac{1}{2}I_o$, 因此, 在 σ 中最多有 $\frac{1}{2}I_o$ 的加工时间的工件推迟到最后一个原始工件之后加工。故有, $C_{\max}^A \leqslant C_{\max}^{\text{opt}} + \frac{1}{2}I_o \leqslant C_{\max}^{\text{opt}} + \frac{1}{2}C_{\max}^{\text{opt}} = \frac{3}{2}C_{\max}^{\text{opt}}$。定理 6.4 得证。 □

对问题 $1 \mid r_j, \sum \Delta_j(\pi^*) \leqslant k \mid C_{\max}$, 因为约束条件 $\sum \Delta_j(\pi^*) \leqslant k$ 在安排工件时难以把握, 因此对该问题的研究比较困难, 故提出一个简单的性能比为 2 的近似算法。

算法 6.4

首先按 ERD 序排列 $\mathcal{J}_O$ 的工件, 然后按 ERD 序排列 $\mathcal{J}_N$ 的工件。

定理 6.5 对排序问题 $1 \mid r_j, \Gamma \leqslant k \mid C_{\max}$, 算法 6.4 的近似比为 2。

证明 令 $C_{\max}^{\text{opt}}$ 表示这个排序问题 $1 \mid r_j,\ \Gamma \leqslant k \mid C_{\max}$ 的一个最优排序的最优值, 令 $C_{\max}^A(\sigma)$ 表示这个排序问题 $1 \mid r_j,\ \Gamma \leqslant k \mid C_{\max}$ 由算法 6.4 得到的一个排序 σ 的目标值, 考虑该重新排序问题的一个实例 $\mathcal{I}$。首先, 由算法 6.4 得到的排序满足约束条件 $\Gamma \leqslant k$ (对任意的 k), 这是因为所有的原始工件都排在新工件的前面。其次, 可知这个实例的一个排序的最优值的下界为 $C_{\max}^{\text{opt}} \geqslant r_{\max}$ 和 $C_{\max}^{\text{opt}} \geqslant P = \sum\limits_{J_j \in \mathcal{J}} p_j$, 因此, $C_{\max}^A \leqslant r_{\max} + P \leqslant 2C_{\max}^{\text{opt}}$。定理 6.5 得证。 □

6.2 最小化最大完工时间的主次指标单机排序问题

在 6.1 节中, 我们讨论了在错位约束 $\Gamma \leqslant k$ 下最小化最大完工时间的单机排序问题 $1|r_j, \Gamma \leqslant k|C_{\max}$, 其中 $\Gamma \in \left\{D_{\max}(\pi^*), \sum D_j(\pi^*), \Delta_{\max}(\pi^*), \sum \Delta_j(\pi^*)\right\}$。本节考虑对应的主次指标排序问题 $1|r_j|\text{Lex}(C_{\max}, \Gamma)$ 和 $1|r_j|\text{Lex}(\Gamma, C_{\max})$。首先考虑问题 $1|r_j|\text{Lex}(\Gamma, C_{\max})$。容易看出, 当 $\Gamma = 0$ 时, Γ 达到最优, 此时问题 $1|r_j|\text{Lex}(\Gamma, C_{\max})$ 就等价于 $1|r_j, \Gamma \leqslant 0|C_{\max}$。在 6.1 节中, 我们或者给出了多项式时间算法, 或者证明了其是强 NP-困难的。因此, 下面只考虑 $1|r_j|\text{Lex}(C_{\max}, \Gamma)$。对问题 $1|r_j|\text{Lex}(C_{\max}, D_{\max}(\pi^*))$ 和 $1|r_j|\text{Lex}\left(C_{\max}, \sum D_j(\pi^*)\right)$, 可得如下的引理。

引理 6.10 对问题 $1 \mid r_j \mid \text{Lex}(C_{\max}, D_{\max}(\pi^*))$ 和 $1 \mid r_j \mid \text{Lex}\left(C_{\max}, \sum D_j(\pi^*)\right)$, 存在一个最优排序 σ^* 使得 J_O 中的工件和 π^* 中的顺序一样, 按 ERD 序排列。

证明 考虑一个最优排序 σ^*, 其中 $\mathcal{J}_O$ 的工件不是和 π^* 中的工件一样按 ERD 序排列。假设 J_i 是 $\mathcal{J}_O$ 的在 σ^* 中不是按 ERD 序列且具有最小下标的工件; 工件 J_j $(j > i)$ 是在 σ^* 中排在 J_i 之前的 $\mathcal{J}_O$ 的最后一个工件。因为 π^* 是一个 ERD 序列, 即 $r_i \leqslant r_j$。考虑一个由 σ^* 通过将工件 J_i 前移到工件 J_j 的前面紧邻其插入, 而得到的新的排序 σ', 因为 $C_i(\sigma') < C_i(\sigma^*)$, $C_j(\sigma') < C_i(\sigma^*)$, 因此 $C_{\max}(\sigma') \leqslant C_{\max}(\sigma^*)$。如果工件 J_j 在 σ' 中的位置大于等于它在 π^* 中的位置 (对工件 J_i 也一样), 则有 $D_i(\pi^*,\sigma') = D_i(\pi^*,\sigma^*) - h - 1$, $D_j(\pi^*,\sigma') = D_j(\pi^*,\sigma^*) + 1$; 否则 $D_j(\pi^*,\sigma') = D_j(\pi^*,\sigma^*) - 1$, $D_i(\pi^*,\sigma') = D_i(\pi^*,\sigma^*) - h - 1$, 其中 h 是工件 J_i 和工件 J_j 之间的新工件的数目。无论哪种情形, 都可以推出 $D_{\max}(\pi^*,\sigma') \leqslant D_{\max}(\pi^*,\sigma^*)$, $\sum D_j(\pi^*,\sigma') \leqslant \sum D_j(\pi^*,\sigma^*)$。于是, σ' 是可行的和最优的。这样有限次的交换可以证明, 存在这样一个最优排序, $\mathcal{J}_O$ 中的工件和 π^* 中的一样按 ERD 排列。引理 6.10 得证。 □

为了使得序列错位最小, 必须使原始工件尽可能地排在新工件之前。为此, 提出如下算法。

算法 6.5

步骤 1 将 $\mathcal{J}$ 中的工件按 ERD 序排列, 记 $Y = C_{\max}(\mathrm{ERD}(\mathcal{J}))$。

步骤 2 $k = 0$, $t := Y - \sum\limits_j p_j$, 令 $\mathcal{J}(t) = \{J_j : r_j \leqslant t\}$。

步骤 3 在每个时刻 t, 首先按 π^* 中的顺序排列 $\mathcal{J}(t)$ 中的原始工件, 否则安排具有最大加工时间 $p_i = \max\{p_j : J_j \in \mathcal{J}_N(t)\}$ 的新工件 J_i。

步骤 4 置 $k := k+1$, $t := t+p_i$, $\mathcal{J}(t) := \mathcal{J}(t-p_i)\backslash\{J_i\}\bigcup\{J_j : t-p_i < r_j \leqslant t\}$; 如果 $k = n$, 则转步骤 5; 否则转步骤 3。

步骤 5 输出最终排序。

定理 6.6 算法 6.5 在 $O(n\log n + n_N^2)$ 时间内, 同时给出问题 $1|r_j|\mathrm{Lex}(C_{\max}, D_{\max}(\pi^*))$ 和 $1|r_j|\mathrm{Lex}\left(C_{\max}, \sum D_j(\pi^*)\right)$ 的最优解。

证明 根据引理 6.10 的结果, 算法 6.5 能够正确地解决问题 $1|r_j|\mathrm{Lex}(C_{\max}, D_{\max}(\pi^*))$ 和 $1|r_j|\mathrm{Lex}\left(C_{\max}, \sum D_j(\pi^*)\right)$。步骤 1 运行时间是 $O(n\log n)$。计算 $\sum\limits_j p_j$ 需要 $O(n)$ 时间, 计算 $C(\mathrm{ERD}(\mathcal{J}))$ 也需要 $O(n)$ 时间。步骤 3 需要 $O(1)$ 时间选择原始工件 J_j, 需要 $O(n_N)$ 时间选择新工件 J_i。因为算法结束所有工件被选出, 从步骤 3 到算法结束总的运行时间是 $O(n_O + n_N^2)$。因此, 得到算法 6.5 的计算复杂性是 $O(n\log n + n_N^2)$。定理 6.6 得证。 □

对问题 $1|r_j|\mathrm{Lex}(C_{\max}, \varDelta_{\max}(\pi^*))$ 和 $1|r_j|\mathrm{Lex}\left(C_{\max}, \sum \varDelta_j(\pi^*)\right)$, 有如下定理。

定理 6.7　$1|r_j|\mathrm{Lex}(C_{\max}, \Delta_{\max}(\pi^*))$ 和 $1|r_j|\mathrm{Lex}\left(C_{\max}, \sum \Delta_j(\pi^*)\right)$ 是强 NP-困难的。

证明　由定理 6.3 知, 排序问题 $1|r_j, \Delta_{\max}(\pi^*) \leqslant 0|C_{\max}$ 和 $1 \mid r_j, \sum \Delta_j(\pi^*) \leqslant 0 \mid C_{\max}$ 是强 NP-困难的, 则排序问题 $1|r_j|\ C_{\max} \leqslant Y, \Delta_{\max}(\pi^*) \leqslant 0$ 和 $1|r_j|C_{\max} \leqslant Y, \sum \Delta_j(\pi^*) \leqslant 0$ 是强 NP-完全的。注意到, 在定理 6.13 中, $Y = C_{\max}(\mathrm{ERD}(\mathcal{J}))$, 上面两个问题是排序问题 $1|r_j|\mathrm{Lex}(C_{\max}, \Delta_{\max}(\pi^*))$ 和 $1|r_j|\mathrm{Lex}\left(C_{\max}, \sum \Delta_j(\pi^*)\right)$ 的判定形式。因此, 两个排序问题 $1|r_j|\mathrm{Lex}(C_{\max}, \Delta_{\max}(\pi^*))$ 和 $1|r_j|\mathrm{Lex}\left(C_{\max}, \sum \Delta_j(\pi^*)\right)$ 都是强 NP-困难的。定理 6.7 得证。 □

6.3　最小化最大完工时间和错位量的 Pareto 排序问题

本节将讨论指标为最大完工时间和四种错位量的 Pareto 排序问题, 即 $1|r_j|\#(C_{\max}, \Gamma)$, 其中 $\Gamma \in \left\{D_{\max}(\pi^*), \sum D_j(\pi^*), \Delta_{\max}(\pi^*), \sum \Delta_j(\pi^*)\right\}$。显然, 排序问题 $1|r_j|\#(C_{\max}, \Delta_{\max})$ 和 $1|r_j|\#\left(C_{\max}, \sum \Delta_j\right)$ 也是强 NP-困难的。下面将使用 ϵ-约束法得到其余两个问题 $1|r_j|\#(C_{\max}, D_{\max}(\pi^*))$ 和 $1|r_j|\#\left(C_{\max}, \sum D_j(\pi^*)\right)$ 的所有 Pareto 最优点。

对问题 $1|r_j, D_{\max}(\pi^*) \leqslant k|C_{\max}$, 已经给出了一个 $O(n_N^2(n_O + n_N))$ 时间的最优算法, 注意到算法 6.5 也是问题 $1|r_j, C_{\max} \leqslant Y|D_{\max}$ 一个最优算法, 因此可得如下算法。

算法 6.6

步骤 1　将 $\mathcal{J}$ 的工件按 ERD 排列得排序 $\pi^{(1)}$, 计算 $C_{\max}(\pi^{(1)})$; $i = 1$。

步骤 2　求解问题 $1 \mid r_j,\ C_{\max} \leqslant C_{\max}(\pi^{(1)}) \mid D_{\max}$; 这就得到第 1 个 Pareto 最优排序 $\sigma^{(1)}$, 从而得到第 1 个 Pareto 最优点 $(C_{\max}(\sigma^{(1)}), D_{\max}(\sigma^{(1)}))$。

步骤 3　$i := i + 1$。求解问题 $1 \mid r_j, D_{\max}(\pi^*) < D_{\max}(\sigma^{(i-1)}) \mid C_{\max}$ 得排序 $\pi^{(i)}$; 求解问题 $1 \mid r_j,\ C_{\max}(\pi^*) \leqslant C_{\max}(\pi^{(i)}) \mid D_{\max}$; 这就得到第 i 个 Pareto 最优排序 $\sigma^{(i)}$ 和第 i 个 Pareto 最优点 $(C_{\max}(\sigma^{(i)}), D_{\max}(\sigma^{(i)}))$。

步骤 4　如果 $D_{\max}(\sigma^{(i)}) > 0$, 则转到步骤 3。

步骤 5　输出所有这样的 $(C_{\max}(\sigma^{(i)}), D_{\max}(\sigma^{(i)}))$ Pareto 最优点。

定理 6.8　排序问题 $1\ |r_j|\#(C_{\max}, D_{\max})$ 在多项式时间 $O(nn_N(\log n + n_N^2))$ 内可解。

证明　算法 6.6 的正确性是显然的。算法的计算复杂性分析如下: 步骤 1 求解 $1|r_j|C_{\max}$ 需花费时间 $O(n \log n)$, 求解问题 $1|r_j, C_{\max} \leqslant C_{\max}(\pi^{(i)}) \mid D_{\max}$ 需花费时间 $O(n \log n + n_N^2)$。求解问题 $1 \mid r_j, D_{\max}(\pi^*) < D_{\max}(\sigma^{(i-1)}) \mid C_{\max}$ 需花费时间

$O(n_N^2(n_O+n_N))$, 计算 $C_{\max}(\sigma^{(i)})$ 和 $D_{\max}(\sigma^{(i)})$ 需花费时间 $O(n)$, 算法 6.6 最多迭代 $O(n_N)$ 次。因此, 算法 6.6 的计算复杂性为 $O(nn_N(\log n+n_N^2))$。定理 6.8 得证。□

上述算法同时也解决了问题 $1|r_j|\ \#\left(C_{\max},\sum D_j\right)$, 只需在算法中将 $D_{\max}$ 相应的换成 $\sum D_j$ 即可, 这时算法的复杂性为 $O(nn_N(\log n+n_N^2)\log r_{\max})$。注意到, 上述时间界不是强多项式时间的。下面将给出一个强多项式时间的最优算法。该结果来自 Zhao 等 (2013) 的论文。

首先介绍他们算法的主要思想。最初, 得到问题 $1|r_j|\left(C_{\max},\sum D_j(\pi^*)\right)$ 的两个 Pareto 最优点 $(C^{(0)},D^{(0)})$ 和 $(C^{(*)},D^{(*)})$, 其中, $C^{(0)}=C_{\max}(\text{ERD}(\mathcal{J}))$, $D^{(0)}$ 是问题 $1|r_j,C_{\max}\leqslant C^{(0)}|\sum D_j(\pi^*)$ 的最优值, $C^{(*)}=C_{\max}(\text{ERD}(\mathcal{J}_O))+p(\mathcal{J}_N)$, $D^{(*)}=0$。由引理 6.10 可知, $(C^{(0)},D^{(0)})$ 和 $(C^{(*)},D^{(*)})$ 相应的最优排序, 记作 $\sigma^{(0)}$ 和 $\sigma^{(*)}$, 可通过对问题 $1|r_j,C_{\max}\leqslant C^{(0)}|\sum D_j(\pi^*)$ 和 $1|r_j,C_{\max}\leqslant C^{(*)}|\sum D_j(\pi^*)$ 分别利用算法 6.2 得到。注意到 $1|r_j,C_{\max}<C^{(0)}|\sum D_j(\pi^*)$ 没有可行解, 而且 $C^{(*)}=C_{\max}(\text{ERD}(\mathcal{J}_O))+p(\mathcal{J}_N)$ 是问题 $1|r_j,\sum D_j(\pi^*)\leqslant 0|C_{\max}$ 的最优值。因而, $(C^{(0)},D^{(0)})$ 和 $(C^{(*)},D^{(*)})$ 都是问题 $1|r_j|\left(C_{\max},\sum D_j(\pi^*)\right)$ 的 Pareto 最优点, 且 $\sigma^{(0)}$ 和 $\sigma^{(*)}$ 是相应的 Pareto 最优排序。

观察可知, $(C^{(0)},D^{(0)})$ 和 $(C^{(*)},D^{(*)})$ 可分别被看作第一个 Pareto 最优点和最后一个最优点。一般地, 假设 $(C^{(0)},D^{(0)}),(C^{(1)},D^{(1)}),\cdots,(C^{(i)},D^{(i)})$ 已经生成, 如果 $(C^{(i)},D^{(i)})\neq(C^{(*)},D^{(*)})$, 则可以定义一个增量 $\delta^{(i)}>0$ 并令 $C^{(i+1)}=C^{(i)}+\delta^{(i)}$。更进一步地, 记 $D^{(i+1)}$ 是问题 $1|r_j,C_{\max}\leqslant C^{(i+1)}|\sum D_j(\pi^*)$ 的最优值, 并记 $\sigma^{(i+1)}$ 是该问题由算法 6.2 得到的最优排序。其中, 巧妙地选取增量 $\delta^{(i)}>0$, 使得其满足以下条件:

(1) 不存在 Pareto 最优点 (C,D) 使得 $C^{(i)}<C<C^{(i+1)}$;

(2) 如果 $D^{(i+1)}<D^{(i)}$, 则 $(C^{(i+1)},D^{(i+1)})$ 是一个新的 Pareto 最优点并且 $\psi(\sigma^{(i+1)})\leqslant\psi(\sigma^{(i)})$;

(3) 如果 $D^{(i+1)}=D^{(i)}$, 则 $(C^{(i+1)},D^{(i+1)})$ 不是一个 Pareto 最优点, 但是有 $\psi(\sigma^{(i+1)})<\psi(\sigma^{(i)})$。

最后, 达到某一个 k 使得 $(C^{(k)},D^{(k)})=(C^{(*)},D^{(*)})$, 此时得到了所有的 Pareto 最优点。可以证明, 算法迭代的次数至多是 $bn_N+n_N(n_N-1)/2$。从而, 问题 $1|r_j|\left(C_{\max},\sum D_j(\pi^*)\right)$ 可以在强多项式时间内得到解决。

下面给出解决问题 $1|r_j|(C_{\max},\sum D_j(\pi^*))$ 的强多项式时间算法。

算法 6.7

步骤 1 分别计算 $C^{(0)}$, $D^{(0)}$, $C^{(*)}$ 及 $D^{(*)}$, 并给出排序 $\sigma^{(0)}$ 和 $\sigma^{(*)}$。其中,

$C^{(0)} = C_{\max}(\mathrm{ERD}(\mathcal{J}))$, $C^{(*)} = C_{\max}(\mathrm{ERD}(\mathcal{J}_O)) + p(\mathcal{J}_N)$。排序 $\sigma^{(0)}$ 和 $\sigma^{(*)}$ 分别是问题 $1|r_j, C_{\max} \leqslant C^{(0)}|\sum D_j(\pi^*)$ 和问题 $1|r_j, C_{\max} \leqslant C^{(*)}|\sum D_j(\pi^*)$ 由算法 6.2 得到的最优排序, $D^{(0)}$ 和 $D^{(*)} = 0$ 是相应的最优值。

令 $\mathrm{SOLUTION} := \{((C^{(0)}, D^{(0)}); \sigma^{(0)})\}$, $i := 0$。

步骤 2　如果 $(C^{(i)}, D^{(i)}) = (C^{(*)}, D^{(*)})$, 则转到步骤 5。

步骤 3　利用公式 $\delta^{(i)} = \min\{\delta_O^{(i)}, \delta_N^{(i)}\}$ 计算增量 $\delta^{(i)}$。

步骤 4　计算 $C^{(i+1)}$, $D^{(i+1)}$, 并生成排序 $\sigma^{(i+1)}$。其中, $C^{(i+1)} = C^{(i)} + \delta^{(i)}$, $\sigma^{(i+1)}$ 是问题 $1|r_j, C_{\max} \leqslant C^{(i+1)}|\sum D_j(\pi^*)$ 由 Greedy-Max 算法得到的最优排序, $D^{(i+1)}$ 是相应的最优值。

如果 $D^{(i+1)} < D^{(i)}$, 令 $\mathrm{SOLUTION} := \mathrm{SOLUTION} \bigcup \{((C^{(i+1)}, D^{(i+1)}); \sigma^{(i+1)})\}$。

令 $i := i + 1$, 转到步骤 2。

步骤 5　输出 SOLUTION 并停止算法。

定理 6.9　算法 6.7 在 $O(n^2 n_N \log n_N)$ 时间内找出了问题 $1|r_j|\left(C_{\max}, \sum D_j(\pi^*)\right)$ 所有的 Pareto 最优点。

证明　具体证明过程见 Zhao 等 (2013) 的论文。 □

由以上定理, 可以得出以下的推论。

推论 6.1　问题 $1|r_j, \sum D_j(\pi^*) \leqslant k|C_{\max}$ 可在 $O(n^2 n_N \log n_N)$ 时间内解决。

参考文献

GAREY M R, JOHNSON D S, 1979. Computers and intractability: a guide to the theory of NP-completeness[M]. San Francisco: Freeman&Company.

HALL N G, POTTS C N, 2004. Rescheduling for new orders[J]. Operations Research, 52: 440-453.

ZHAO Q L, YUAN J J, 2013. Pareto optimization of rescheduling with release dates to minimize makespan and total sequence disruption[J]. Journal of Scheduling, 16: 253-260.

ZHAO Q L, YUAN J J, 2017. Rescheduling to minimize the maximum lateness under the sequence disruptions of original jobs[J]. Asia-Pacific Journal of Operational Research, 34: 1750024.

慕运动, 2007. 关于重新排序问题的研究 [D]. 郑州: 郑州大学.

第 7 章　多代理排序问题

在传统的多目标排序问题中，所有的工件都属于同一个客户 (本章也称为代理)，因此，每个工件对所有的目标函数均有贡献 (可能贡献为 0)。然而，在实际应用中，这些工件可能来自于不同的客户 (代理)。不同代理也可能有不同的目标函数，而每个工件仅仅对所在代理的目标函数有贡献。在这种情形下，为了使得自己的目标函数达到最优，各个代理都期望自己的工件优先加工。由于机器资源是有限的、共享的，因此生产商或者决策者需要在多个代理的利益之间进行平衡，这就产生了多代理排序。多代理排序和多目标排序是非常相似的，然而又是有所区别的。两者的相似之处在于都有多个目标函数；不同之处在于，在多代理排序中，工件仅仅对所在代理的目标函数有贡献；而在多目标排序中，工件对所有的目标函数都有贡献 (可能贡献为 0)。除此之外，在多目标排序中，目标函数一定是不相同的；然而，在多代理排序中，多个代理的目标函数可能是相同类型的。在多代理排序中，人们研究最早且最多的是双代理排序问题，即只有两个不同代理的情形。

多代理排序问题可以描述如下：假设有 n 个工件，这些工件属于 m 个不同的代理。对每个代理 $x(x=1,2,\cdots,m)$，也假设代理 x 的工件集为 $\mathcal{J}^x=\{J_1^x,J_2^x,\cdots,J_{n_x}^x\}$，其中 $n=\sum\limits_{x=1}^{m}n_x$。每个工件 J_j^x 的加工时间、到达时间、工期和权重分别记为 p_j^x，r_j^x，d_j^x 和 w_j^x，其中 $1\leqslant j\leqslant n_x$。每个代理 x 有一个目标函数 f^x，集合 $\mathcal{J}^x$ 中的工件仅仅对 f^x 有贡献 (可能贡献为 0)。和多目标排序问题相似，常见的多代理排序问题也有以下四种：

(1) $\alpha|\beta|\mathrm{Lex}(f^1,f^2,\cdots,f^m)$ (分层目标优化排序模型)

在“分层目标优化排序模型”中，最优排序必须首先使得第一目标 f^1 达到最优，在此前提下使得第二目标 f^2 达到最优，并依次类推。

(2) $\alpha|\beta|f^1: f^i\leqslant Q_i, 2\leqslant i\leqslant m$ (约束目标优化排序模型)

在“约束目标优化排序模型”中，需要在满足 $f^i\leqslant Q_i$ 的前提下寻求最优排序使得目标 f^1 达到最优。

(3) $\alpha|\beta|\lambda_1 f^1 + \lambda_2 f^2 + \cdots + \lambda_k f^m$ (正组合目标优化排序模型)

在 “正组合目标优化排序模型” 中, 最优排序将使得多个目标的加权和达到最优。

(4) $\alpha|\beta|\#(f^1, f^2, \cdots, f^m)$(Pareto 优化排序模型)

在 “Pareto 优化排序模型” 中, 需要寻找所有的 Pareto 最优点以及对应的 Pareto 最优排序。

除此之外, Agnetis 等 (2014) 又将多代理模型分为: 竞争代理模型、非不交代理模型、干涉代理模型、多指标代理模型。在竞争代理模型中, 不同代理之间的工件集是两两不交的; 在非不交代理模型中, 不同代理之间的工件集是可以相交的; 在干涉代理模型中, 不同代理之间的工件集之间是具有包含关系的; 在多指标代理模型中, 每个代理的工件集都是所有工件。在这种分类之下, 多目标排序就等价于多指标代理模型。因此, 多目标排序也可以看成特殊的多代理排序。

据我们所知, Agnetis 等 (2000) 最早研究了双代理排序问题, 他们主要研究了在异序作业环境下的 Pareto 优化排序问题。此外, 他们还介绍了双代理排序在不同领域的实际应用。Baker 等 (2003) 以及 Agnetis 等 (2004) 也分别研究了单机上的双代理排序问题。后来, Cheng 等 (2006) 和 Agnetis 等 (2007) 进一步考虑了单机上具有多个代理的排序问题, 即多代理排序问题。在文献 (Cheng et al., 2006) 中, 每个代理的目标都是最小化加权误工工件个数。他们证明了当代理个数 M 是任意数时, 该问题是强 NP-困难的; 当代理个数 M 是给定的常数时, 该问题在一般意义下是 NP-困难的。Cheng 等 (2008) 进一步考虑了单机多代理排序问题, 且每个代理的目标函数都是极大形式的。他们证明了, 即使工件之间有序约束, 该问题也可以在多项式时间内求解。Huynh-tuong 等 (2009) 介绍了一种新的双代理排序模型。其中一个目标函数与所有的工件相关, 另一个目标函数仅仅与部分工件相关, 他们称这种问题为 “干涉工件排序”。Leung 等 (2010) 系统地研究了 M 台平行机上的双代理排序问题, 他们分别对研究的问题给出了对应的精确或者近似算法。Wan 等 (2010) 研究了工件加工时间可控的双代理排序问题。有关多代理排序的更多结果, 读者可以参考 Perez-gonzalez 等 (2013) 提供的综述文献以及 Agnetis 等 (2014) 提供的专著。

7.1　在一台兼容继列批机器上的双代理排序问题

本节内容选自 Li 等 (2017) 的论文。在该问题中, 假设有两个代理分别记为代理 1 和代理 2。两个代理的工件集分别为 $\mathcal{J}^1 = \{J_1^1, J_2^1, \cdots, J_{n_1}^1\}$ 与 $\mathcal{J}^2 = \{J_1^2, J_2^2, \cdots, J_{n_2}^2\}$, 同时也假设所有工件在 0 时刻是可加工的。设 $x \in \{1, 2\}$, 称工件集 $\mathcal{J}^x$ 中的工件为 x-工件, 工件 J_j^x 的加工时间为 p_j^x, 权重为 w_j^x, 工期为 d_j^x。所有的工件都分批进行加工, 其中 “一个加工批” 是指连续进行加工的一组工件。每一个加工批中工件的个数没有限制, 即任意数量的工件都可以在同一批中进行加工。另外, 也假设这些加工批是兼

容的, 即允许不同代理的工件在同一批中进行加工, 在每一批加工之前机器需要有一个固定的安装时间 $s>0$。同一批中的工件按顺序进行加工并且每个加工批的加工时间等于该批中工件加工时间之和。批加工机器一次只能加工一个工件并且无法在执行安装时间的期间加工任何工件。这种类型的加工批在文献中被称为**继列批**。这与**平行批**加工是不同的。在平行批中, 同一批中的工件同时加工并且该批的加工时间等于这一批中最长工件的加工时间。每个代理 x 都希望自己的目标函数 f^x 尽可能小。本节考虑在满足 $f^2 \leqslant Q$ 的约束下最小化目标函数 f^1 的排序问题, 因此, 本节研究的一般问题可以表示为 $1|s\text{-batch}, \text{CO}, \text{Compatibility}|f^1 : f^2 \leqslant Q$。其中, "$s$-batch" 表示加工批为继列批, "CO" 表示两个代理之间是竞争的, 并且 "Compatibility" 表示加工批是兼容的。为了方便起见, 用 β^* 表示 β 域 "s-batch, CO, Compatibility", 则所考虑的问题记为 $1|\beta^*|f^1 : f^2 \leqslant Q$。

本节其余部分结构如下: 7.1.1 节考虑了问题 $1|\beta^*|f^1_{\max} : f^2_{\max} \leqslant Q$; 7.1.2 节考虑了问题 $1|\beta^*|\sum C^1_i : f^2_{\max} \leqslant Q$。对这两个问题, 分别提出了多项式时间的最优算法。除此之外, 对两种特殊的情形 $1|\beta^*|L^1_{\max} : f^2_{\max} \leqslant Q$ 和 $1|\beta^*|C^1_{\max} : f^2_{\max} \leqslant Q$, 也提供了更为有效的强多项式时间算法。

7.1.1 问题 $1|\beta^*|f^1_{\max} : f^2_{\max} \leqslant Q$

在考虑排序问题 $1|\beta^*|f^1_{\max} : f^2_{\max} \leqslant Q$ 之前, 首先考虑是否存在一个可行排序使得 $f^2_{\max} \leqslant Q$。当只有一个代理并且每个工件 J_j $(1 \leqslant j \leqslant n)$ 有一个截至工期 $\overline{D}_j$ 时, 对可行性问题 $1|s\text{-batch}, \overline{D}_j|-$, Hochbaum 等 (1994) 提供了一个 $O(n\log n)$ 时间的算法 (称为 HL 算法) 去确定是否存在一个可行的排序。注意到, 如果工件按截至工期 $\overline{D}_j$ 非减的顺序提前排好, 则 HL 算法可在 $O(n)$ 时间内执行完毕。与文献 (Agnetis et al., 2004) 描述的相同, 也假设工件 J^2_j $(j=1,2,\cdots,n_2)$ 的截止日期 $\overline{D}^2_j$ 能在常数时间内被确定。也就是说, 如果 $C^2_j \leqslant \overline{D}^2_j$, 则 $f^2_j(C^2_j) \leqslant Q$; 如果 $C^2_j > \overline{D}^2_j$, 则 $f^2_j(C^2_j) > Q$。因此, 本节假设所有的 2-工件的截至工期事先已知并且按照非减的顺序排好。那么问题 $1|\beta^*|f^1 : f^2_{\max} \leqslant Q$ 的可行性可以通过 HL 算法在 $O(n_2\log n_2)$ 时间内进行检验。因此, 不失一般性, 假定问题 $1|\beta^*|f^1 : f^2_{\max} \leqslant Q$ 总是可行的。由此, 可得出下面的引理 7.1。引理 7.1 的结果很容易通过工件平移的方法得到, 故省略了该引理的证明。

引理 7.1 对于问题 $1|\beta^*|f^1 : f^2_{\max} \leqslant Q$, 存在一个最优排序满足以下性质: ①所有的 2-工件按截至工期 $\overline{D}^2_j$ 的非减顺序进行加工; ②有相同截至工期的 2-工件在同一批中连续加工。

通过引理 7.1 中的性质①可知, 只需要考虑 2-工件按截至工期 $\overline{D}^2_j$ 非减顺序进行加工的排序。此外, 通过性质②可知, 可以将具有相同截止工期的 2-工件合

并为一个工件。因此, 以后假设所有的 2-工件 $J_1^2, J_2^2, \cdots, J_{n_2}^2$ 已被重新标号使得 $\overline{D}_1^2 < \overline{D}_2^2 < \cdots < \overline{D}_{n_2}^2$。由此, 可推出引理 7.2 ～引理 7.4。以下引理表明, 问题 $1|\beta^*|L_{\max}^1 : f_{\max}^2 \leqslant Q$ 的判定形式可以被有效求解。

引理 7.2　对于任意固定的值 Δ, 可以在 $O(n\log n)$ 时间内检查问题 $1|\beta^*|L_{\max}^1 : f_{\max}^2 \leqslant Q$ 是否存在一个可行的排序使得 $L_{\max}^1 \leqslant \Delta$。

证明　对于每一个工件 J_j^1 $(j = 1, 2, \cdots, n_1)$, 其截止工期可以由 $\overline{D}_j^1 = d_j^1 + \Delta$ 确定, 并且已知 J_j^2 $(j = 1, 2, \cdots, n_2)$ 的截止工期是 $\overline{D}_j^2$。给定两个代理工件的截止工期, 问题 $1|s\text{−batch}, \overline{D}_j|$-的可行性可以通过应用 HL 算法到工件集 $\mathcal{J} = \mathcal{J}^1 \bigcup \mathcal{J}^2$ 上解决。注意到 HL 算法的运行时间是 $O(n\log n)$, 因此, 可以在 $O(n\log n)$ 时间内检查问题 $1|\beta^*|L_{\max}^1 : f_{\max}^2 \leqslant Q$ 是否存在一个可行的排序使得 $L_{\max}^1 \leqslant \Delta$。引理 7.2 得证。　□

引理 7.3　问题 $1|\beta^*|f_{\max}^1 : f_{\max}^2 \leqslant Q$ 可以在 $O(n\log n\log(Y_U - Y_L))$ 时间内解决, 其中 $Y_L = \min\{f_j^1(s) : 1 \leqslant j \leqslant n_1\}$, $Y_U = \max\{f_j^1(T) : 1 \leqslant j \leqslant n_1\}$, 这里 s 为安装时间且 $T = \sum_{j=1}^{n_1} p_j^1 + \sum_{j=1}^{n_2} p_j^2 + n \cdot s$。

证明　注意到 $\overline{D}_j^2$ 是工件 J_j^2 的截止工期, 对代理 1, 可以使用二分法搜索来确定 $f_{\max}^1$ 的最优值 Y^*。显然, $Y_L = \min\{f_j^1(s) : 1 \leqslant j \leqslant n_1\}$ 是 Y^* 的一个下界并且 $Y_U = \max\{f_j^1(T) : 1 \leqslant j \leqslant n_1\}$ 是 Y^* 的一个上界, 可以在区间 $[Y_L, Y_U]$ 内进行二分法搜索来确定 Y^*。对于每个 $Y_L \leqslant Y' \leqslant Y_U$, 工件 J_j^1 的截止工期 $\overline{D}_j^1(Y')$ 能被计算得出 (即当 $C_j^1 \leqslant \overline{D}_j^1(Y')$ 时, 则 $f_j^1(C_j^1) \leqslant Y'$; 且当 $C_j^1 > \overline{D}_j^1(Y')$ 时 $f_j^1(C_j^1) > Y'$)。然后通过引理 7.2 可知, 对于任意固定的 Y', 可以在 $O(n\log n)$ 时间内确定是否存在一个可行排序使得 $f_{\max}^1 \leqslant Y'$ 且 $f_{\max}^2 \leqslant U$。因此, 所使用算法的时间复杂度为 $O(n\log n\log(Y_U - Y_L))$。引理 7.3 得证。　□

当 $f_{\max}^1 = L_{\max}^1$ 时, 上述二分法的时间复杂度能够降低到 $O(\log T)$, 因此问题 $1|\beta^*|L_{\max}^1 : f_{\max}^2 \leqslant Q$ 可以在 $O(n\log n\log T)$ 时间内求解。注意到这个时间复杂度虽然是多项式时间的, 但是它不是强多项式时间的。与得到引理 7.1 的过程相似, 可以得到以下结果。

引理 7.4　对于 $1|\beta^*|L_{\max}^1 : f_{\max}^2 \leqslant Q$, 存在一个最优排序满足以下性质: ①所有的 1-工件按工期 d_j 非减的顺序进行加工; ②有相同工期的 1-工件在同一批中连续加工。

根据引理 7.4, 假设 1-工件已经被重新标号使得 $d_1^1 < d_2^1 < \cdots < d_{n_1}^1$, 对 $1 \leqslant \eta_1 \leqslant n_1$, $1 \leqslant \lambda_1 \leqslant \eta_1$, $0 \leqslant \eta_2 \leqslant n_2$ 和 $1 \leqslant r \leqslant \lambda_1 + \eta_2$, 定义

$$t(\eta_1,\eta_2,r)=r\cdot s+\sum_{j=1}^{\eta_1}p_j^1+\sum_{j=1}^{\eta_2}p_j^2 \tag{7.1}$$

且

$$y(\eta_1,\lambda_1,\eta_2,r)=t(\eta_1,\eta_2,r)-d_{\lambda_1}^1 \tag{7.2}$$

由引理 7.1 和引理 7.4 可知, 对于问题 $1|\beta^*|L_{\max}^1: f_{\max}^2\leqslant Q$, 存在一个最优排序使得所有的 1-工件和 2-工件分别按工期和截止工期非减的顺序进行加工。因此, 对每一个工件 $J_{\lambda_1}^1$ $(1\leqslant\lambda_1\leqslant n_1)$, 其完工时间一定为 $t(\eta_1,\eta_2,r)$ 的形式, 其中 r 表示在包含工件 $\{J_1^1,J_2^1,\cdots,J_{\eta_1}^1\}\bigcup\{J_1^2,J_2^2,\cdots,J_{\eta_2}^2\}$ 的部分排序中加工批的数量, 并且工件 $J_{\lambda_1}^1$ 包含在最后一批中。通过对完工时间的定义, 代理 1 的最大延迟 $L_{\max}^1$ 必须属于以下集合

$$\mathcal{G}=\{y(\eta_1,\lambda_1,\eta_2,r):1\leqslant\eta_1\leqslant n_1,1\leqslant\lambda_1\leqslant\eta_1,0\leqslant\eta_2\leqslant n_2,1\leqslant r\leqslant\lambda_1+\eta_2\} \tag{7.3}$$

总之, 可以集中搜索 $L_{\max}^1\in\mathcal{G}$ 的值。给定 $|\mathcal{G}|=O(nn_1^2n_2)$, 那么集合 $\mathcal{G}$ 上的二分法搜索过程至多调用 $O(\log(n_1^2n_2n))=O(\log n)$ 次 HL 算法。因此, 该算法的时间复杂度是 $O(nn_1^2n_2\log n)$, 这主要取决于集合 $\mathcal{G}$ 的生成和排序。因此, 有以下结果成立。

定理 7.1 问题 $1|\beta^*|L_{\max}^1: f_{\max}^2\leqslant Q$ 可以在 $O(n\log n\min\{n_1^2n_2,\log T\})$ 时间内求解。

推论 7.1 问题 $1|\beta^*|C_{\max}^1: f_{\max}^2\leqslant Q$ 可以在 $O(n_1+n_2^2\log n_2)$ 时间内求解。

证明 注意到 $C_{\max}^1$ 是 $L_{\max}^1$ 的特例, 通过引理 7.4 的②, 可以在线性时间内合并所有的 1-工件为一个工件, 这个工件的加工时间是 $\sum_{j=1}^{n_1}p_j^1$, 那么代理 1 的最大完工时间一定属于下列集合

$$\mathcal{C}=\left\{r\cdot s+\sum_{j=1}^{n_1}p_j^1+\sum_{k=1}^{\eta_2}p_k^2:0\leqslant\eta_2\leqslant n_2,1\leqslant r\leqslant\eta_2+1\right\} \tag{7.4}$$

由于 $|\mathcal{C}|=O(n_2^2)$, 因此在 $\mathcal{C}$ 使用二分法搜索时最多调用 $O(\log(n_2^2))=O(\log n_2)$ 次 HL 算法。因此, 该算法的时间复杂度为 $O(n_1+n_2^2\log n_2)$。推论 7.1 得证。 □

7.1.2 问题 $1|\beta^*|\sum C_i^1: f_{\max}^2\leqslant Q$

对于本节研究的问题 $1|\beta^*|\sum C_i^1: f_{\max}^2\leqslant Q$, 我们设计一个 $O(nn_1^2n_2^2)$ 时间的动态规划算法来求解。注意到引理 7.1 对代理 1 的任意规则的目标函数 f^1 都成立, 所以只需要确定工件 1-工件的加工顺序。以下结果可以通过工件交换的方法得到。

引理 7.5　对于问题 $1|\beta^*|\sum C_i^1 : f_{\max}^2 \leqslant Q$, 存在一个最优排序使得所有的 1-工件按最短加工时间优先 (SPT) 的顺序进行加工。

正如 7.1.1 节中所述, 假设 2-工件已经被重新标号使得 $\overline{D}_1^2 < \overline{D}_2^2 < \cdots < \overline{D}_{n_2}^2$, 通过引理 7.5, 也假设 1-工件按 SPT 规则排好顺序使得 $p_1^1 \leqslant p_2^1 \leqslant \cdots \leqslant p_{n_1}^1$, 则有以下算法成立。

算法 7.1　对于问题 $1|\beta^*|\sum C_i^1 : f_{\max}^2 \leqslant Q$。

设 $H(a_1, a_2, r)$ 为代理 1 满足以下性质的最小目标函数值: ①考虑的工件为 $J_1^1, J_2^1, \cdots, J_{a_1}^1$ 与 $J_1^2, J_2^2, \cdots, J_{a_2}^2$; ②所有的 1-工件按 SPT 顺序加工并且 2-工件按截止工期非减的顺序加工; ③当前部分排序恰好包含 $r \leqslant a_1 + a_2$ 个加工批; ④所有 2-工件在它们的截止工期之前完工。

通过引理 7.1 和引理 7.5 可知, 存在一个对应于 $H(a_1, a_2, r)$ 的最优排序, 最优排序的最后一批包含代理 1 的工件 $J_{l_1+1}^1, J_{l_1+2}^2, \cdots, J_{a_1}^1$ 以及代理 2 的工件 $J_{l_2+1}^2, J_{l_2+2}^2, \cdots, J_{a_2}^2$, 其中 $l_1 \leqslant a_1$, $l_2 \leqslant a_2$ 且 $r - 1 \leqslant l_1 + l_2 \leqslant a_1 + a_2 - 1$。另外, 如果不存在满足性质①~④的可行排序, 则假设 $H(a_1, a_2, r) = +\infty$。

初始条件为 $H(0, 0, 0) = 0$。

对于 $a_1 = 0, 1, \cdots, n_1$, $a_2 = 0, 1, \cdots, n_2$, $a_1 + a_2 \geqslant 1$ 且 $r = 1, 2, \cdots, a_1 + a_2$, 递归函数可以通过下式计算:

$$H(a_1, a_2, r) = \min \begin{cases} \min\limits_{\max\{0, r-1-a_2\} \leqslant l_1 \leqslant a_1 - 1} \{H(l_1, a_2, r-1) + (a_1 - l_1)t(a_1, a_2, r) \\ \min\limits_{(l_1, l_2) \in \Gamma(a_1, a_2, r)} \{H(l_1, l_2, r-1) + (a_1 - l_1)t(a_1, a_2, r)\} \end{cases}$$

其中,

$$t(a_1, a_2, r) = r \cdot s + \sum_{j=1}^{a_1} p_j^1 + \sum_{j=1}^{a_2} p_j^2$$

且

$$\Gamma(a_1, a_2, r) = \{(l_1, l_2) : 0 \leqslant l_1 \leqslant a_1, 0 \leqslant l_2 \leqslant a_2 - 1, r - 1 \leqslant l_1 + l_2, t(a_1, a_2, r) \leqslant \overline{D}_{l_2+1}^2\}$$

在上述递归函数中, 第一项中 "min" 代表没有 2-工件在最后一批中加工的情形, 第二项中 "min" 代表至少有一个 2-工件在最后一批中加工的情形 (在这种情况下性质④必须满足)。注意到, $l_1 = a_1$ 表示没有 1-工件在最后一批中加工并且 $l_2 = a_2$ 的定义是类似的。

代理 1 的最优值由 $\min\{H(n_1, n_2, r) : 1 \leqslant r \leqslant n\}$ 给出。对 $a_1 = 0, 1, \cdots, n_1$, $a_2 = 0, 1, \cdots, n_2$ 且 $r = 1, 2, \cdots, a_1 + a_2$, 部分和 $t(a_1, a_2, r)$ 可以在 $O(nn_1n_2)$ 时间内

求出。显然, 每个值 $H(a_1,a_2,r)$ 都可以在 $O(n_1n_2)$ 时间内计算出来, 并且 (a_1,a_2,r) 的状态个数最多为 $O(n_1n_2n)$, 所以有下面的结果成立。

定理 7.2 算法 7.1 可在 $O(nn_1^2n_2^2)$ 时间内得到问题 $1|\beta^*|\sum C_i^1 : f_{\max}^2 \leqslant Q$ 的最优解。

7.2 关于四个双代理排序问题的复杂性

7.2.1 引言

本节内容选自 Yuan (2018) 的论文。在双代理排序中, 假设有两个不同的代理, 分别记为代理 1 和代理 2。下面的符号和术语将在以后的讨论中使用。

(1) $\mathcal{J}^x=\{J_1^x,J_2^x,\cdots,J_{n_x}^x\}$, 其中 $x\in\{1,2\}$。$\mathcal{J}^x$ 是 x-工件的集合且 $\mathcal{J}^1\bigcap\mathcal{J}^2=\varnothing$。

(2) $\mathcal{J}=\mathcal{J}^1\bigcup\mathcal{J}^2$ 是所有工件的集合。

(3) $n=n_1+n_2$, 其中 $n_1=|\mathcal{J}^1|$ 且 $n_2=|\mathcal{J}^2|$。

(4) $p_j^x>0$ 是工件 J_j^x 的加工时间, 其中 $x\in\{1,2\}$ 且 $j\in\{1,2,\cdots,n_x\}$。

(5) $P(\mathcal{F})$ 是 $\mathcal{F}$ 中所有工件的加工时间总和, 其中 $\mathcal{F}$ 是 $\mathcal{J}^1\bigcup\mathcal{J}^2$ 的任意一个子集。

(6) $P_x=P(\mathcal{J}^x)$, 其中 $x\in\{1,2\}$。

(7) $P=P_1+P_2=P(\mathcal{J})$。

(8) $d_j^x\geqslant 0$ 是工件 J_j^x 的工期。

(9) $d_{\max}$ 是 $\mathcal{J}^1\bigcup\mathcal{J}^2$ 中所有工件的最大工期。

(10) $w_j^x\geqslant 0$ 是工件 J_j^x 的权重。

(11) $W(\mathcal{F})$ 在 $\mathcal{F}$ 中所有工件的总权重, 其中 $\mathcal{F}$ 是 $\mathcal{J}^1\bigcup\mathcal{J}^2$ 中的任意一个子集。

(12) $W_x=W(\mathcal{J}^x)$, 其中 $x\in\{1,2\}$。

(13) $W=W_1+W_2=W(\mathcal{J})$。

(14) $S_j^x(\sigma)$ 是工件 J_j^x 在排序 σ 中的开工时间。

(15) $C_j^x(\sigma)=S_j^x(\sigma)+p_j^x$ 是工件 J_j^x 在排序 σ 中的完工时间。

(16) 在排序 σ 中, 如果 $C_j^x(\sigma)>d_j^x$, 则称工件 J_j^x 为误工的; 如果 $C_j^x(\sigma)\leqslant d_j^x$ 时, 则称工件 J_j^x 为按时完工的。

(17) 如果 J_j^x 在排序 σ 中是误工的, 则记 $U_j^x(\sigma)=1$; 如果 J_j^x 在排序 σ 中是按时完工的, 则记 $U_j^x(\sigma)=0$。

(18) $\sum U_j(\sigma)=\sum_{j=1}^{n_1}U_j^1(\sigma)+\sum_{j=1}^{n_2}U_j^2(\sigma)$ 是在排序 σ 中所有误工工件的个数。

(19) $\sum w_jU_j(\sigma) = \sum_{j=1}^{n_1} w_j^1U_j^1(\sigma) + \sum_{j=1}^{n_2} w_j^2U_j^2(\sigma)$ 是在排序 σ 中加权误工工件个数。

(20) $C_{\max}^1(\sigma) = \max\{C_j^1(\sigma) : j = 1, 2, \cdots, n_1\}$ 称为排序 σ 的 1-工件最大完工时间。

(21) $L_{\max}^1(\sigma) = \max\{C_j^1(\sigma) - d_j^1 : j = 1, 2, \cdots, n_1\}$ 称为排序 σ 的 1-工件最大延迟。

(22) 如果 $d_{\max} < P(\mathcal{J}^1)$, 则称工件实例 $\mathcal{J}$ 为 1-工件支配的。在每一个 1-工件支配的实例中, 最后一个 1-工件一定是误工的并且所有的按时完工工件在最后一个 1-工件之前加工。

Huynh-tuong 等 (2012) 和 Perez-gonzalez 等 (2013) 指出: 下列四个排序问题的复杂性是未知的。

(P1): $1||\sum U_j : C_{\max}^1 \leqslant C$。

(P2): $1||\lambda_1 \sum U_j + \lambda_2 C_{\max}^1$。

(P3): $1||\sum U_j : L_{\max}^1 \leqslant L$。

(P4): $1||\lambda_1 \sum U_j + \lambda_2 L_{\max}^1$。

本节证明了上述四个问题 (P1) ～问题 (P4) 都是 NP-困难的。剩下的内容组织结构如下: 7.2.2 节证明了问题 $1||\text{Lex}(f, g)$ 的判定形式可以在多项式时间内归结为问题 $1||f : g \leqslant Y$ 和 $1||\lambda_1 f + \lambda_2 g$ 的判定形式, 并且问题 $1||\text{Lex}\left(\sum U_j, C_{\max}^A\right)$ 在 1-工件支配的实例下判定形式可在多项式时间内归结为问题 $1||\text{Lex}\left(\sum U_j, L_{\max}^1\right)$ 的判定形式; 在 7.2.3 节中, 首先证明了问题 $1||\text{Lex}\left(\sum U_j, C_{\max}^1\right)$ 在 1-工件支配实例下的判定形式是 NP-完全的。然后, 根据 7.2.2 节建立的归结原理证明问题 (P1) ～问题 (P4) 也是 NP-困难的。

7.2.2　基本归结

引理 7.6　如果问题 $1||f$ 可以在多项式时间内求解, 那么问题 $1||\text{Lex}(f, g)$ 的判定形式可以在多项式时间内归结为问题 $1||f : g \leqslant Y$ 和 $1||\lambda_1 f + \lambda_2 g$ 的判定形式。

证明　假设 $\mathcal{I}$ 是问题 $1||\text{Lex}(f, g)$ 的一个实例且 Y 是目标函数 g 的门槛值, 由于问题 $1||f$ 可以在多项式时间内求解, 因此问题 $1||f$ 在实例 $\mathcal{I}$ 下的最优值 (记为 F), 可以在多项式时间内获得。问题 $1||\text{Lex}(f, g)$ 在实例 $\mathcal{I}$ 下的判定形式可以描述如下:

(D1): 是否存在实例 $\mathcal{I}$ 的排序 σ 使得 $f(\sigma) \leqslant F$ 且 $g(\sigma) \leqslant Y$?

注意到 (D1) 也是 $1||f:g\leqslant Y$ 在实例 $\mathcal{I}$ 上的一个特殊判定形式。因此, 这个结果也适用于问题 $1||f:g\leqslant Y$。

对于问题 $1||\lambda_1 f+\lambda_2 g$, 首先定义 $\lambda_1=M$ 是一个足够大的数, $\lambda_2=1$, 并且 $Q=MF+Y$, 然后考虑实例 $\mathcal{I}$ 上问题 $1||\lambda_1 f+\lambda_2 g$ 相应的判定形式 (D2)。

(D2): 是否存在实例 $\mathcal{I}$ 的一个排序 σ 使得 $\lambda_1 f(\sigma)+\lambda_2 g(\sigma)\leqslant Q$?

由于 $\lambda_1=M$ 足够大, (D2) 的一个可行排序 σ 一定使得 $f(\sigma)$ 达到最小, 所以有 $f(\sigma)=F$。进一步, 在 (D2) 中条件 $\lambda_1 f(\sigma)+\lambda_2 g(\sigma)\leqslant Q$ 就等价于 $f(\sigma)\leqslant F$ 和 $g(\sigma)\leqslant Y$。因此, σ 是 (D2) 的解当且仅当 σ 是 (D1) 的解。引理 7.6 得证。 □

根据引理 7.6, 可以得到下面的推论和引理。

推论 7.2 如果问题 $1||\text{Lex}(f,g)$ 的判定形式是 NP-完全的, 那么问题 $1||f:g\leqslant Y$ 和 $1||\lambda_1 f+\lambda_2 g$ 也是 NP-困难的。

引理 7.7 问题 $1||\text{Lex}\left(\sum U_j, C^1_{\max}\right)$ 在 1-工件支配实例下的判定形式可在多项式时间内归结为问题 $1||\text{Lex}\left(\sum U_j, L^1_{\max}\right)$ 的判定形式。

证明 假设 $\mathcal{J}$ 是一个 1-工件支配的实例并且 $C>0$ 是 1-工件最大完工时间的一个门槛值, 设 U^* 是问题 $1||\sum U_j$ 在实例 $\mathcal{J}$ 上的最优值, 由于 $1||\sum U_j$ 可在多项式时间内求解, 因此 U^* 可以在多项式时间内得到, 那么问题 $1||\text{Lex}\left(\sum U_j, C^1_{\max}\right)$ 在实例 $\mathcal{J}$ 上的判定形式可以描述如下:

(D3): 是否存在实例 $\mathcal{J}$ 的一个排序 σ 使得 $\sum\limits_j U_j(\sigma)\leqslant U^*$ 且 $C^1_{\max}(\sigma)\leqslant C$?

注意到 $P=P(\mathcal{J}^1)+P(\mathcal{J}^2)$, 令 $\mathcal{J}'$ 是包含 $\mathcal{J}$ 的一个新实例, 它是通过添加一个新的 1-工件 J^1_0 得到的。这里 $p^1_0=C+2P$ 且 $d^1_0=C+P$。定义 $L=C+P$ 是 1-工件最大延迟的门槛值, 由于 $p^1_0>d^1_0$, 在实例 $\mathcal{J}'$ 的每一个排序中, J^1_0 都是一个误工的工件, 那么问题 $1||\sum U_j$ 在实例 $\mathcal{J}'$ 上的最优值依旧是 U^*。因此, 在实例 $\mathcal{J}'$ 上问题 $1||\text{Lex}\left(\sum U_j, L^1_{\max}\right)$ 的判定形式可以描述如下:

(D4): 是否存在实例 $\mathcal{J}'$ 的一个排序 σ' 使得 $\sum\limits_j U_j(\sigma')\leqslant U^*$ 且 $L^1_{\max}(\sigma')\leqslant L$。

下面将证明 (D3) 有解当且仅当 (D4) 有解。首先, 假设 (D3) 有解, 那么问题 $1||\text{Lex}\left(\sum U_j, C^1_{\max}\right)$ 在实例 $\mathcal{J}$ 上有一个排序 σ 使得 $\sum\limits_j U_j(\sigma)\leqslant U^*$ 且 $C^1_{\max}(\sigma)\leqslant C$。因为 $\mathcal{J}$ 是一个 1-工件支配的实例, 所以最后一个 1-工件在 σ 中是误工的并且在排序 σ 中所有的按时完工工件都在最后一个 1-工件之前加工。在排序 σ 中, 通过安排 J^1_0 在 σ 中最后一个 1-工件之后加工, 可以获得问题 $1||\text{Lex}\left(\sum U_j, L^1_{\max}\right)$ 在实例 $\mathcal{J}'$

下的另一个排序 σ'。由于 J_0^1 是在 σ' 中是误工工件并且所有 σ 中的按时完工工件是在最后一个 1-工件之前加工的, 则 $\sum\limits_j U_j(\sigma') = \sum\limits_j U_j(\sigma) = U^*$。另外, 在排序 σ' 中, $\mathcal{J}$ 的每一个 1-工件的延迟时间至多是 $C_{\max}(\sigma) \leqslant C < L$, 并且在排序 σ' 中 J_0^1 的延迟时间至多为

$$L_0^1(\sigma') = C_{\max}^1(\sigma) + p_0^1 - d_0^1 = C_{\max}^1(\sigma) + P \leqslant C + P = L$$

因此, σ' 是实例 $\mathcal{J}'$ 的一个排序使得 $\sum\limits_j U_j(\sigma') = U^*$ 并且 $L_{\max}^1(\sigma') \leqslant L$。这表明 σ' 是 (D4) 的一个解。

反之, 假设 (D4) 有一个解, 那么在实例 $\mathcal{J}'$ 下的问题 $1||\text{Lex}\left(\sum U_j, L_{\max}^1\right)$ 有一个排序 σ' 使得 $\sum\limits_j U_j(\sigma') \leqslant U^*$ 且 $L_{\max}^1(\sigma') \leqslant L$。由于 $\mathcal{J}$ 是一个 1-工件支配的实例, 那么在实例 $\mathcal{J}$ 下的每一个工件 J_j^x 有一个工期 $d_j^x < P(\mathcal{J}^1) < C + 2P = p_0^1$, 这意味着在 σ' 中所有的按时完工工件都在工件 J_0^1 之前加工。因此, 可以断言在排序 σ' 中 J_0^1 是最后一个 1-工件。

为了证明这个断言, 我们将使用反证法。假设在排序 σ' 下有某个 1-工件 J_j^1 在 J_0^1 之后加工, 那么有 $C_j^1(\sigma') > p_0^1 = C + 2P$。由于 $d_j^x < P(\mathcal{J}^1) \leqslant P$, 可以得到

$$L_{\max}(\sigma') \geqslant L_j^1(\sigma') = C_j^1(\sigma') - d_j^x > C + P = L$$

这与 σ' 的选择矛盾。断言得证。

令 σ 是 $\mathcal{I}$ 的排序, 并且是由排序 σ' 删除 J_0^1 而得到的。从上面的断言中, 可以得到 $C_{\max}(\sigma) \leqslant S_0^1(\sigma')$ 且 $L_0^1(\sigma') \leqslant L_{\max}(\sigma') \leqslant L$, 因此, 有

$$\begin{aligned} S_0^1(\sigma') &= C_0^1(\sigma') - p_0^1 = L_0^1(\sigma') + d_0^1 - p_0^1 \leqslant L + d_0^1 - p_0^1 \\ &= (C + P) + (C + P) - (C + 2P) = C \end{aligned}$$

进一步, 也有 $C_{\max}^1(\sigma) \leqslant C$。因为在 σ' 中所有的按时完工工件都在 J_0^1 之前加工, 所以可以得到 $\sum\limits_j U_j(\sigma) = \sum\limits_j U_j(\sigma') \leqslant U^*$, 因此, σ 是问题 $1||\text{Lex}\left(\sum U_j, C_{\max}^1\right)$ 在实例 $\mathcal{J}$ 上的排序, 并且使得 $\sum\limits_j U_j(\sigma) \leqslant U^*$ 且 $C_{\max}^1(\sigma) \leqslant C$。这也意味着 σ 是 (D3) 的一个解。引理 7.7 得证。 □

7.2.3 NP-困难性证明

本节将利用 NP-完全的奇偶划分问题 (见文献 (Garey et al., 1979)) 进行归结, 证明问题 $1||\text{Lex}\left(\sum U_j, C_{\max}^1\right)$ 在 1-工件支配实例的判定形式也是 NP-完全的。

问题 7.1 奇偶划分问题。给定 $2t+1$ 个正整数 $a_1, a_2, \cdots, a_{2t}$ 和 b, 其中 $a_1 < a_2 < \cdots < a_{2t} < b$ 且 $a_1 + a_2 + \cdots + a_{2t} = 2b$, 问是否存在 $\{1, 2, \cdots, 2t\}$ 的一个划分 I_1 和 I_2, 使得 $\sum\limits_{i \in I_1} a_i = \sum\limits_{i \in I_2} a_i = b$ 并且对每一个 $i = 1, 2, \cdots, t$, $|I_1 \bigcap \{2i-1, 2i\}| = |I_2 \bigcap \{2i-1, 2i\}| = 1$ 都成立?

定理 7.3 问题 $1||\text{Lex}\left(\sum U_j, C_{\max}^1\right)$ 在 1-工件支配实例下的判定形式是 NP-完全的。

证明 对于奇偶划分问题的一个给定实例 $(a_1, a_2, \cdots, a_{2t}, b)$, 首先构造以下参数用于归结。

(1) 对每一个 $i = 0, 1, \cdots, t+1$, 令 $L_i = 2^i \times 3b$, 因为 $2^0 + 2^1 + \cdots + 2^i = 2^{i+1} - 1$, 所以可以得到, 对每个 $i = 0, 1, \cdots, t$, 都有

$$L_{i+1} = 2L_i = L_0 + L_1 + \cdots + L_i + 3b \tag{7.5}$$

(2) $M = 2t(L_0 + L_1 + \cdots + L_t + 3b) = 4tL_t = 2^{t+2} \times 3tb$ 是一个非常大的数。

(3) $D_0, D_1, \cdots, D_{2t}$ 定义如下:

$$\begin{cases} D_0 = 0 \\ D_{2k} = 2kM^3 + kM^2 + (M+1)\sum\limits_{i=1}^{k} L_i + 3b, \qquad 1 \leqslant k \leqslant t \\ D_{2k-1} = D_{2(k-1)} + M^3 + M^2 + ML_k + 2a_{2k-1}, 1 \leqslant k \leqslant t \end{cases} \tag{7.6}$$

由等式 (7.6) 可知, $D_0 < D_1 < \cdots < D_{2t}$。注意到对 $k = 1, 2, \cdots, t$, D_{2k} 也可以写为

$$\begin{aligned} D_{2k} &= 2kM^3 + kM^2 + M\sum_{i=1}^{k} L_i + \left(\sum_{i=1}^{k} L_i + 3b\right) \\ &= 2kM^3 + kM^2 + M(2L_k - 3b) + 2L_k \end{aligned}$$

其中最后一个等式由等式 (7.5) 得出。由于 $M = 4tL_t$ 是一个充分大的数, 对表达式 D_{2k} 中的最后两项, 有 $M(2L_k - 3b) + 2L_k < 2ML_k < M^2 < M^3/(k+1)$。因此, 对 $k = 0, 1, \cdots, t$, 有

$$D_{2k} < 2kM^3 + kM^2 + 2ML_k < 2kM^3 + (k+1)M^2 < (2k+1)M^3 \tag{7.7}$$

特别地, 当 $k = t$, 由等式 (7.7) 可知

$$D_{2t} < 2tM^3 + (t+1)M^2 < (2t+1)M^3 \tag{7.8}$$

再次, 对 $k = 1, 2, \cdots, t$, 由于 $M = 4tL_t$ 是一个非常大的数, 因此能够推断出 $M^2 +$

$ML_k + 2a_{2k-1} < 2M^2$。然后, 从等式 (7.6) 中 D_{2k-1} 的表达式, 有 $D_{2k-1} < D_{2(k-1)} + M^3 + 2M^2$。与等式 (7.7) 中的不等式 $D_{2(k-1)} < 2(k-1)M^3 + kM^2$ 一起考虑, 可以得到

$$D_{2k-1} < (2(k-1)M^3 + kM^2) + (M^3 + 2M^2) = (2k-1)M^3 + (k+2)M^2 < 2kM^3$$

这里, 最后一个不等式可以从事实 $M = 4tb^3 > k+2$ 中得到。结合等式 (7.7), 进一步得到对每个 $k = 1, 2, \cdots, 2t$, 有

$$D_k < (k+1)M^3 \tag{7.9}$$

现在可以按照如下的方法构造排序的实例:

(1) 在 $\mathcal{J} = \mathcal{J}^1 \bigcup \mathcal{J}^2$ 中, 有 $n = 4t$ 个工件, 并且 $n_1 = n_2 = 2t$。

(2) 有 $n_1 = 2t$ 个 1-工件, 分别记为 $J_1^1, J_2^1 \cdots, J_{2t}^1$, 对每一个 $i = 1, 2, \cdots, t$, 有

$$\begin{cases} p_{2i-1}^1 = M^3 + M^2 + ML_i + 2a_{2i-1} \\ p_{2i}^1 = M^3 + M^2 + ML_i + 2a_{2i} \\ d_{2i-1}^1 = D_{2i-1} \\ d_{2i}^1 = D_{2i} \end{cases} \tag{7.10}$$

因为 $a_1 + a_2 + \cdots + a_{2t} = 2b$, 由等式 (7.10) 可得, 1-工件总的加工时间为

$$P_1 = \sum_{j=1}^{2t} p_j^1 = 2tM^3 + 2tM^2 + 2M\sum_{i=1}^{t} L_i + 4b > D_{2t} \tag{7.11}$$

这个不等式可以由等式 (7.6) 中的表达式 $D_{2t} = 2tM^3 + tM^2 + (M+1)\sum\limits_{i=1}^{t} L_i + 3b$ 得出。

(3) 有 $n_2 = 2t$ 个 2-工件, 记为 $J_1^2, J_2^2, \cdots, J_{2t}^2$, 对每一个 $i = 1, 2, \cdots, t$, 有

$$\begin{cases} p_{2i-1}^2 = M^3 + L_i + a_{2i-1} \\ p_{2i}^2 = M^3 + L_i + a_{2i} \\ d_{2i-1}^2 = D_{2i-1} \\ d_{2i}^2 = D_{2i} \end{cases} \tag{7.12}$$

注意到对每一个 $j = 1, 2, \cdots, 2t$, 有 $d_j^1 = d_j^2 = D_j$, 并且对每一个 $i = 1, 2, \cdots, t$, 也有 $D_{2i-1} = D_{2(i-1)} + p_{2i-1}^1$。

(4) 1-工件最大完工时间的上界为

$$C = 3tM^3 + 2tM^2 + (2M+1)\sum_{i=1}^{t} L_i + 5b \tag{7.13}$$

(5) 判定问题为: 在上述实例中, 是否存在问题 $1||\sum U_i$ 的一个最优排序 σ 使得 $C_{\max}^1(\sigma) \leqslant C$。

上述构造的实例可以在多项式时间内完成, 容易验证所有工件的最大工期是 D_{2t}。由等式 (7.11), 有 $D_{2t} < P_1$, 因此, $\mathcal{J} = \mathcal{J}^1 \bigcup \mathcal{J}^2$ 确实是一个 1-工件支配的实例。

注意到每个工件的加工时间都大于 M^3, 并且最大的工期 D_{2t} 严格小于 $(2t+1)M^3$, 因此, 在上述实例下问题 $1||\sum U_i$ 的最优排序中, 最多有 $2t$ 工件是按时完工的。由于共有 $4t$ 个工件, 问题 $1||\sum U_i$ 的最优值至少是 $2t$, 另外, 把这 $4t$ 个工件按照如下顺序进行加工:

$$J_1^2 \prec J_2^2 \prec \cdots \prec J_{2t}^2 \prec J_1^1 \prec J_2^1 \prec \cdots \prec J_{2t}^1$$

容易验证这 $2t$ 个 2-工件是按时完工的并且 $2t$ 个 1-工件是误工的。因此, 问题 $1||\sum U_i$ 的最优值恰好是 $2t$。下面, 我们将证明, 奇偶划分问题的实例有解当且仅当存在一个排序 σ 使得

$$C_{\max}^1(\sigma) \leqslant C, \text{ 且 } \sum U_j(\sigma) = 2t \tag{7.14}$$

首先, 假设奇偶划分问题的实例有解, 那么存在一个 $\{1,2,\cdots,2t\}$ 的划分 (I_1, I_2) 使得 $\sum\limits_{i\in I_1} a_i = \sum\limits_{i\in I_2} a_i = b$ 并且对每一个 $i = 1,2,\cdots,t$, 都有 $|I_1 \bigcap \{2i-1, 2i\}| = |I_2 \bigcap \{2i-1, 2i\}| = 1$。对每一个 $j \in \{1,2,\cdots,2t\}$, 定义

$$\delta_j = \begin{cases} 1, & \text{如果} j \in I_1 \\ 0, & \text{如果} j \in I_2 \end{cases} \tag{7.15}$$

且

$$J_{[j]} = \begin{cases} J_j^1, & \text{如果} j \in I_1 \\ J_j^2, & \text{如果} j \in I_2 \end{cases} \tag{7.16}$$

则有

$$\delta_1 a_1 + \delta_2 a_2 + \cdots + \delta_{2t} a_{2t} = b \tag{7.17}$$

另外, 由等式 (7.10) 和等式 (7.12) 中工期的定义, 每一个工件 $J_{[j]}$ 的工期由 $d_{[j]} = D_j$ 给出。进一步, 则有 $d_{[1]} < d_{[2]} < \cdots < d_{[2t]}$。

由等式 (7.15) 和等式 (7.16) 及 (I_1, I_2) 的定义和等式 (7.10) 与等式 (7.12) 中对加工时间的定义, 对于每一个 $i = 1,2,\cdots,t$, 都有

$$\delta_{2i-1} + \delta_{2i} = 1 \tag{7.18}$$

$$\text{或者 } J_{[2i-1]} = J_{2i-1}^1 \text{ 且 } J_{[2i]} = J_{2i}^2, \text{或者 } J_{[2i-1]} = J_{2i-1}^2 \text{ 且 } J_{[2i]} = J_{2i}^1 \tag{7.19}$$

并且

$$\begin{aligned} p_{[2i-1]} + p_{[2i]} &= \delta_{2i-1}p_{2i-1}^1 + \delta_{2i}p_{2i}^1 + (1-\delta_{2i-1})p_{2i-1}^2 + (1-\delta_{2i})p_{2i}^2 \\ &= 2M^3 + M^2 + (M+1)L_i + (a_{2i-1}+a_{2i}) + (\delta_{2i-1}a_{2i-1} + \delta_{2i}a_{2i}) \end{aligned} \tag{7.20}$$

注意到对每一个 $k \in \{1, 2, \cdots, t\}$, 都有

$$a_1 + a_2 + \cdots + a_{2k} \leqslant a_1 + a_2 + \cdots + a_{2t} = 2b$$

并且

$$\delta_1 a_1 + \delta_2 a_2 + \cdots + \delta_{2k}a_{2k} \leqslant \delta_1 a_1 + \delta_2 a_2 + \cdots + \delta_{2t}a_{2t} = b$$

其中, 最后一个等式由等式 (7.17) 得出。由等式 (7.20) 得知, 对每一个 $k \in \{1, 2, \cdots, t\}$, 都有

$$p_{[1]} + p_{[2]} + \cdots + p_{[2k]} \leqslant 2kM^3 + kM^2 + (M+1)\sum_{i=1}^{k} L_i + 3b = D_{2k} \tag{7.21}$$

特别地,

$$p_{[1]} + p_{[2]} + \cdots + p_{[2t]} = 2tM^3 + tM^2 + (M+1)\sum_{i=1}^{t} L_i + 3b = D_{2t} \tag{7.22}$$

由等式 (7.16) 中的 $J_{[2k-1]} \in \{J_{2k-1}^1, J_{2k-1}^2\}$, 就能得到 $p_{[2k-1]} \leqslant \max\{p_{2k-1}^1, p_{2k-1}^2\} = p_{2k-1}^1$。因此, 由等式 (7.21) 得知, $p_{[1]} + p_{[2]} + \cdots + p_{[2k-1]} \leqslant D_{2(k-1)} + p_{[2k-1]} \leqslant D_{2(k-1)} + p_{2k-1}^1 = D_{2k-1}$, 其中 $k \in \{1, 2, \cdots, t\}$。再由等式 (7.21), 可以得到对每一个 $j = 1, 2, \cdots, 2t$, 都有

$$p_{[1]} + p_{[2]} + \cdots + p_{[j]} \leqslant D_j \tag{7.23}$$

设 $\mathcal{J}_i^1 = \{J_j^1 \in \mathcal{J}^1 : j \in I_i\}$ 且 $\mathcal{J}_i^2 = \{J_j^2 \in \mathcal{J}^2 : j \in I_i\}$, 这里 $i = 1, 2$, 则有 $\mathcal{J}_1^1 \bigcup \mathcal{J}_2^2 = \{J_{[1]}, J_{[2]}, \cdots, J_{[2t]}\}$。现在定义 π 是 $\mathcal{J}^1 \bigcup \mathcal{J}^2 = \mathcal{J}_1^1 \bigcup \mathcal{J}_2^1 \bigcup \mathcal{J}_1^2 \bigcup \mathcal{J}_2^2$ 中 $4t$ 个工件的排序, 并且在 π 中工件的加工顺序如下:

$$\text{EDD}(\mathcal{J}_1^1 \bigcup \mathcal{J}_2^2) \prec_\pi \mathcal{J}_2^1 \prec_\pi \mathcal{J}_1^2$$

其中, $\text{EDD}(\mathcal{J}_1^1 \bigcup \mathcal{J}_2^2)$ 表明 $\mathcal{J}_1^1 \bigcup \mathcal{J}_2^2$ 中工件按照 EDD 规则 $J_{[1]} \prec_\pi J_{[2]} \prec_\pi \cdots \prec_\pi J_{[2t]}$ 进行排序。由等式 (7.23) 可知, 在 π 中这 $2t$ 个工件 $J_{[1]}, J_{[2]}, \cdots, J_{[2t]}$ 是按时完工的, 因为共有 $4t$ 个工件并且 $2t$ 是问题 $1||\sum U_j$ 的最优值, 所以 $\sum U_j(\pi) = 2t$。

由等式 (7.22) 可知, 在 $\mathcal{J}_1^1 \bigcup \mathcal{J}_2^2 = \{J_{[1]}, J_{[2]}, \cdots, J_{[2t]}\}$ 中工件总的加工时间是 $P(\mathcal{J}_1^1 \bigcup \mathcal{J}_2^2) = 2tM^3 + tM^2 + (M+1)\sum_{i=1}^{t} L_i + 3b$。另外, 由 (I_1, I_2) 和 $\mathcal{J}_2^1$ 的定义可知, 在 $\mathcal{J}_2^1$ 中工件总的加工时间是 $P(\mathcal{J}_2^1) = tM^3 + tM^2 + M\sum_{i=1}^{t} L_i + 2\sum_{j\in I_2} a_j = tM^3 + tM^2 + M\sum_{i=1}^{t} L_i + 2b$, 那么, 排序 π 的 1-工件最大完工时间是

$$C_{\max}^1(\pi) = P(\mathcal{J}_1^1 \bigcup \mathcal{J}_2^2) + P(\mathcal{J}_2^1) = 3tM^3 + 2tM^2 + (2M+1)\sum_{i=1}^{t} L_i + 5b = C$$

因此, π 是满足等式 (7.14) 中条件的排序。

反之, 假设 σ 是一个满足等式 (7.14) 中的两个条件的排序。为了方便起见, 令 $\Lambda_j^x(\sigma) = 1 - U_j^x(\sigma)$, 这里 $x \in \{1, 2\}$ 并且 $j \in \{1, 2, \cdots, 2t\}$, 那么, 当 J_j^x 是按时完工工件时, 在排序 σ 中有 $\Lambda_j^x(\sigma) = 1$; 并且当 J_j^x 是误工工件时, 在排序 σ 中有 $\Lambda_j^x(\sigma) = 0$。另外, 对 $x \in \{1, 2\}$, 用 $\mathcal{O}_x = \{J_j^x \in \mathcal{J}^x : \Lambda_j^x(\sigma) = 1\}$ 定义在 σ 中按时完工的 x-工件集合, 那么, 等式 (7.14) 中条件 $\sum U_j(\sigma) = 2t$ 表明

$$|\mathcal{O}_1| + |\mathcal{O}_2| = 2t \tag{7.24}$$

因为 $\mathcal{J} = \mathcal{J}^1 \bigcup \mathcal{J}^2$ 是一个 1-工件支配的实例, 所以排序 σ 中按时完工的 2-工件一定在时间 $C_{\max}^1(\sigma)$ 之前完工。由等式 (7.14) 中条件 $C_{\max}^1(\sigma) \leqslant C$ 可知

$$P_1 + \sum_{J_j^2 \in \mathcal{O}_2} p_j^2 \leqslant C \tag{7.25}$$

因为 $P_1 = 2tM^3 + 2tM^2 + 2M\sum_{i=1}^{t} L_i + 4b$ 且 $C = 3tM^3 + 2tM^2 + (2M+1)\sum_{i=1}^{t} L_i + 5b$, 由等式 (7.25), 可以得到

$$\sum_{J_j^2 \in \mathcal{O}_2} p_j^2 \leqslant tM^3 + \sum_{i=1}^{t} L_i + b \tag{7.26}$$

当 $|\mathcal{O}_2| \geqslant t+1$ 时, 由事实 $p_j^2 > M^3$ 和 $M^3 > \sum_{i=1}^{t} L_i + b$, 可得到 $\sum_{J_j^2 \in \mathcal{O}_2} p_j^2 > (t+1)M^3 > tM^3 + \sum_{i=1}^{t} L_i + b$, 这与式 (7.26) 矛盾。因此, 可以得出

$$\begin{cases} |\mathcal{O}_2| \leqslant t \\ |\mathcal{O}_1| \geqslant t \end{cases} \tag{7.27}$$

其中, 式 (7.27) 中第二个不等式是由式 (7.24) 得到的。

因为 σ 中所有的按时完工工件都在 D_{2t} 时间内完成, 因此有

$$\sum_{J_j^1\in\mathcal{O}_1} p_j^1+\sum_{J_j^2\in\mathcal{O}_2} p_j^2\leqslant D_{2t}=2tM^3+tM^2+(M+1)\sum_{i=1}^{t}L_i+3b \tag{7.28}$$

注意到每一个 A-工件的加工时间都大于 M^3+M^2 并且每一个 B-工件的加工时间大于 M^3, 如果 $|\mathcal{O}_1|\geqslant t+1$, 那么在 σ 中 $2t$ 个按时完工工件总加工时间为

$$\sum_{J_j^1\in\mathcal{O}_1} p_j^1+\sum_{J_j^2\in\mathcal{O}_2} p_j^2>(t+1)(M^3+M^2)+(t-1)M^3=2tM^3+(t+1)M^2>D_{2t}$$

这里最后一个不等式由式 (7.14) 得出。这与式 (7.28) 矛盾, 因此, 可以得出 $|\mathcal{O}_1|\leqslant t$。通过考虑式 (7.24) 和式 (7.27), 可以得出

$$|\mathcal{O}_1|=|\mathcal{O}_2|=t \tag{7.29}$$

从式 (7.10) 和式 (7.12) 中对加工时间的定义可知, 式 (7.28) 等价为

$$2\sum_{j=1}^{2t}\Lambda_j^1(\sigma)\cdot a_j+\sum_{j=1}^{2t}\Lambda_j^2(\sigma)\cdot a_j\leqslant 3b \tag{7.30}$$

另外, $\mathcal{O}_1\bigcup\mathcal{O}_2$ 中工期不超过 D_k 的按时完工工件在 σ 中的完工时间一定不晚于 D_k。因此, 对每一个 $k=1,2,\cdots,2t$, 都有

$$\sum_{j=1}^{k}\Lambda_j^1(\sigma)\cdot p_j^1+\sum_{j=1}^{k}\Lambda_j^2(\sigma)\cdot p_j^2\leqslant D_k \tag{7.31}$$

如果存在一个 $k\in\{1,2,\cdots,2t\}$ 使得 $\sum_{j=1}^{k}\Lambda_j^1(\sigma)+\sum_{j=1}^{k}\Lambda_j^2(\sigma)\geqslant k+1$, 那么在 σ 中至少有 $k+1$ 个按时完工工件并且每个工件的工期至多是 D_k。因为在 σ 中这些按时完工工件在时间 D_k 之前完工并且每一个工件加工时间都大于 M^3, 可以得到 $(k+1)M^3<D_k$, 这与式 (7.9) 中不等式 $D_k<(k+1)M^3$ 矛盾。因此, 也有

$$\sum_{j=1}^{k}\Lambda_j^1(\sigma)+\sum_{j=1}^{k}\Lambda_j^2(\sigma)\leqslant k, k=1,2,\cdots,2t \tag{7.32}$$

令 $i_0\in\{1,2,\cdots,t\}$ 是使得 $\sum_{j=1}^{2i_0}\Lambda_j^1(\sigma)+\sum_{j=1}^{2i_0}\Lambda_j^2(\sigma)=2i_0$ 且 $\Lambda_{2i-1}^1(\sigma)+\Lambda_{2i}^1(\sigma)+\Lambda_{2i-1}^2(\sigma)+\Lambda_{2i}^2(\sigma)=2$ 成立的最小整数, 即对每一个 $i\in\{i_0+1,i_0+2,\cdots,t\}$, 有 $|\mathcal{O}_1\bigcap\{J_{2i-1}^1,J_{2i}^1\}|+|\mathcal{O}_2\bigcap\{J_{2i-1}^2,J_{2i}^2\}|=2$。因为式 (7.24) 中的等式与 $\sum_{j=1}^{2t}\Lambda_j^1(\sigma)+$

$\sum_{j=1}^{2t} \Lambda_j^2(\sigma) = 2t$ 是等价的, 所以 i_0 的定义是合理的。如果存在一个 $i' \in \{i_0, i_0+1, \cdots, t\}$ 使得 $J_{2i'-1}^1$ 和 $J_{2i'}^1$ 在排序 σ 中都是按时完工的, 可假设 i' 是最大的, 那么 i' 的选择表明, 在 σ 中有 $2i'$ 个按时完工工件在时间 $D_{2i'}$ 之前完工并且 $|\mathcal{O}_1 \bigcap \{J_{2i-1}^1, J_{2i}^1\}| \leqslant 1$, 其中 $i \in \{i'+1, i'+2, \cdots, t\}$。从式 (7.29) 中的事实 $|\mathcal{O}_1| = |\mathcal{O}_2| = t$ 可以看出, 在时间 $D_{2i'}$ 之前完工的 $2i'$ 个按时完工工件中, 至少有 i' 个工件是 1-工件且包括 $J_{2i'-1}^1$ 和 $J_{2i'}^1$。因为每一个 1-工件的加工时间比 $M^3 + M^2$ 大并且每一个 2-工件的加工时间比 M^3 大, 所以由式 (7.31) 可知, $2(i'-1)M^3 + (i'-2)M^2 + p_{2i'-1}^1 + p_{2i'}^1 \leqslant D_{2i'}$。因为 $p_{2i'}^1 > p_{2i'-1}^1 > M^3 + M^2 + ML_{i'}$ 且 $D_{2i'} < 2i'M^3 + i'M^2 + 2ML_{i'}$, 因此由式 (7.7) 有

$$
\begin{aligned}
&2i'M^3 + i'M^2 + 2ML_{i'} < 2(i'-1)M^3 + (i'-2)M^2 + p_{2i'-1}^1 + p_{2i'}^1 \\
&\leqslant D_{2i'} < 2i'M^3 + i'M^2 + 2ML_{i'}
\end{aligned}
$$

得出矛盾。因此, 也可得对每一个 $i = i_0, i_0+1, \cdots, t$, 都有

$$
|\mathcal{O}_1 \bigcap \{J_{2i-1}^1, J_{2i}^1\}| \leqslant 1 \tag{7.33}
$$

下面我们断言 $i_0 = 1$; 否则, 假设 $i_0 \geqslant 2$。由式 (7.32) 和 i_0 的选择可知, $\sum_{j=1}^{2i_0} \Lambda_j^1(\sigma) + \sum_{j=1}^{2i_0} \Lambda_j^2(\sigma) = 2i_0$ 且 $\sum_{j=1}^{2(i_0-1)} \Lambda_j^1(\sigma) + \sum_{j=1}^{2(i_0-1)} \Lambda_j^2(\sigma) < 2(i_0-1)$。接下来, 有 $|\mathcal{O}_1 \bigcap \{J_{2i_0-1}^1, J_{2i_0}^1\}| + |\mathcal{O}_2 \bigcap \{J_{2i_0-1}^2, J_{2i_0}^2\}| \geqslant 3$。因为对每一个 $i \in \{i_0+1, i_0+2, \cdots, t\}$, 都有 $|\mathcal{O}_1 \bigcap \{J_{2i-1}^1, J_{2i}^1\}| + |\mathcal{O}_2 \bigcap \{J_{2i-1}^2, J_{2i}^2\}| = 2$。由式 (7.33) 可知, 对每一个 $i \in \{i_0+1, i_0+2, \cdots, t\}$, 都有 $|\mathcal{O}_2 \bigcap \{J_{2i_0-1}^2, J_{2i_0}^2\}| = 2$ 且 $|\mathcal{O}_2 \bigcap \{J_{2i-1}^2, J_{2i}^2\}| \geqslant 1$。注意到在式 (7.29) 中有 $|\mathcal{O}_2| = t$, 则在排序 σ 下 t 个按时完工的 2-工件中, 每一个 $J_{2i_0-1}^2$ 和 $J_{2i_0}^2$ 的加工时间都大于 $M^3 + L_{i_0}$。对每一个 $i \in \{i_0+1, i_0+2, \cdots, t\}$, 在 $\mathcal{O}_2 \bigcap \{J_{2i-1}^2, J_{2i}^2\}$ 中按时完工的工件的加工时间都大于 $M^3 + L_i$, 并且每一个按时完工的 2-工件的加工时间都大于 M^3。由于式 (7.5) 中 $L_{i_0} = L_0 + L_1 + \cdots + L_{i_0-1} + 3b$, 故有

$$
\sum_{J_j^2 \in \mathcal{O}_2} p_j^2 > 2(M^3 + L_{i_0}) + \sum_{i=i_0+1}^{t} (M^3 + L_i) + (i_0-2)M^3 > tM^3 + \sum_{i=1}^{t} L_i + b
$$

这与式 (7.26) 中不等式 $\sum_{J_j^2 \in \mathcal{O}_2} p_j^2 \leqslant tM^3 + \sum_{i=1}^{t} L_i + b$ 矛盾。因此, 我们能推断出 $i_0 = 1$。

因为在式 (7.29) 中有 $i_0 = 1$ 且 $|\mathcal{O}_1| = t$, 因而式 (7.33) 中的不等式等价于: 对每一个 $i = i_0, i_0+1, \cdots, t$, 都有

$$
|\mathcal{O}_1 \bigcap \{J_{2i-1}^1, J_{2i}^1\}| = 1 \tag{7.34}
$$

由 i_0 的定义和 $i_0=1$ 可知, 对每一个 $i\in\{2,3,\cdots,t\}$, 都有 $|\mathcal{O}_1\bigcap\{J_{2i-1}^1,J_{2i}^1\}|+|\mathcal{O}_2\bigcap\{J_{2i-1}^2,J_{2i}^2\}|=2$。因此, 由式 (7.29) 和式 (7.34), 进一步可以得到, 对每一个 $i=i_0,i_0+1,\cdots,t$, 都有

$$|\mathcal{O}_2\bigcap\{J_{2i-1}^2,J_{2i}^2\}|=1 \tag{7.35}$$

如果存在某个 $i\in\{1,2,\cdots,t\}$ 使得 J_{2i-1}^1 和 J_{2i-1}^2 在排序 σ 中是按时完工的, 因为 J_1^1 和 J_1^2 有共同的工期 $D_1=M^3+M^2+ML_1+2a_1=p_1^A$, 所以有 $i\geqslant 2$。由式 (7.34) 和式 (7.35) 可知, 对每个 $i=1,2,\cdots,i-1$, 有 $|\mathcal{O}_1\bigcap\{J_{2i-1}^1,J_{2i}^1\}|=1$ 且 $|\mathcal{O}_2\bigcap\{J_{2i-1}^2,J_{2i}^2\}|=1$。这表明在排序 σ 中, $\{J_1^1,J_2^1,\cdots,J_{2i-1}^1\}\bigcup\{J_1^2,J_2^2,\cdots,J_{2i-1}^2\}$ 中恰好有 $2i$ 个按时完工工件。因此, 有 $\sum\limits_{j=1}^{2i-1}\varLambda_j^1(\sigma)+\sum\limits_{j=1}^{2i-1}\varLambda_j^2(\sigma)=2i$。这与式 (7.32) 中不等式 $\sum\limits_{j=1}^{2i-1}\varLambda_j^1(\sigma)+\sum\limits_{j=1}^{2i-1}\varLambda_j^2(\sigma)\leqslant 2i-1$ 矛盾。因此, 可以得到, 对每一个 $i=i_0,i_0+1,\cdots,t$, 都有

$$\varLambda_{2i-1}^1(\sigma)+\varLambda_{2i-1}^2(\sigma)\leqslant 1 \tag{7.36}$$

从式 (7.34), 式 (7.35) 和式 (7.36) 可以看出, 对每一个 $i\in\{1,2,\cdots,t\}$, 有以下三种情形: 或者 $\mathcal{O}_1\bigcap\{J_{2i-1}^1,J_{2i}^1\}=\{J_{2i-1}^1\}$ 且 $\mathcal{O}_2\bigcap\{J_{2i-1}^2,J_{2i}^2\}=\{J_{2i}^2\}$; 或者 $\mathcal{O}_1\bigcap\{J_{2i-1}^1,J_{2i}^1\}=\{J_{2i}^1\}$ 且 $\mathcal{O}_2\bigcap\{J_{2i-1}^2,J_{2i}^2\}=\{J_{2i-1}^2\}$; 或者 $\mathcal{O}_1\bigcap\{J_{2i-1}^1,J_{2i}^1\}=\{J_{2i}^1\}$ 且 $\mathcal{O}_2\bigcap\{J_{2i-1}^2,J_{2i}^2\}=\{J_{2i}^2\}$。但是, 由于 $a_{2i}>a_{2i-1}$, 无论哪种情形, 不等式

$$\varLambda_{2i-1}^1(\sigma)\cdot a_{2i-1}+\varLambda_{2i}^1(\sigma)\cdot a_{2i}+\varLambda_{2i-1}^2(\sigma)\cdot a_{2i-1}+\varLambda_{2i}^2(\sigma)\cdot a_{2i}\geqslant a_{2i-1}+a_{2i} \tag{7.37}$$

对所有的 $i=1,2,\cdots,t$ 都成立。将式 (7.37) 中 t 个不等式相加, 可以得到

$$\sum_{j=1}^{2t}\varLambda_j^1(\sigma)\cdot a_j+\sum_{j=1}^{2t}\varLambda_j^2(\sigma)\cdot a_j\geqslant 2b \tag{7.38}$$

根据式 (7.10) 和式 (7.12) 的加工时间定义, 式 (7.26) 和式 (7.28) 中的两个不等式等价于

$$\sum_{j=1}^{2t}\varLambda_j^2(\sigma)\cdot a_j\leqslant b \tag{7.39}$$

且

$$2\sum_{j=1}^{2t}\varLambda_j^1(\sigma)\cdot a_j+\sum_{j=1}^{2t}\varLambda_j^B(\sigma)\cdot a_j\leqslant 3b \tag{7.40}$$

由式 (7.38), 式 (7.39) 和式 (7.40), 可以推导出式 (7.38), 式 (7.39) 和式 (7.40) 中的等式关系恒成立。这进一步表明

$$\sum_{j=1}^{2t} \Lambda_j^1(\sigma) \cdot a_j = b \tag{7.41}$$

现在设 $I_1 = \{j \in \{1,2,\cdots,2t\} : J_j^1 \in \mathcal{O}_1\}$ 且 $I_2 = \{j \in \{1,2,\cdots,2t\} : J_j^1 \in \mathcal{J}^1 \setminus \mathcal{O}_1\}$, 由式 (7.34) 可以看出, (I_1, I_2) 构成了 $\{1,2,\cdots,2t\}$ 的一个划分, 并且使得 $|I_1| = |I_2| = t$ 且对 $i = 1,2,\cdots,t$, 有

$$|I_1 \bigcap \{2i-1, 2i\}| = |I_2 \bigcap \{2i-1, 2i\}| = 1 \tag{7.42}$$

由式 (7.41), 进一步可知

$$\sum_{i \in I_1} a_i = \sum_{i \in I_2} a_i = b \tag{7.43}$$

由式 (7.42) 和式 (7.43) 可得, (I_1, I_2) 是奇偶划分问题的一个解。定理 7.3 得证。 □

由推论 7.2, 引理 7.7 和定理 7.3, 可得到下面的推论。

推论 7.3 这四个问题 (P1)～ (P4) 都是 NP-困难的。

7.3 最小化多个最大形式目标函数的单机多代理排序

7.3.1 引言

本节内容选自于 Yuan 等 (2020) 的论文。本节考虑了工件具有到达时间且允许中断加工最小化多个最大形式目标函数的单机多代理排序问题。该问题可以描述如下: 给定 n 个工件 $\mathcal{J} = \{J_1, J_2, \cdots, J_n\}$, 其中每个工件 J_j 有一个到达时间 $r_j \geqslant 0$ 和一个加工时间 $p_j > 0$, 这些工件需要在一台机器上进行加工, 同时也有 m 个代理 $\{1,2,\cdots,m\}$ 和 m 个子集 $\mathcal{J}^{(1)}, \mathcal{J}^{(2)}, \cdots, \mathcal{J}^{(m)}$。这里 $\mathcal{J}^{(i)}$ 属于代理 i 并且 $\mathcal{J}^{(i)}$ 中的工件也被称为代理 i 的工件。假设每个代理 i 有一个目标函数 $f^{(i)}$, 并使用 $n_i = |\mathcal{J}^{(i)}|$ 来表示代理 i 的工件的数目, 进一步, 也假设

$$\mathcal{J}^{(1)} \bigcup \mathcal{J}^{(2)} \bigcup \cdots \bigcup \mathcal{J}^{(m)} = \mathcal{J} = \{J_1, J_2, \cdots, J_n\}$$

此外, 对于代理 i, 每个工件 $J_j \in \mathcal{J}^{(i)}$ 有一个截止日期 $d_j^{(i)}$ 和一个权重 $w_j^{(i)} \geqslant 0$。本节假设所有的 $r_j, p_j, d_j^{(i)}$ 和 $w_j^{(i)}$ 都是整数, 对于给定 n 个工件的一个可行排序 π, 将采用以下符号。

(1) $C_j(\pi)$ 是在排序 π 中工件 J_j 的完工时间。

(2) $F_j(\pi)=C_j(\pi)-r_j$ 是在排序 π 中工件 J_j 的流程时间。

(3) $f_j^{(i)}(C_j(\pi))$ 是排序 π 中关于代理 i 的工件 $J_j\in\mathcal{J}^{(i)}$ 的费用函数, 其中 $f_j^{(i)}(\cdot)$ 是 $[0,+\infty)$ 上的一个非减函数。

(4) $L_j^{(i)}(\pi)=C_j(\pi)-d_j^{(i)}$ 是在排序 π 中关于代理 i 的工件 $J_j\in\mathcal{J}^{(i)}$ 的延迟时间。

(5) $T_j^{(i)}(\pi)=\max\{0,C_j(\pi)-d_j^{(i)}\}=\max\{0,L_j^{(i)}(\pi)\}$ 是在排序 π 中关于代理 i 的工件 $J_j\in\mathcal{J}^{(i)}$ 的延误时间。

(6) $w_j^{(i)}C_j(\pi)$ 是在排序 π 中关于代理 i 的工件 $J_j\in\mathcal{J}^{(i)}$ 的加权完工时间。

(7) $C_{\max}^{(i)}(\pi)=\max\{C_j(\pi):j\in\mathcal{J}^{(i)}\}$ 是在排序 π 中代理 i 的最大完工时间。

(8) $F_{\max}^{(i)}(\pi)=\max\{F_j(\pi):j\in\mathcal{J}^{(i)}\}$ 是在排序 π 中代理 i 的最大流程时间。

(9) $L_{\max}^{(i)}(\pi)=\max\{L_j^{(i)}(\pi):j\in\mathcal{J}^{(i)}\}$ 是在排序 π 中代理 i 的最大延迟时间。

(10) $T_{\max}^{(i)}(\pi)=\max\{T_j^{(i)}(\pi):j\in\mathcal{J}^{(i)}\}$ 是在排序 π 中代理 i 的最大延误时间。

(11) $WC_{\max}^{(i)}(\pi)=\max\{w_j^{(i)}C_j(\pi):j\in\mathcal{J}^{(i)}\}$ 是在排序 π 中代理 i 的最大加权完工时间。

(12) $f_{\max}^{(i)}(\pi)=\max\{f_j^{(i)}(\pi):j\in\mathcal{J}^{(i)}\}$ 是在排序 π 中代理 i 的最大费用, 称为代理 i 的目标函数。每一个目标函数 $C_{\max}^{(i)},F_{\max}^{(i)},L_{\max}^{(i)},T_{\max}^{(i)}$ 和 $\mathrm{WC}_{\max}^{(i)}$ 都是 $f_{\max}^{(i)}$ 的一个特定的选择。

根据 Agnetis 等 (2014) 的论文, 我们研究的多代理排序模型如下:

(1) 如果 $\mathcal{J}^{(1)},\mathcal{J}^{(2)},\cdots,\mathcal{J}^{(m)}$ 是两两互不相交的, 则将这 m 个代理称为竞争代理。在这种情况下, 我们称其为 CO-代理排序, 相应的 CO-代理排序问题可表示为

$$1|r_j,\mathrm{pmtn},\mathrm{CO}|\{f_{\max}^{(1)},f_{\max}^{(2)},\cdots,f_{\max}^{(m)}\}$$

(2) 如果 $\mathcal{J}^{(1)},\mathcal{J}^{(2)},\cdots,\mathcal{J}^{(m)}$ 是可以相交的, 则将这 m 个代理称为非不交代理。在这种情况下, 我们称其为 ND-代理排序, 相应的 ND-代理排序问题可表示为

$$1|r_j,\mathrm{pmtn},\mathrm{ND}|\{f_{\max}^{(1)},f_{\max}^{(2)},\cdots,f_{\max}^{(m)}\}$$

本节的主要内容安排如下: 本节研究了问题 $1|r_j,\mathrm{pmtn},A|\{f_{\max}^{(1)},f_{\max}^{(2)},\cdots,f_{\max}^{(m)}\}$, 其中 $A\in\{\mathrm{ND},\mathrm{CO}\}$; 对每个 $i=1,2,\cdots,m$, 假设 $f_{\max}^{(i)}$ 是一个类似最大延迟的目标函数; 同时, 针对这些排序问题, 分别给出了对应的多项式时间算法。

7.3.2　预备知识

本节首先考虑 Pareto 排序问题 $\alpha|\beta|(f^{(1)},f^{(2)},\cdots,f^{(m)})$。给定一个可行排序 π, 对应的目标向量记为 $(f^{(1)}(\pi),f^{(2)}(\pi),\cdots,f^{(m)}(\pi))$, 如果有一个可行解 π^* 使得

$$(f^{(1)}(\pi^*),f^{(2)}(\pi^*),\cdots,f^{(m)}(\pi^*))=(X_1,X_2,\cdots,X_m)$$

且没有可行解 π 使得

$$(f^{(1)}(\pi), f^{(2)}(\pi), \cdots, f^{(m)}(\pi)) \leqslant (X_1, X_2, \cdots, X_m)$$

且至少有一个不等式是严格的, 那么这个 m 维向量 $(X_1, X_2, \cdots, X_m)$ 就被称为 Pareto-最优点。在这种情况下, π^* 被称为相对于 $(X_1, X_2, \cdots, X_m)$ 的 Pareto-最优排序。根据上述定义可直接引出下面的引理。

引理 7.8 令 $(X_1, X_2, \cdots, X_m)$ 是一个 Pareto-最优点, 则约束排序问题

$$\alpha|\beta|f^{(m)} : f^{(i)} \leqslant X_i,\ i = 1, 2, \cdots, m-1$$

的每一个最优解都是一个相对于 $(X_1, X_2, \cdots, X_m)$ 的 Pareto-最优排序。

假设给定一个 m 维向量的集合 $\mathcal{X}$, 且 $\mathcal{X}$ 包含问题 $\alpha|\beta|(f^{(1)}, f^{(2)}, \cdots, f^{(m)})$ 的所有 Pareto-最优点, 通常在 $\mathcal{X}$ 中的一些向量可能不是 Pareto-最优的。在这种情形下就出现了这样的问题: 如何确定一个向量 $(X_1, X_2, \cdots, X_m) \in \mathcal{X}$ 是 (或者不是) 一个 Pareto-最优点? 下面将给出如下引理来解决这个问题。

引理 7.9 令 $(X_1, X_2, \cdots, X_m)$ 是一个 m 维向量, 当且仅当对每一个 $k \in \{1, 2, \cdots, m\}$, 约束排序问题

$$\alpha|\beta|f^{(k)} : f^{(i)} \leqslant X_i\ \forall i \neq k$$

是可解的且有最优值 X_k, 则 $(X_1, X_2, \cdots, X_m)$ 是问题 $\alpha|\beta|(f^{(1)}, f^{(2)}, \cdots, f^{(m)})$ 的一个 Pareto-最优点。

证明 必要性 $(\Rightarrow)$ 可以由引理 7.8 直接给出。

充分性 $(\Leftarrow)$。假设 $(X_1, X_2, \cdots, X_m)$ 不是 Pareto-最优点, 因为对每个 $k \in \{1, 2, \cdots, m\}$, 约束排序问题 $\alpha|\beta|f^{(k)} : f^{(i)} \leqslant X_i, \forall i \neq k$ 是可解的且有最优值 X_k, 则可得出一定存在一个 Pareto-最优点 $(X'_1, X'_2, \cdots, X'_m)$ 使得 $(X'_1, X'_2, \cdots, X'_m) \leqslant (X_1, X_2, \cdots, X_m)$ 且至少一个不等式是严格的。假设 π' 是一个相对于 $(X'_1, X'_2, \cdots, X'_m)$ 的 Pareto-最优排序并且假设 $k \in \{1, 2, \cdots, m\}$ 使得 $X'_k < X_k$, 则 π' 是问题 $\alpha|\beta|f^{(k)} : f^{(i)} \leqslant X_i\ \forall i \neq k$ 的一个可行解。事实上 $f^{(k)}(\pi') = X'_k < X_k$ 意味着问题 $\alpha|\beta|f^{(k)} : f^{(i)} \leqslant X_i\ \forall i \neq k$ 的最优解是小于 X_k 的, 这与假设相矛盾, 引理 7.9 得证。 □

给定 n 个工件 $\mathcal{J} = \{J_1, J_2, \cdots, J_n\}$ 的一个可行排序 π, 如果在排序 π 中, 所有工件从时间 0 到 $\sum\limits_{j=1}^{n} p_j$ 按照 $\pi(1), \pi(2), \cdots, \pi(n)$ 的顺序连续进行加工且不被中断, 则称排序 π 是一个列表排序。在这种情况下, 对每个 $j = 1, 2, \cdots, n$, 都有

$$C_{\pi(j)}(\pi) = p_{\pi(1)} + p_{\pi(2)} + \cdots + p_{\pi(j)}$$

给定一个正则排序目标函数 $f(\bullet)$, 众所周知, 问题 $1||f$ 的最优值可通过一个列表排序给出。下面, 我们将看到问题 $1|r_j,\text{pmtn}|f$ 的可行解与列表排序的差别并不大。

给定 n 个工件 $\mathcal{J}=\{1,2,\cdots,n\}$ 的一个排列 (列表)$\pi=(\pi(1),\pi(2),\cdots,\pi(n))$, 对问题 $1|r_j,\text{pmtn}|f$ 可以产生一个可行的中断列表排序, 这种算法被称为 Pmtn-LS(π)。

Pmtn-LS(π)　在任意一个决策点 τ(某个工件完工或者某个新工件到达), 挑选列表 π 中第一个可加工工件剩下的部分, 这里 " 一个工件在时间 τ 是可加工的" 意味着这个工件在时间 τ 已经到达且没有全部加工结束。由算法 Pmtn-LS(π) 得到的排序称为由 π 决定的 Pmtn-LS 排序。

Yuan 等 (2015) 指出, 算法 Pmtn-LS(π) 可以通过以下方法执行: 首先尽可能早地排序工件 $\pi(1)$, 当 π 中的前 j 个工件被排序且 $j<n$ 时, 在剩余空闲时间段中, 尽可能早地以允许中断的方式加工工件 $\pi(j+1)$。重复这个过程直到所有的工件被加工完毕。

Yuan 等 (2015) 证明了上述两种 Pmtn-LS(π) 的执行都可以在 $O(n\log n)$ 时间内运行完毕。为了方便, 对于一个排列 $\pi=(\pi(1),\pi(2),\cdots,\pi(n))$, 也可以用 π 去定义由 π 决定的 Pmtn-LS 排序, 并且 $S_j(\pi)$ (开工时间), $C_j(\pi)$ (完工时间), $f_j(C_j(\pi))$ 以及 $f_{\max}(\pi)$ 都有各自的含义。

值得注意的是, 对于 n 个工件的不同排列 π 和 π', 如果由 π 和 π' 分别决定的两个 Pmtn-LS 排序占用了相同的时间段, 那么有 $C_{\max}(\pi)=C_{\max}(\pi')$。基于这一事实, 对每一个 $\mathcal{J}'\subseteq\mathcal{J}$, 在下面的讨论中, 我们将用到以下两种定义:

(1) $\mathcal{T}(\mathcal{J}')$ 为 $\mathcal{J}'$ 的 Pmtn-LS 排序占用的时间段;

(2) $C(\mathcal{J}')$ 为 $\mathcal{J}'$ 的 Pmtn-LS 排序的最大完工时间。

注意到 n 个工件的 ERD 规则就是工件的一个排列 $\pi=(\pi(1),\pi(2),\cdots,\pi(n))$ 满足 $r_{\pi(1)}\leqslant r_{\pi(2)}\leqslant\cdots\leqslant r_{\pi(n)}$, 由此可得出以下引理。

引理 7.10　假设 $\mathcal{J}$ 中 n 个工件的 ERD 规则已经提前给出, 那么 $\mathcal{T}(\mathcal{J})$ 和 $C(\mathcal{J})$ 可以在 $O(n)$ 时间内计算得出。

证明　假设 $\pi=(\pi(1),\pi(2),\cdots,\pi(n))$ 是提前给出的 $\mathcal{J}$ 中 n 个工件的 ERD 规则, 因此有 $r_{\pi(1)}\leqslant r_{\pi(2)}\leqslant\cdots\leqslant r_{\pi(n)}$。给定 ERD 规则, 通过 Pmtn-LS($\pi$) 算法获得的排序没有中断产生, 对每个工件 J_j, 都有 $C_j(\pi)=S_j(\pi)+p_j$。令 $C_{\pi(0)}=0$, 在 Pmtn-LS(π) 算法的执行过程中, 对每个 $i=1,2,\cdots,n$, $S_{\pi(i)}(\pi)$ 和 $C_{\pi(i)}(\pi)$ 的值都可以用以下方法迭代计算:

$$\begin{cases} S_{\pi(i)}(\pi)=\max\{r_{\pi(i)},C_{\pi(i-1)}(\pi)\} \\ C_{\pi(i)}(\pi)=S_{\pi(i)}(\pi)+p_{\pi(i)} \end{cases}$$

很明显, 计算这些值的时间复杂度为 $O(n)$。特别地, $C(\mathcal{J}) = C_{\pi(n)}(\pi)$ 可以在 $O(n)$ 时间内计算得出。由于 $\mathcal{T}(\mathcal{J}) = \bigcup_{i=1}^{n}[S_{\pi(i)}(\pi), C_{\pi(i)}(\pi)]$, $\mathcal{T}(\mathcal{J})$ 也可以在 $O(n)$ 时间内计算得出。引理 7.10 得证。 □

对每一个 $k \in \{1, 2, \cdots, n\}$, 在 $\mathcal{J}$ 中给定 n 个工件的排列 $\pi = (\pi(1), \pi(2), \cdots, \pi(n))$, 并引入以下三个定义:

(1) $\pi|_k = (\pi(1), \pi(2), \cdots, \pi(k))$, 排列 π 中前 k 个工件上的子排列;

(2) $\mathcal{J}_k^\pi = \{\pi(1), \pi(2), \cdots, \pi(k)\}$, 排列 π 中前 k 个工件的集合;

(3) $\mathcal{S}_k^\pi = \{j : C_j(\pi) \leqslant C_k(\pi)\}$, 排列 π 中在时间 $C_k(\pi)$ 之前完工工件的集合。

从 Pmtn-LS(π) 算法的执行过程中, 可得对每个 $k = 1, 2, \cdots, n$, 都有

$$C_{\pi(k)}(\pi) = C(\mathcal{S}_{\pi(k)}^\pi) \leqslant C(\mathcal{J}_k^\pi) = C_{\max}(\pi|_k) \tag{7.44}$$

式 (7.44) 中所有的值都可以通过运行算法 Pmtn-LS(π) 在 $O(n \log n)$ 时间内得到。对于所有工件 $r_j = 0$ 的情形, 式 (7.44) 中所有的值都可由 $p_{\pi(1)} + p_{\pi(2)} + \cdots + p_{\pi(k)}$ $(k = 1, 2, \cdots, n)$ 给出, 所以它们也可以在 $O(n)$ 时间内得到。

引理 7.11 Pmtn-LS 排序支配了所有的可行排序, 即对 n 个工件的任何一个可行排序 σ, 都存在 n 个工件的一个排列 π 使得, 对每个 $j = 1, 2, \cdots, n$, 都有 $C_j(\pi) \leqslant C_j(\sigma)$。

证明 对于给定的 n 个工件的可行排序 σ, 设 $\pi = (\pi(1), \pi(2), \cdots, \pi(n))$ 是 n 个工件的排列使得 $C_{\pi(1)}(\sigma) < C_{\pi(2)}(\sigma) < \cdots < C_{\pi(n)}(\sigma)$。给定 $j \in \{1, 2, \cdots, n\}$, 设下标 k 满足 $\pi(k) = j$, 即 J_j 是排列 π 中的第 k 个工件, 因此有 $\mathcal{J}_k^\pi = \{\pi(1), \pi(2), \cdots, \pi(k)\}$。由于算法 Pmtn-LS($\pi|_k$) 在 $\mathcal{J}_k^\pi$ 中尽可能早地允许中断排序这个工件, 因此有

$$C_{\max}(\pi|_k) \leqslant \max\{C_{\pi(1)}(\sigma), C_{\pi(2)}(\sigma), \cdots, C_{\pi(k)}(\sigma)\} = C_{\pi(k)}(\sigma)$$

从式 (7.44) 中可以得到, $C_j(\pi) = C_{\pi(k)}(\pi) \leqslant C_{\max}(\pi|_k) \leqslant C_{\pi(k)}(\sigma) = C_j(\sigma)$。引理 7.11 得证。 □

由于在引理 7.11 中只考虑了正则排序目标函数, 因此在本节的剩余部分仅仅需要考虑 Pmtn-LS 排序。对每一个排列 $\pi = (\pi(1), \pi(2), \cdots, \pi(n))$, 都有 $C(\mathcal{J}_1^\pi) \leqslant C(\mathcal{J}_2^\pi) \leqslant \cdots \leqslant C(\mathcal{J}_n^\pi)$。此外, 根据式 (7.44) 可得, 对每个 $k = 1, 2, \cdots, n$, 都有 $C_{\pi(k)}(\pi) \leqslant C(\mathcal{J}_k^\pi)$。由于工件有到达时间, 因而不能保证两者相等。如果 $C_{\pi(1)}(\pi) < C_{\pi(2)}(\pi) < \cdots < C_{\pi(n)}(\pi)$, 则将排列 $\pi = (\pi(1), \pi(2), \cdots, \pi(n))$ 称为**完工一致的**。对于完工一致的排列, 对每个 $k = 1, 2, \cdots, n$, 显然都有 $\mathcal{S}_{\pi(k)}^\pi = \mathcal{J}_k^\pi$ 且 $C_{\pi(k)}(\pi) = C(\mathcal{S}_{\pi(k)}^\pi) = C(\mathcal{J}_k^\pi)$。进一步, 也有 $C(\mathcal{J}_1^\pi) < C(\mathcal{J}_2^\pi) < \cdots < C(\mathcal{J}_n^\pi)$。

并非所有的排列都是完工一致的, 然而, 下面的引理使我们能够在必要的情况下仅需考虑完工一致的排列。

引理 7.12 对于每一个排列 π, 将 n 个工件在 π 中的完工时间按照递增顺序进行排列就能得到一个新排列 π^*, 则 π^* 是和 π 完工一致的排列并且 Pmtn-LS(π) 和 Pmtn-LS(π^*) 产生相同的排序, 即对每一个 $j=1,2,\cdots,n$, 都有 $C_j(\pi^*)=C_j(\pi)$。

证明 设 $\pi=(\pi(1),\pi(2),\cdots,\pi(n))$, 如果 π 是一个完工一致的排列, 则不用证明。下面假设 π 不是完工一致的。

令 k 是 $\{1,2,\cdots,n\}$ 中最大的下标使得 $C_{\pi(k)}(\pi)<C_{\pi(i)}(\pi)$, 其中 $i<k$。为了方便, 可以选择下标 i 使得 $C_{\pi(i)}(\pi)=C(\mathcal{J}_k^\pi)$。从 k 和 i 的选择以及由式 (7.44) 可得, 对每个 $j\in\{1,2,\cdots,k\}\setminus\{i\}$, 都有

$$C_{\pi(j)}(\pi)<C_{\pi(i)}(\pi)=C(\mathcal{J}_k^\pi) \tag{7.45}$$

且

$$C_{\pi(i)}(\pi)<C_{\pi(k+1)}(\pi)<C_{\pi(k+1)}(\pi)<\cdots<C_{\pi(n)}(\pi) \tag{7.46}$$

如果 $r_{\pi(i)}<\max\{C_{\pi(j)}:j=i+1,i+2,\cdots,k\}$, 则存在一个下标 $j\in\{i+1,i+2,\cdots,k\}$ 使得 $r_{\pi(i)}<C_{\pi(j)}(\pi)$。由于 $i<j$, 在排列 π 中, 工件 $\pi(i)$ 优先于工件 $\pi(j)$ 被加工。从算法 Pmtn-LS(π) 的执行过程中可知, 工件 $\pi(j)$ 在工件 $\pi(i)$ 之后完工, 即 $C_{\pi(j)}(\pi)>C_{\pi(i)}(\pi)$。这与式 (7.45) 中的不等式矛盾。因此, 有

$$r_{\pi(i)}\geqslant\max\{C_{\pi(j)}:j=i+1,i+2,\cdots,k\} \tag{7.47}$$

设 $\pi'=(\pi'(1),\pi'(2),\cdots,\pi'(n))$ 使得

$$\pi'(j)=\begin{cases}\pi(j), & j=1,2,\cdots,i-1\\ \pi(j+1), & j=i,i+1,\cdots,k-1\\ \pi(i), & j=k\\ \pi(j), & j=k+1,k+2,\cdots,n\end{cases} \tag{7.48}$$

显然, π' 是从 π 中通过移动 $\pi(i)$ 到 $\pi(k)$ 之后得到的排列。因为 $\pi'(j)=\pi(j)$, $1\leqslant j\leqslant i-1$, 所以 Pmtn-LS$(\pi')$ 和 Pmtn-LS(π) 中前 $i-1$ 个工件的排序是相同的。

由式 (7.47) 和式 (7.48) 第二行可知, Pmtn-LS(π') 与 Pmtn-LS(π) 中这 $k-i$ 个工件的排序 $\pi'(j)=\pi(j+1)$, $i\leqslant j\leqslant k-1$, 也是相同的。所以, 当 $k-1$ 个工件 $\pi'(1),\pi'(2),\cdots,\pi'(k-1)$ 在算法 Pmtn-LS(π') 中被排序时, 在 π 中被工件 $\pi'(k)=\pi(i)$ 占用的时间空间仍然是空闲的。由此可见, 通过 Pmtn-LS(π') 加工工件 $\pi'(k)$ 的排序与 Pmtn-LS(π) 中的排序是相同的。从式 (7.48) 前三行可知, $\mathcal{J}_k^{\pi'}=\mathcal{J}_k^\pi$, 所

以 $\mathcal{T}(\mathcal{J}_k^{\pi'}) = \mathcal{T}(\mathcal{J}_k^{\pi})$。因此，从式 (7.48) 的最后一行可知，剩下的 $n-k$ 个工件 $\pi'(j) = \pi(j)$, $k+1 \leqslant j \leqslant n$ 分别由 Pmtn-LS(π') 与 Pmtn-LS(π) 生成的排序也是相同的。

以上讨论表明 π 和 π' 满足以下三个性质: ①这两个算法 Pmtn-LS(π') 和 Pmtn-LS(π) 产生相同的排序; ② $C_{\pi(k)}(\pi) < C(\mathcal{J}_k^{\pi}) < C_{\pi(k+1)}(\pi) < C_{\pi(k+2)}(\pi) < \cdots < C_{\pi(n)}(\pi)$; ③ $C_{\pi'(k-1)}(\pi') < C(\mathcal{J}_k^{\pi'}) = C_{\pi'(k)}(\pi') < C_{\pi'(k+1)}(\pi') < \cdots < C_{\pi'(n)}(\pi')$。因此，以上过程通过 $n-1$ 次重复操作，最终可以得到 n 个工件的一个排列 $\pi^* = (\pi^*(1), \pi^*(2), \cdots, \pi^*(n))$ 使得 Pmtn-LS(π^*) 和 Pmtn-LS(π) 产生相同的排序且 $C_{\pi^*(1)}(\pi^*) < C_{\pi^*(2)}(\pi^*) < \cdots < C_{\pi^*(n)}(\pi^*)$。注意到 π^* 是从 π 中通过将 n 个工件的完工时间按照在 π 中的递增顺序进行排列得到的，因此，我们完成了这个引理的证明。引理 7.12 得证。 □

假设 $\mathcal{J}'$ 是 $\mathcal{J} = \{1, 2, \cdots, n\}$ 的一个非空子集，如果 $C(\mathcal{J}' \setminus \{x\}) < C(\mathcal{J}')$，则称工件 $x \in \mathcal{J}'$ 是 $\mathcal{J}'$ 的**干扰工件**。如果所有的工件都有 $r_j = 0$，那么在 $\mathcal{J}'$ 中的所有工件对 $\mathcal{J}'$ 来说都是干扰工件，但是在工件具有不同到达时间且允许中断加工的一般环境下却并非如此。

引理 7.13 假设 $\mathcal{J}'$ 和 $\mathcal{J}''$ 是 $\mathcal{J}$ 的两个子集且 $\mathcal{J}' \subset \mathcal{J}''$，如果 $C(\mathcal{J}') < C(\mathcal{J}'')$，那么一定存在一个 $\mathcal{J}''$ 的干扰工件 x 使得 $x \in \mathcal{J}'' \setminus \mathcal{J}'$。

证明 注意到 $\mathcal{J}''$ 是 $\mathcal{J}'$ 和 $\mathcal{J}'' \setminus \mathcal{J}'$ 不相交的并集，设 π 是 $\mathcal{J}''$ 中工件的一个排列使得 $\mathcal{J}'$ 中的工件排在 $\mathcal{J}'' \setminus \mathcal{J}'$ 中的工件之前，因此，$\mathcal{J}'$ 中的工件的最大完工时间由 $\max\{C_j(\pi) : j \in \mathcal{J}'\} = C(\mathcal{J}')$ 给出，$\mathcal{J}''$ 中工件的最大完工时间由 $\max\{C_j(\pi) : j \in \mathcal{J}''\} = C(\mathcal{J}'')$ 给出。设 x 是 π 中最后一个完工的工件，即 $C_x(\pi) = C(\mathcal{J}'')$，则有 $C(\mathcal{J}'' \setminus \{x\}) < C(\mathcal{J}'')$。由于 $C(\mathcal{J}') < C(\mathcal{J}'')$，则有 $x \in \mathcal{J}'' \setminus \mathcal{J}'$。因此，$x$ 是对于 $\mathcal{J}''$ 来说是一个干扰工件。引理 7.13 得证。 □

由于原命题和它的逆否命题等价，因此引理 7.13 也可等价地描述如下:

引理 7.13′ 假设 $\mathcal{J}'$ 和 $\mathcal{J}''$ 是 $\mathcal{J}$ 的两个子集且 $\mathcal{J}' \subset \mathcal{J}''$，如果 $\mathcal{J}'' \setminus \mathcal{J}'$ 中的每个工件对于 $\mathcal{J}''$ 来说都不是干扰工件，则 $C(\mathcal{J}') = C(\mathcal{J}'')$。

引理 7.14 设 $\pi = (\pi(1), \pi(2), \cdots, \pi(n))$ 是 $\mathcal{J}$ 中工件的一个完工一致排列，x 和 k 是两个下标且满足 $1 \leqslant x < k \leqslant n$，$\pi'$ 是从 π 中把 $\pi(x)$ 移动到 $\pi(k)$ 之后得到的新排列，即

$$\pi' = (\pi(1), \cdots, \pi(x-1), \pi(x+1), \cdots, \pi(k), \pi(x), \pi(k+1), \cdots, \pi(n))$$

那么，就有以下性质:

(i) $C_{\pi(x)}(\pi')=C_{\pi'(k)}(\pi')\leqslant C_{\pi(k)}(\pi)$;

(ii) 对每个工件 $j\in\mathcal{J}\setminus\{\pi(x)\}$, 都有 $C_j(\pi')\leqslant C_j(\pi)$;

(iii) 对每个工件 $j\in\{\pi(k+1),\pi(k+2),\cdots,\pi(n)\}$, 都有 $C_j(\pi')=C_j(\pi)$;

(iv) 如果 $\pi(x)$ 是 $\mathcal{J}_k^{\pi}$ 的一个干扰工件, 那么 $C_{\pi(k)}(\pi')<C_{\pi(x)}(\pi')=C_{\pi(k)}(\pi)$。

证明　注意到对每个 $h\in\{1,2,\cdots,n\}$, 都有 $\mathcal{J}_h^{\pi}=\{\pi(1),\pi(2),\cdots,\pi(h)\}$。由于 π 是 $\mathcal{J}$ 中工件的一个完工一致的排列, 则有

$$C_{\pi(h)}(\pi)=C_{\max}(\pi|_h)=C(\mathcal{J}_h^{\pi}),\ h\in\{1,2,\cdots,n\} \tag{7.49}$$

由 π, π', x 和 k 的定义可知, $\pi(x)=\pi'(k)$ 和 $\mathcal{J}_k^{\pi'}=\mathcal{J}_k^{\pi}$。从式 (7.44) 和式 (7.49), 可得

$$C_{\pi(x)}(\pi')=C_{\pi'(k)}(\pi')\leqslant C_{\max}(\pi'|_k)=C(\mathcal{J}_k^{\pi'})=C(\mathcal{J}_k^{\pi})=C_{\pi(k)}(\pi) \tag{7.50}$$

这就证明了 (i)。

现在假设 $j\in\mathcal{J}\setminus\{\pi(x)\}$, 那么, 一定存在某个 $h,h'\in\{1,2,\cdots,n\}$ 使得 $j=\pi(h)=\pi'(h')$。由于 $j\neq\pi(x)$ 且 $j\neq\pi'(k)$, 则 $h\neq x$ 且 $h'\neq k$。通过 π 和 π' 的定义可得, $\mathcal{J}_{h'}^{\pi'}\subseteq\mathcal{J}_h^{\pi}$ (事实上, 如果 $h\leqslant x-1$ 或 $h\geqslant k+1$, 则 $h=h'$ 且 $\mathcal{J}_{h'}^{\pi'}=\mathcal{J}_h^{\pi}$; 如果 $x+1\leqslant h\leqslant k$, 则 $h=h'+1$ 且 $\mathcal{J}_{h'}^{\pi'}=\mathcal{J}_h^{\pi}\setminus\{\pi(x)\}$)。这说明了 $C(\mathcal{J}_{h'}^{\pi'})\leqslant C(\mathcal{J}_h^{\pi})$。再由式 (7.44) 和式 (7.49), 可得

$$C_j(\pi')=C_{\pi'(h')}(\pi')\leqslant C_{\max}(\pi'|_{h'})=C(\mathcal{J}_{h'}^{\pi'})\leqslant C(\mathcal{J}_h^{\pi})=C_{\max}(\pi|_h)=C_{\pi(h)}(\pi)=C_j(\pi)$$

这就证明了 (ii)。

注意到对每个 $h=k+1,k+2,\cdots,n$, 都有 $C_{\pi(h)}(\pi')=C(\mathcal{S}_{\pi(h)}^{\pi'})=C(\mathcal{J}_h^{\pi})$。再由式 (7.49), 就能推出 (iii) 的结论成立。

为了证明 (iv), 假设 $\pi(x)$ 是 $\mathcal{J}_k^{\pi}$ 的一个干扰工件, 则有

$$C_{\max}(\pi'|_{k-1})=C(\mathcal{J}_{k-1}^{\pi'})=C(\mathcal{J}_k^{\pi}\setminus\{\pi(x)\})<C_{\pi(k)}(\pi) \tag{7.51}$$

其中, 从式 (7.44) 可以得到第一个等式。由式 (7.50) 和式 (7.51) 可知, 唯一的可能是 $C_{\pi(k)}(\pi')<C_{\pi'(k)}(\pi')=C_{\max}(\pi'|_k)=C_{\pi(k)}(\pi)$, 或者等价地说, $C_{\pi(k)}(\pi')<C_{\pi(x)}(\pi')=C_{\pi(k)}(\pi)$。这就证明了 (iv)。引理 7.14 得证。 □

以上有关 Pmtn-LS 排序的结果能够使我们采用一种新的方法来处理允许中断的排序问题 (带有工件到达时间): 对 $\mathcal{J}'\subseteq\mathcal{J}$, 使用 $C(\mathcal{J}')$ 作为一个参数, 仅仅需要考虑 $\mathcal{J}'$ 中工件的排列。在大多数情况下, 不需要通过生成 $\mathcal{J}'$ 的一个 Pmtn-LS 排序来获得 $C(\mathcal{J}')$; 相反, 可以反复使用这个子节建立的引理来获得。因此, 随后将不会直接考虑到达时间。

现在考虑目标函数分别是 $f_{\max}^{(1)},f_{\max}^{(2)},\cdots,f_{\max}^{(m)}$ 的多代理排序。如果 $f_{\max}^{(i)}$ 是正则

的并且存在 $\mathcal{J}^{(i)}$ 中 n_i 个工件的一个排列, 记为 $O_i=(i1,i2,\cdots,in_i)$, 使得对每一个时刻 τ, 都有

$$f_{i1}^{(i)}(\tau)\geqslant f_{i2}^{(i)}(\tau)\geqslant\cdots\geqslant f_{in_i}^{(i)}(\tau) \tag{7.52}$$

则称这个排序准则 $f_{\max}^{(i)}$ 为**类似延迟的**。在这种情形下, $f_{\max}^{(i)}$ 也被称为**类似延迟的目标函数**且 O_i 是问题 $1|r_j,\text{pmtn}|f_{\max}^{(i)}$ 的一个最优排列。事实上, 这个定义源于 Baker 等 (1983) 解决问题 $1|r_j,\text{pmtn}|f_{\max}$ 的思想。其中, O_i 被称为代理 i $(i=1,2,\cdots,m)$ 的一个**类似 EDD 排列**。

给定代理 i 的一个类似 EDD 排列, 对每个工件 $j\in\mathcal{J}^{(i)}$, 用 $j^{(s)}$ 定义在 O_i 中工件 j 的**位置下标**, 即 $j=ij^{(s)}$。将类似延迟的目标函数和类似 EDD 排列这样命名是因为问题 $1|r_j,\text{pmtn}|L_{\max}$ 有一个最优排列使得工件是按照 EDD 规则进行排列的。如果 $f_{\max}^{(i)}=L_{\max}^{(i)}$, 通过令 $O_i=(i1,i2,\cdots,in_i)$ 为 $\mathcal{J}^{(i)}$ 中工件的 EDD 规则, 即 $d_{i1}\leqslant d_{i2}\leqslant\cdots\leqslant d_{in_i}$, 则式 (7.52) 中的关系显然成立。这就是类似延迟的目标函数和类似 EDD 排列定义背后的直观解释。一些常见的类似延迟的目标函数主要有 $C_{\max},F_{\max},L_{\max},T_{\max}$ 以及 $\text{WC}_{\max}$。对于每一个 $f_{\max}^{(i)}\in\{C_{\max}^{(i)},F_{\max}^{(i)},L_{\max}^{(i)},T_{\max}^{(i)},\text{WC}_{\max}^{(i)}\}$, 相应的类似 EDD 排列 O_i 和生成 O_i 的时间复杂度如表 7.1 所示。

表 7.1 关于 $f_{\max}^{(i)}$ 的类似 EDD 排列 O_i

$f_{\max}^{(i)}$	$O_i=(i1,i2,\cdots,in_i)$	时间复杂度
$C_{\max}^{(i)}$	任意排序	$O(n)$
$F_{\max}^{(i)}$	$r_{i1}\leqslant r_{i2}\leqslant\cdots\leqslant r_{in_i}$	$O(n\log n)$
$L_{\max}^{(i)}$	$d_{i1}^{(i)}\leqslant d_{i2}^{(i)}\leqslant\cdots\leqslant d_{in_i}^{(i)}$	$O(n\log n)$
$T_{\max}^{(i)}$	$d_{i1}^{(i)}\leqslant d_{i2}^{(i)}\leqslant\cdots\leqslant d_{in_i}^{(i)}$	$O(n\log n)$
$\text{WC}_{\max}^{(i)}$	$w_{i1}^{(i)}\geqslant w_{i2}^{(i)}\geqslant\cdots\geqslant w_{in_i}^{(i)}$	$O(n\log n)$

7.3.3 约束的多代理排序问题

给定一个 $(m-1)$ 维向量 $(X_1,X_2,\cdots,X_{m-1})$, 下面考虑两个带有约束条件的多代理排序问题:

$$1|r_j,\text{pmtn, ND}|f_{\max}^{(m)}:f_{\max}^{(i)}\leqslant X_i\forall i=1,2,\cdots,m-1 \tag{7.53}$$

$$1|r_j,\text{pmtn, CO}|f_{\max}^{(m)}:f_{\max}^{(i)}\leqslant X_i\forall i=1,2,\cdots,m-1 \tag{7.54}$$

式 (7.54) 中的问题是式 (7.53) 中问题的子问题。在这一部分, 对任何时间 τ, 工件

$j \in \mathcal{J}$ 和代理 $i \in \{1,2,\cdots,m\}$, 如果 $j \notin \mathcal{J}^{(i)}$, 则

$$f_j^{(i)}(\tau) = -\infty \tag{7.55}$$

如果 $\tau \geqslant r_j + p_j$ 并且对所有的 $i \in \{1,2,\cdots,m-1\}$, 都有 $f_j^{(i)}(\tau) \leqslant X_i$, 则称工件 $j \in \mathcal{J}$ 在时刻 τ 是**可选的**。因此, 如果没有工件在时刻 $C(\mathcal{J})$ 是可选的, 那么在式 (7.53) 中的问题是无解的。下面, 我们将设计一个算法来检验一个工件 $j \in \mathcal{J}$ 在时间 $C(\mathcal{J})$ 是否是可选的。由于 $C(\mathcal{J}) \geqslant r_j + p_j$, 为了核对工件 j 在时间 $C(\mathcal{J})$ 是否符合要求, 只需核对对所有的 $i \in \{1,2,\cdots,m-1\}$, $f_j^{(i)}(C(\mathcal{J})) \leqslant X_i$ 是否都成立。一般来说, 可以通过以下引理来确定最优排列中的最后一个工件。

引理 7.15　假设式 (7.53) 的问题是可解的且令工件 x 在时间 $C(\mathcal{J})$ 是可选的使得 $f_x^{(m)}(C(\mathcal{J}))$ 达到最小, 则对这个问题存在一个最优排序 (排列) $\pi = (\pi(1),\pi(2),\cdots,\pi(n))$ 使得 $\pi(n) = x$。

证明　为了证明这个引理, 假设 $\pi' = (\pi'(1),\pi'(2),\cdots,\pi'(n))$ 是这个问题的一个最优的完工一致排列。如果 $\pi'(n) = x$, 只需令 $\pi = \pi'$, 假设 $\pi'(n) \neq x$, 然后令 π 是从 π' 中通过移动 x 到排列的最后一个位置得到的排列, 则由引理 7.14 可知, 对任意的 $j \in \{1,2,\cdots,n\} \setminus \{x\}$, 都有 $C_x(\pi) \leqslant C_{\pi'(n)}(\pi') = C(\mathcal{J})$ 且 $C_j(\pi) \leqslant C_j(\pi')$。由于工件 x 在时间 $C(\mathcal{J})$ 是可选的, 因此 π 一定是这个问题的一个可行排列并且满足 $\pi(n) = x$。现在, 对任意的 $j \in \mathcal{J}^{(m)} \setminus \{x\}$, $f_j^{(m)}(C_j(\pi)) \leqslant f_j^{(m)}(C_j(\pi')) \leqslant f_{\max}^{(m)}(\pi')$。由 x 的选择, 可得

$$f_x^{(m)}(C_x(\pi)) \leqslant f_x^{(m)}(C(\mathcal{J})) \leqslant f_{\pi'(n)}^{(m)}(C(\mathcal{J})) = f_{\pi'(n)}^{(m)}(C_{\pi'(n)}(\pi')) \leqslant f_{\max}^{(m)}(\pi')$$

因此, π 是满足 $\pi(n) = x$ 的一个最优排序。引理 7.15 得证。 □

注意到, 在满足 $\pi(n) = x$ 的排列 $\pi = (\pi(1),\pi(2),\cdots,\pi(n))$ 所确定的可行 Pmtn-LS 排序中, $\mathcal{J}$ 中工件的最大完工时间是 $C(\mathcal{J})$ 并且 $\mathcal{J} \setminus \{x\}$ 中工件占用时间空间为 $\mathcal{T}(\mathcal{J} \setminus \{x\})$, 因此工件 x 在时间空间 $[r_x, C(\mathcal{J})] \setminus \mathcal{T}(\mathcal{J} \setminus \{x\})$ 中最靠前 p_x 单位内加工。由于排列的可行性, 这些区间加工工件 x 是足够的。这也进一步表明, 安排 x 作为最优排列的最后一个工件不会影响到后续的步骤来找到最终的最优解。

通过以上讨论可以给出以下算法。

算法 7.2　对给定 $X_1, X_2, \cdots, X_{m-1}$ 的问题 $1|r_j, \mathrm{pmtn}, \mathrm{ND}|f_{\max}^{(m)} : f_{\max}^{(i)} \leqslant X_i$。

步骤 1　设 $\mathcal{J} := \{1,2,\cdots,n\}$ 并且 $k := n$, 进一步, 将 $\mathcal{J}$ 中的 n 个工件按照 ERD 规则进行排序, 用 $\vec{\mathcal{J}}$ 定义工件的 ERD 规则。

步骤 2　通过 ERD 规则 $\vec{\mathcal{J}}$ 计算 $C(\mathcal{J})$ 并且令 $\tau := C(\mathcal{J})$。

步骤 3　生成在时间 τ 可选的所有工件集合 $\mathcal{L}(\tau)$, 即

$$\mathcal{L}(\tau) = \{j \in \mathcal{J} : \text{对每个} i \in \{1,2,\cdots,m-1\}, \text{有} f_j^{(i)}(\tau) \leqslant X_i\} \tag{7.56}$$

(1) 如果 $\mathcal{L}(\tau) \neq \varnothing$, 则挑选一个工件 $x \in \mathcal{L}(\tau)$ 使得 $f_x^{(m)}(\tau)$ 尽可能小, 然后进入步骤 4。

(2) 如果 $\mathcal{L}(\tau) = \varnothing$, 即在 $\mathcal{J}$ 中没有工件在时间 τ 是可选的, 那么终止这个算法并且输出**无可行解**。

步骤 4　定义 $\pi(k) = x$ 并执行以下操作:

(1) 如果 $k \geqslant 2$, 则设 $\mathcal{J} := \mathcal{J} \setminus \{x\}$, $\vec{\mathcal{J}} := \vec{\mathcal{J}} \setminus \{x\}$ 以及 $k := k-1$, 并返回到步骤 2。

(2) 如果 $k = 1$, 则进入步骤 5。

步骤 5　输出最优排列 $\pi = (\pi(1), \pi(2), \cdots, \pi(n))$, 并运行算法 Pmtn-LS($\pi$) 来获得最终排序同时计算 $f_{\max}^{(m)}(\pi)$ 的值。

定理 7.4　算法 7.2在 $O(mn^2)$时间内解决了问题 $1|r_j, \text{pmtn}, \text{ND}|f_{\max}^{(m)} : f_{\max}^{(i)} \leqslant X_i$。

证明　算法 7.2 的正确性可由定理 7.2 得出。注意到算法 7.2 有 n 次迭代, 步骤 1 的运行时间为 $O(n\log n)$, 即用 ERD 规则 $\vec{\mathcal{J}}$ 来重排工件的时间。注意到步骤 1 不包括在算法的迭代中, 因为 ERD 规则 $\vec{\mathcal{J}}$ 已经事先给出, 则由引理 7.6 可知, 步骤 2 的运行时间为 $O(n)$。步骤 3 的运行时间为 $O(mn)$, 主要取决于在式 (7.56) 中验证 $O(mn)$ 个不等式的时间。步骤 4 的运行时间也是 $O(n)$。因此, 算法每一次迭代的时间复杂度都是 $O(mn)$。由此可见, 算法 7.2 的总运行时间是 $O(mn^2)$。定理 7.4 得证。　□

对问题 $1|r_j, \text{pmtn}, \text{CO}|f_{\max}^{(m)} : f_{\max}^{(i)} \leqslant X_i$, 由于 $\mathcal{J}^{(1)}, \mathcal{J}^{(2)}, \cdots, \mathcal{J}^{(m)}$ 是 $\mathcal{J}$ 的一个划分, 因此算法 7.2 中步骤 3 的运行时间是 $O(n)$。在这种情况下, 算法 7.2 的时间复杂度降低到 $O(n^2)$。因此, 我们可以得到下面的结论。

定理 7.5　问题 $1|r_j, \text{pmtn}, \text{CO}|f_{\max}^{(m)} : f_{\max}^{(i)} \leqslant X_i$ 可以在 $O(n^2)$ 时间内解决。

到目前为止, 因为解决问题 $1||f_{\max}$ 的最好的时间复杂度是 $O(n^2)$, 因此定理 7.5 的结果看起来是最好可能的。当所有的工件都满足 $r_j = 0$ 且 m 个目标函数均为最大延迟时, 我们可以更有效地解决以下两个特殊问题:

$$1|\text{ND}|L_{\max}^{(m)} : L_{\max}^{(i)} \leqslant X_i i = 1, 2, \cdots, m-1 \tag{7.57}$$

$$1|\text{CO}|L_{\max}^{(m)} : L_{\max}^{(i)} \leqslant X_i i = 1, 2, \cdots, m-1 \tag{7.58}$$

定理 7.6　问题 $1|\text{ND}|L_{\max}^{(m)} : L_{\max}^{(i)} \leqslant X_i$ 可以在 $O(mn + n\log n)$ 时间内得到解决, 问题 $1|\text{CO}|L_{\max}^{(m)} : L_{\max}^{(i)} \leqslant X_i$ 可以在 $O(n\log n)$ 时间内得到解决。

证明　为了方便, 对工件 j 和代理 i, 定义 $d_j^{(i)} = +\infty$, 其中 $j \notin \mathcal{J}^{(i)}$。这个规则和式 (7.55) 中的准则相同; 此外, 还定义 $X^{(m)} = +\infty$。

对于 ND 代理的情况, 限制 "$L_{\max}^{(i)} \leqslant X_i$, $\forall i = 1, 2, \cdots, m-1$" 要求每个工件

j 的完工时间 C_j 应该满足 $C_j - d_j^{(i)} \leqslant X_i$, 其中 $i = 1, 2, \cdots, m-1$。这导致了工件 j $(j = 1, 2, \cdots, n)$ 的截止工期为

$$\bar{d}_j = \min\{X_i + d_j^{(i)} : i = 1, 2, \cdots, m\}$$

由于所有 n 个工件的截止工期可以在 $O(mn)$ 时间内被确定, 所以式 (7.57) 中的 ND 代理问题可以在时间 $O(mn)$ 简化为问题 $1|\bar{d}_j|L_{\max}^{(m)}$。

对于 CO 代理的情形, 只需要通过设

$$\bar{d}_j = X_i + d_j^{(i)}$$

去计算截止工期, 其中 $j \in \mathcal{J}^{(i)}$。由于所有 n 个工件的截止工期可以在 $O(n)$ 时间内被确定, 因此式 (7.58) 中的 CO 代理问题可以在 $O(n)$ 时间内简化为问题 $1|\bar{d}_j|L_{\max}^{(m)}$。

事实上, 问题 $1|\bar{d}_j|L_{\max}^{(m)}$ 是问题 $1|\bar{d}_j|L_{\max}$ 的一个子问题。对于所有的 $t \in (0, +\infty)$ 和 $j \in \{1, 2, \cdots, n\}$, 如果 $t \leqslant \bar{d}_j$, 则定义 $f_j(t) = t - d_j$; 如果 $t > \bar{d}_j$, 则定义 $f_j(t) = +\infty$。那么, 问题 $1|\bar{d}_j|L_{\max}$ 就与问题 $1||f_{\max}$ 相同。求解这一问题的 Lawler 算法可以描述如下:

($\mathbf{A_1}$)　首先, 令 $\tau := \sum_{j=1}^{n} p_j$。在所有满足 $\bar{d} \geqslant \tau$ 的工件中挑选工期 d_j 最长的工件 J_j, 然后在区间 $[\tau - p_j, \tau]$ 上加工工件 J_j。重新令 $\tau := \tau - p_j$ 并重复以上过程。如果在一些迭代过程中没有工件 J_j 使得 $\bar{d} \geqslant \tau$ 且 $\tau > 0$, 那么这个问题是不可行的。

对这个特殊的问题 $1|\bar{d}_j|L_{\max}$, 可以通过以下方式引入一个简单的数据结构, 使得算法 A_1 的时间复杂度降低为 $O(n \log n)$:

在算法 A_1 的每个决策点 τ, 把所有未排序的、不可选的工件按照它们截止日期非减的顺序进行排列 (并记为 $\vec{\mathcal{J}}$), 也把所有未排序的、可选的工件按照工期非减的顺序进行排列 (并记为 $\vec{\mathcal{S}}$)。首先, $\vec{\mathcal{J}}$ 包含所有的工件且 $\vec{\mathcal{S}}$ 为空集。令 $\tau := \sum_{j=1}^{n} p_j$ 并且开始执行算法 A_1。如果 $\vec{\mathcal{J}}$ 中的一些工件在时间 τ 是符合要求的, 那么在 $\vec{\mathcal{J}}$ 中的最后一个工件 j 在时间 τ 也是可选的, 即 $\bar{d}_j \geqslant \tau$; 然后在 $\vec{\mathcal{J}}$ 中删除 j, 并通过一个二分法搜索在工件列表 $\vec{\mathcal{S}}$ 中插入 j 使得升级后的 $\vec{\mathcal{S}}$ 中的工件仍然按照 EDD 规则进行排列, 当 $\vec{\mathcal{J}}$ 和 $\vec{\mathcal{S}}$ 已经在当前迭代中生成且 $\vec{\mathcal{S}}$ 是非空的时候, 挑选 $\vec{\mathcal{S}}$ 的最后一个工件 i, 从 $\vec{\mathcal{S}}$ 中删除 i 并在时间段 $[\tau - p_j, \tau]$ 加工工件 i; 最后, 令 $\tau := \tau - p_i$ 并进入下一次迭代。

基于以下事实: 通过二分法搜索, 可以在 $O(\log n)$ 时间内从一个排序列表中删除一项或者在一个排序列表中插入一项, 算法 A_1 的时间复杂度能降低到 $O(n \log n)$。以上讨论说明式 (7.57) 中的问题在 $O(mn + n \log n)$ 时间内是可解的, 而式 (7.58) 中的问题在 $O(n \log n)$ 时间内是可解的。定理 7.6 得证。 □

注释 如果对任意的$i = 1, 2, \cdots, m$, 有 $f_{\max}^{(i)} \in \{C_{\max}^{(i)}, F_{\max}^{(i)}, L_{\max}^{(i)}, T_{\max}^{(i)}, \mathrm{WC}_{\max}^{(i)}\}$, 那么可以稍微修改引理 7.7 的证明得到以下结论。

定理 7.7 如果对任意的 $i = 1, 2, \cdots, m$, 有 $f_{\max}^{(i)} \in \{C_{\max}^{(i)}, F_{\max}^{(i)}, L_{\max}^{(i)}, T_{\max}^{(i)}, \mathrm{WC}_{\max}^{(i)}\}$, 那么问题

$$1|\mathrm{ND}|f_{\max}^{(m)} : f_{\max}^{(i)} \leqslant X_i \forall i = 1, 2, \cdots, m-1$$

在 $O(mn + n\log n)$ 时间内是可解的, 问题

$$1|\mathrm{CO}|f_{\max}^{(m)} : f_{\max}^{(i)} \leqslant X_i \forall i = 1, 2, \cdots, m-1$$

在 $O(n\log n)$ 时间内是可解的。

7.3.4 Pareto 多代理排序问题

设代理数 m 是一个固定的常数, $f_{\max}^{(i)}$ 是代理 $i \in \{1, 2, \cdots, m\}$ 的目标函数。在这一部分, 对每个 $i = 1, 2, \cdots, m$, 假设 $f_{\max}^{(i)}$ 都是类似延迟的, 并令 $O_i = (i1, i2, \cdots, in_i)$ 是 $\mathcal{J}^{(i)}$ 中 n_i 个工件的一个类似 EDD 排列。

首先, 考虑非不交代理的 Pareto 排序问题

$$1|r_j, \mathrm{pmtn}, \mathrm{ND}|(f_{\max}^{(1)}, f_{\max}^{(2)}, \cdots, f_{\max}^{(m)}) \tag{7.59}$$

并假设 π 是 $\mathcal{J} = \{1, 2, \cdots, n\}$ 的一个可行排序。这里, 既用 π 表示 $\mathcal{J} = \{1, 2, \cdots, n\}$ 的一个排列, 也使用 π 来代表由排列 π 生成的 Pmtn-LS 排序。

对给定的排序 π, 如果 $h_i \in \mathcal{J}^{(i)}$ 并且 h_i 是排序中的最后一个工件使得

$$f_{h_i}^{(i)}(C_{h_i}(\pi)) = \max_{j \in \mathcal{J}^{(i)}} f_j^{(i)}(C_j(\pi)) = f_{\max}^{(i)}(\pi)$$

则称工件 h_i 为排序 π 中代理 i 的**瓶颈工件**。在这种情况下, 也称 h_i 在排序 π 中是一个瓶颈工件。注意到, 在 π 中每一个代理都有唯一的瓶颈工件, 但是不同的代理可能有相同的瓶颈工件, 因此, 序列 $h_1, h_2, \cdots, h_m$ 可能存在某些重复。将 m 个代理重新标号为 $\sigma = (\sigma(1), \sigma(2), \cdots, \sigma(m))$ 使得所有的瓶颈工件在 π 中的完工时间是非减顺序排列的, 即 $C_{h_{\sigma(1)}}(\pi) \leqslant C_{h_{\sigma(2)}}(\pi) \leqslant \cdots \leqslant C_{h_{\sigma(m)}}(\pi)$。这些瓶颈工件有如下有用的性质。

引理 7.16 设 iq 是在排序 π 下代理 i 的瓶颈工件, 那么, 对任意的 $q' = 1, 2, \cdots, q-1$, 有 $C_{iq'}(\pi) < C_{iq}(\pi)$, 其中 $C_{iq}(\pi)$ 是 π 中工件 iq 的完工时间。

证明 (反证法)。假设存在某个 $q' \in \{1, 2, \cdots, q-1\}$ 使得 $C_{iq'}(\pi) > C_{iq}(\pi)$, 则可得

$$f_{\max}^{(i)}(\pi) \geqslant f_{iq'}^{(i)}(C_{iq'}(\pi)) \geqslant f_{iq'}^{(i)}(C_{iq}(\pi)) \geqslant f_{iq}^{(i)}(C_{iq}(\pi)) = f_{\max}^{(i)}(\pi)$$

第二个和第三个不等式来自如下事实: 所有的排序目标函数都是正则的并且也是类似延迟的。进一步, 可得 $f_{\max}^{(i)}(\pi)=f_{iq'}^{(i)}(C_{iq'}(\pi))$。因此, iq 不是最后一个达到 $f_{\max}^{(i)}(\pi)$ 值的工件, 这就和假设 iq 是在 π 中代理 i 的瓶颈工件矛盾。引理 7.16 得证。 □

在问题 (7.59) 中的一个**排序构型**是一个二元组 $(\sigma,\boldsymbol{Q})$, 其中 $\sigma=(\sigma(1),\sigma(2),\cdots,\sigma(m))$ 是 m 个代理 $\{1,2,\cdots,m\}$ 的一个排列且

$$\boldsymbol{Q}=\begin{pmatrix} q_{1,1} & q_{1,2} & \cdots & \cdots & q_{1,m-1} \\ q_{2,1} & q_{2,2} & \cdots & \cdots & q_{2,m-1} \\ \vdots & \vdots & & & \vdots \\ q_{m,1} & q_{m,2} & \cdots & \cdots & q_{m,m-1} \end{pmatrix}$$

是一个 $m\times(m-1)$ 维的非负整数矩阵使得, 对每个 $s=1,2,\cdots,m$, 都有

$$0\leqslant q_{s,1}\leqslant q_{s,2}\leqslant\cdots\leqslant q_{s,m-1}\leqslant n_{\sigma(s)} \tag{7.60}$$

以及

$$q_{1,1},q_{2,2},\cdots,q_{m-1,m-1}\geqslant 1 \tag{7.61}$$

为了方便, 我们在最后定义矩阵 $\boldsymbol{Q}$ 为 $\boldsymbol{Q}=(q_{s,t})_{m\times(m-1)}$。

为了掌握排序构型 $(\sigma,\boldsymbol{Q})$ 的本质, 可以认为 $\boldsymbol{Q}$ 的第 s 行对应于代理 $\sigma(s)$。在矩阵的第 s 行 $(q_{s,1},q_{s,2},\cdots,q_{s,m-1})$ 中, 每一项 $q_{s,t}$ 都有两个含义: 它既指出代理 $\sigma(s)$ 的第 $q_{s,t}$ 个工件为 $\sigma(s)q_{s,t}$, 又指出代理 $\sigma(s)$ 的前 $q_{s,t}$ 工件集合为 $\mathcal{J}_{q_{s,t}}^{O_{\sigma(s)}}=\{\sigma(s)1,\sigma(s)2,\cdots,\sigma(s)q_{s,t}\}$。因此, 从第 s 行 $(q_{s,1},q_{s,2},\cdots,q_{s,m-1})$, 可以生成代理 $\sigma(s)$ 工件集合 $m-1$ 个子集的序列

$$(\mathcal{J}_{q_{s,1}}^{O_{\sigma(s)}},\mathcal{J}_{q_{s,2}}^{O_{\sigma(s)}},\cdots,\mathcal{J}_{q_{s,m-1}}^{O_{\sigma(s)}}) \tag{7.62}$$

使得

$$\mathcal{J}_{q_{s,1}}^{O_{\sigma(s)}}\subseteq\mathcal{J}_{q_{s,2}}^{O_{\sigma(s)}}\subseteq\cdots\subseteq\mathcal{J}_{q_{s,m-1}}^{O_{\sigma(s)}} \tag{7.63}$$

将式 (7.62) 中每个序列作为一行, 可以得到下面 $m\times(m-1)$ 维矩阵

$$\mathcal{J}^{(\sigma,\boldsymbol{Q})}=\begin{pmatrix} \mathcal{J}_{q_{1,1}}^{O_{\sigma(1)}} & \mathcal{J}_{q_{1,2}}^{O_{\sigma(1)}} & \cdots & \cdots & \mathcal{J}_{q_{1,m-1}}^{O_{\sigma(1)}} \\ \mathcal{J}_{q_{2,1}}^{O_{\sigma(2)}} & \mathcal{J}_{q_{2,2}}^{O_{\sigma(2)}} & \cdots & \cdots & \mathcal{J}_{q_{2,m-1}}^{O_{\sigma(2)}} \\ \vdots & \vdots & & & \vdots \\ \mathcal{J}_{q_{m,1}}^{O_{\sigma(m)}} & \mathcal{J}_{q_{m,2}}^{O_{\sigma(m)}} & \cdots & \cdots & \mathcal{J}_{q_{m,m-1}}^{O_{\sigma(m)}} \end{pmatrix}$$

这个矩阵由 $\mathcal{J}$ 的 $m\times(m-1)$ 个子集组成。

现在, 对于一个排序构型 $(\sigma, \boldsymbol{Q})$, 通过对每一个 $t=1,2,\cdots,m-1$, 令

$$\mathcal{J}_t^{(\sigma,\boldsymbol{Q})}=\mathcal{J}_{q_{1,t}}^{O_{\sigma(1)}}\bigcup \mathcal{J}_{q_{2,t}}^{O_{\sigma(2)}}\bigcup\cdots\bigcup \mathcal{J}_{q_{m,t}}^{O_{\sigma(m)}} \tag{7.64}$$

可以定义 $\mathcal{J}=\{1,2,\cdots,n\}$ 的 $m-1$ 个子集。注意到 $\mathcal{J}_t^{(\sigma,\boldsymbol{Q})}$ 是矩阵 $\mathcal{J}^{(\sigma,\boldsymbol{Q})}$ 第 t 列的 m 个子集的并集, 根据式 (7.63) 和式 (7.64), 可得

$$\mathcal{J}_1^{(\sigma,\boldsymbol{Q})}\subseteq \mathcal{J}_2^{(\sigma,\boldsymbol{Q})}\subseteq\cdots\subseteq \mathcal{J}_{m-1}^{(\sigma,\boldsymbol{Q})} \tag{7.65}$$

因此, 有

$$C(\mathcal{J}_1^{(\sigma,\boldsymbol{Q})})\leqslant C(\mathcal{J}_2^{(\sigma,\boldsymbol{Q})})\leqslant\cdots\leqslant C(\mathcal{J}_{m-1}^{(\sigma,\boldsymbol{Q})}) \tag{7.66}$$

给定一个排序构型 $(\sigma, \boldsymbol{Q})$, 矩阵 $\boldsymbol{Q}$ 的主对角向量 $(q_{1,1},q_{2,2},\cdots,q_{m-1,m-1})$, 在分析中起到一个很重要的作用。对每一个 $t\in\{1,2,\cdots,m-1\}$, 设 $h_{\sigma(t)}$ 是代理 $\sigma(t)$ 的第 $q_{t,t}$ 个工件, 即

$$h_{\sigma(t)}=\sigma(t)q_{t,t}, \text{或者等价地}, h_{\sigma(t)}^{(\sigma(t))}=q_{t,t} \tag{7.67}$$

然后就可得到 $m-1$ 个工件下标的一个向量

$$\boldsymbol{h}(\sigma,\boldsymbol{Q})=(h_{\sigma(1)},h_{\sigma(2)},\cdots,h_{\sigma(m-1)})$$

其中, $\boldsymbol{h}(\sigma,\boldsymbol{Q})$ 被称为由 $(\sigma,\boldsymbol{Q})$ 诱导的**主向量**。由于对任意的 $t=1,2,\cdots,m-1$, 都有 $1\leqslant q_{t,t}\leqslant n_{\sigma(t)}$, 因此可以看到由 $(\sigma,\boldsymbol{Q})$ 诱导的主向量 $\boldsymbol{h}(\sigma,\boldsymbol{Q})$ 是定义明确的。

为了计算下面 $m-1$ 个值, 引入集合 $\mathcal{J}_1^{(\sigma,\boldsymbol{Q})}\subseteq \mathcal{J}_2^{(\sigma,\boldsymbol{Q})}\subseteq\cdots\subseteq \mathcal{J}_{m-1}^{(\sigma,\boldsymbol{Q})}$ 和主向量 $\boldsymbol{h}(\sigma,\boldsymbol{Q})=(h_{\sigma(1)},h_{\sigma(2)},\cdots,h_{\sigma(m-1)})$。

$$X_{\sigma(t)}(\sigma,\boldsymbol{Q})=f_{h_{\sigma(t)}}^{(\sigma(t))}(C(\mathcal{J}_t^{(\sigma,\boldsymbol{Q})})),\ t=1,2,\cdots,m-1 \tag{7.68}$$

最后, 定义 $X_{\sigma(m)}(\sigma,\boldsymbol{Q})$ 作为约束排序问题

$$1|r_j,\text{pmtn, ND}|f_{\max}^{(\sigma(m))}:f_{\max}^{(\sigma(t))}\leqslant X_{\sigma(t)}(\sigma,\boldsymbol{Q}),\ \forall t=1,2,\cdots,m-1 \tag{7.69}$$

的最优值。由式 (7.68) 中的 $m-1$ 个值和 $X_{\sigma(m)}(\sigma,\boldsymbol{Q})$ 的值, 可以得到一个 m 维向量

$$\boldsymbol{X}(\sigma,\boldsymbol{Q})=(X_1(\sigma,\boldsymbol{Q}),X_2(\sigma,\boldsymbol{Q}),\cdots,X_m(\sigma,\boldsymbol{Q})) \tag{7.70}$$

其中, $\boldsymbol{X}(\sigma,\boldsymbol{Q})$ 称为排序构型 $(\sigma,\boldsymbol{Q})$ 的**目标向量**。

上述定义的目的是设计一个良好的方法来解决式 (7.59) 中的 Pareto 多代理排序问题。这个方法的基本思想如下:

引理 7.15 表明, 如果可以找到一组包括所有的 Pareto-最优点的 m 维向量 $\mathcal{X}$, 那么可以通过对每一个 $(X_1,X_2,\cdots,X_m)\in\mathcal{X}$ 求解对应的约束排序问题

$$1|r_j, \text{pmtn}, \text{ND}|f_{\max}^{(k)} : f_{\max}^{(i)} \leqslant X_i,\ \forall i \neq k, k \in \{1, 2, \cdots, m\}$$

来解决问题 $1|r_j, \text{pmtn}|(f_{\max}^{(1)}, f_{\max}^{(2)}, \cdots, f_{\max}^{(m)})$。这里, 要求 $\mathcal{X}$ 的输入规模是 n 中的一个多项式。

为了找到这样一个集合 $\mathcal{X}$, 通过研究 Pareto-最优排序的结构, 可以发现瓶颈工件和它们的完工时间的模式个数是一个多项式。

在一个固定的 Pareto-最优排序的模式中, m 个代理的瓶颈工件 $h_1, h_2, \cdots, h_m$ 和它们的完工时间 $C_{h_1}, C_{h_2}, \cdots, C_{h_m}$ 能被确定。然后, 将向量 $(X_1, X_2, \cdots, X_m)$ 放进 $\mathcal{X}$ 中, 其中, 对 $i = 1, 2, \cdots, m$, 有 $X_i = f_{h_i}^{(i)}(C_{h_i})$。

虽然 Pareto-最优排序事先是未知的, 但是我们发现排序构型覆盖了所有的 Pareto-最优排序模式。可以证明, 对每一个 Pareto-最优点 $(X_1, X_2, \cdots, X_m)$, 一定有一个排序构型 $(\sigma, \boldsymbol{Q})$ 使得 $(\sigma, \boldsymbol{Q})$ 的目标向量由 $\boldsymbol{X}(\sigma, \boldsymbol{Q}) = (X_1, X_2, \cdots, X_m)$ 给出。

因此, 可以设 $\mathcal{X}$ 是排序构型的目标向量集合, 即

$$\mathcal{X} = \{\boldsymbol{X}(\sigma, \boldsymbol{Q}) : (\sigma, \boldsymbol{Q}) \text{ 是一个排序构型}\}$$

由于排序构型的数量不超过 $O(m!(n_1 n_2 \cdots n_m)^{m-1}) = O(n^{m^2-m})$, 因此用以上方法构造的集合 $\mathcal{X}$ 中向量的个数恰好为 n 的多项式, 这正是我们要找的。

总之, 为了解决式 (7.59) 中的问题, 我们枚举了所有的排序构型, 生成了向量集合 $\mathcal{X} = \{\boldsymbol{X}(\sigma, \boldsymbol{Q}) : (\sigma, \boldsymbol{Q}) \text{ 是一个排序构型}\}$, 最后挑选了在 $\mathcal{X}$ 中的所有 Pareto-最优点。

引理 7.17　假设类似 EDD 排列 $O_1, O_2, \cdots, O_m$ 事先已经给出, 那么对每一个排序构型 $(\sigma, \boldsymbol{Q})$, 它的目标向量 $\boldsymbol{X}(\sigma, \boldsymbol{Q})$ 都可以在 $O(n^2)$ 时间内获得。进一步, 当所有的工件都满足 $r_j = 0$ 并且每个代理的目标函数 $f_{\max}^{(i)} \in \{C_{\max}^{(i)}, F_{\max}^{(i)}, L_{\max}^{(i)}, T_{\max}^{(i)}, \text{WC}_{\max}^{(i)}\}$ 时, 时间复杂度能降低到 $O(n \log n)$。

证明　给定一个排序构型 $(\sigma, \boldsymbol{Q})$, 由于 m 是一个定值且 $h_{\sigma(t)} = \sigma(t) q_{t,t}$, 其中 $t = 1, 2, \cdots, m-1$, 所以主向量 $\boldsymbol{h}(\sigma, \boldsymbol{Q}) = (h_{\sigma(1)}, h_{\sigma(2)}, \cdots, h_{\sigma(m-1)})$ 可以在一个常数时间内得到。

对每个二元组 (s, t), $s \in \{1, 2, \cdots, m\}$ 且 $t \in \{1, 2, \cdots, m-1\}$, 因为 n 个工件和代理 $\sigma(s)$ 的排列 $O_{\sigma(s)}$ 已经被事先给出, 所以工件集合 $\mathcal{J}_{q_{s,t}}^{O_{\sigma(s)}}$ 都可以在 $O(n)$ 时间内得到。

根据 $\mathcal{J}_t^{(\sigma, \boldsymbol{Q})} = \mathcal{J}_{q_{1,t}}^{O_{\sigma(1)}} \bigcup \mathcal{J}_{q_{2,t}}^{O_{\sigma(2)}} \bigcup \cdots \bigcup \mathcal{J}_{q_{m,t}}^{O_{\sigma(m)}}$ 的定义, 我们可以在 $O(mn) = O(n)$ 时间内获得 $m-1$ 个集合 $\mathcal{J}_1^{(\sigma, \boldsymbol{Q})}, \mathcal{J}_2^{(\sigma, \boldsymbol{Q})}, \cdots, \mathcal{J}_{m-1}^{(\sigma, \boldsymbol{Q})}$。为了计算 $m-1$ 个值 $C(\mathcal{J}_1^{(\sigma, \boldsymbol{Q})}), C(\mathcal{J}_2^{(\sigma, \boldsymbol{Q})}), \cdots, C(\mathcal{J}_{m-1}^{(\sigma, \boldsymbol{Q})})$, 生成 n 个工件的一个排列 π, 其中 n 个工件按照

$$\mathcal{J}_1^{(\sigma, \boldsymbol{Q})}, \mathcal{J}_2^{(\sigma, \boldsymbol{Q})} \setminus \mathcal{J}_1^{(\sigma, \boldsymbol{Q})}, \cdots, \mathcal{J}_{m-1}^{(\sigma, \boldsymbol{Q})} \setminus \mathcal{J}_{m-2}^{(\sigma, \boldsymbol{Q})}, \mathcal{J} \setminus \mathcal{J}_{m-1}^{(\sigma, \boldsymbol{Q})}$$

的顺序进行排列。由于在式 (7.65) 中有 $\mathcal{J}_1^{(\sigma,\boldsymbol{Q})} \subseteq \mathcal{J}_2^{(\sigma,\boldsymbol{Q})} \subseteq \cdots \subseteq \mathcal{J}_{m-1}^{(\sigma,\boldsymbol{Q})}$, 所以可以在 $O(n)$ 时间内生成 π。进一步运行算法 Pmtn-LS(π), 则可以在时间 $O(n\log n)$ 内得到

$$C(\mathcal{J}_1^{(\sigma,\boldsymbol{Q})}), C(\mathcal{J}_2^{(\sigma,\boldsymbol{Q})}), \cdots, C(\mathcal{J}_{m-1}^{(\sigma,\boldsymbol{Q})})$$

的值。

如果 $\boldsymbol{h}(\sigma,\boldsymbol{Q})=(h_{\sigma(1)},h_{\sigma(2)},\cdots,h_{\sigma(m-1)})$ 和 $(C(\mathcal{J}_1^{(\sigma,\boldsymbol{Q})}), C(\mathcal{J}_2^{(\sigma,\boldsymbol{Q})}), \cdots, C(\mathcal{J}_{m-1}^{(\sigma,\boldsymbol{Q})}))$ 的值已经被事先给定, 则对每一个 $t=1,2,\cdots,m-1$, 在式 (7.68) 中定义的值 $X_{\sigma(t)}(\sigma,\boldsymbol{Q}) = f_{h_{\sigma(t)}}^{(\sigma(t))}(C(\mathcal{J}_t^{(\sigma,\boldsymbol{Q})}))$ 可以在一个常数时间内计算出。

以上计算的总时间复杂度是 $O(n\log n)$。但是由于 $X_{\sigma(m)}(\sigma,\boldsymbol{Q})$ 是式 (7.69) 中约束排序问题的最优值, 由定理 7.4 可知, $X_{\sigma(m)}(\sigma,\boldsymbol{Q})$ 的值在 $O(mn^2)=O(n^2)$ 时间内是可以获得的。最后, 目标向量 $\boldsymbol{X}(\sigma,\boldsymbol{Q})$ 可以在 $O(n^2)$ 时间内计算出。

当所有工件都满足 $r_j=0$ 并且所有代理有 $f_{\max}^{(i)} \in \{C_{\max}^{(i)}, F_{\max}^{(i)}, L_{\max}^{(i)}, T_{\max}^{(i)}, \mathrm{WC}_{\max}^{(i)}\}$ 时, 由定理 7.6 可知, $X_{\sigma(m)}(\sigma,\boldsymbol{Q})$ 的值可以在 $O(mn+n\log n)=O(n\log n)$ 时间内确定。因此, $\boldsymbol{X}(\sigma,\boldsymbol{Q})$ 可以在 $O(n\log n)$ 时间内计算出。引理 7.17 得证。 □

接下来的引理对我们的讨论是很关键的。然而, 该引理的证明非常烦琐, 所以这里省略对该引理的证明。

引理 7.18 对 Pareto 排序问题 $1|r_j,\mathrm{pmtn},\mathrm{ND}|(f_{\max}^{(1)}, f_{\max}^{(2)}, \cdots, f_{\max}^{(m)})$ 的每一个 Pareto-最优点 $(X_1,X_2,\cdots,X_m)$, 都存在一个排序构型 $(\sigma,\boldsymbol{Q}^*)$ 使得 $(\sigma,\boldsymbol{Q}^*)$ 的目标向量由 $\boldsymbol{X}(\sigma,\boldsymbol{Q}^*)=(X_1,X_2,\cdots,X_m)$ 给出。

证明 见 Yuan 等 (2020) 论文的附录。引理 7.18 得证。 □

注释 为了帮助读者理解引理 7.18, 考虑特殊的问题 $1|\mathrm{CO}|(L_{\max}^{(1)}, L_{\max}^{(2)}, \cdots, L_{\max}^{(m)})$。设 $(X_1,X_2,\cdots,X_m)$ 是这个问题的一个 Pareto-最优点, 则一定存在一个对应的 Pareto-最优排序 π 使得对每一个代理 i, 代理 i 的 n_i 个工件在 π 中按照 EDD 顺序 $O_i=(i1,i2,\cdots,in_i)$ 进行排序。这意味着对任意 $j\in\{1,2,\cdots,n\}$, 在 π 中前 j 个工件的集合的形式为

$$\mathcal{J}_j^{\pi} = \{\pi(1),\pi(2),\cdots,\pi(j)\} = \mathcal{J}_{j_1}^{O_1} \bigcup \mathcal{J}_{j_2}^{O_2} \bigcup \cdots \bigcup \mathcal{J}_{j_m}^{O_m} \tag{7.71}$$

其中, $j_i\in\{0,1,\cdots,n_i\}$ 使得 $j_1+j_2+\cdots+j_m=j$。

现在设 h_i 是在 π 中代理 i 的瓶颈工件, 并设 $\sigma=(\sigma(1),\sigma(2),\cdots,\sigma(m))$ 是 m 个代理的一个排列使得 $C_{h_{\sigma(1)}}(\pi) < C_{h_{\sigma(2)}}(\pi) < \cdots < C_{h_{\sigma(m)}}(\pi)$, 通过设

$$q_{s,t} = \max\{q : \mathcal{J}_q^{O_{\sigma(s)}} \subseteq \mathcal{J}_{h_{\sigma(t)}}^{\pi}\},\ s=1,2,\cdots,m;\ t=1,2,\cdots,m-1$$

我们得到一个排序构型 $(\sigma,\boldsymbol{Q}^*)$, 其中 $\boldsymbol{Q}^*=(q_{s,t})_{m\times(m-1)}$。由式 (7.71), 可以看出

$$\mathcal{J}_{h_{\sigma(t)}}^{\pi} = \mathcal{J}_{q_{1,t}}^{O_{\sigma(1)}} \bigcup \mathcal{J}_{q_{2,t}}^{O_{\sigma(2)}} \bigcup \cdots \bigcup \mathcal{J}_{q_{m,t}}^{O_{\sigma(m)}} = \mathcal{J}_t^{(\sigma,\boldsymbol{Q}^*)},\ t=1,2,\cdots,m-1$$

最后, 可得

$$C_{h_{\sigma(t)}}(\pi) = C(\mathcal{J}_t^{(\sigma,\boldsymbol{Q}^*)}),\ t = 1, 2, \cdots, m-1$$

因此

$$X_{\sigma(t)} = L_{h_{\sigma(t)}}^{(\sigma(t))}(\pi) = X_{\sigma(t)}(\sigma, \boldsymbol{Q}^*),\ t = 1, 2, \cdots, m-1 \tag{7.72}$$

注意到 $X_{\sigma(m)}(\sigma, \boldsymbol{Q}^*)$ 是问题

$$1|\mathrm{CO}|L_{\max}^{(\sigma(m))} : L_{\max}^{(\sigma(t))} \leqslant X_{\sigma(t)}(\sigma, \boldsymbol{Q}^*),\ \forall t = 1, 2, \cdots, m-1$$

的最优值且 $(X_1, X_2, \cdots, X_m)$ 是一个 Pareto-最优点, 由引理 7.8 或者引理 7.9 可知, X_m 是问题

$$1|\mathrm{CO}|L_{\max}^{(\sigma(m))} : L_{\max}^{(\sigma(t))} \leqslant X_{\sigma(t)},\quad \forall t = 1, 2, \cdots, m-1$$

的最优值，从而得到 $X_{\sigma(m)} = X_{\sigma(m)}(\sigma, \boldsymbol{Q}^*)$。最后, 可得

$$\boldsymbol{X}(\sigma, \boldsymbol{Q}^*) = (X_1(\sigma, \boldsymbol{Q}^*), X_2(\sigma, \boldsymbol{Q}^*), \cdots, X_m(\sigma, \boldsymbol{Q}^*)) = (X_1, X_2, \cdots, X_m)$$

这就证明了引理 7.18 对于问题 $1|\mathrm{CO}|(L_{\max}^{(1)}, L_{\max}^{(2)}, \cdots, L_{\max}^{(m)})$ 是有效的。

根据以上讨论, 可以得到以下解决非不交代理 Pareto 排序问题的算法。

算法 7.3　针对问题 $1|r_j, \mathrm{pmtn}, \mathrm{ND}|(f_{\max}^{(1)}, f_{\max}^{(2)}, \cdots, f_{\max}^{(m)})$。

步骤 0　(预处理)。提前生成类似 EDD 排列 $O_1, O_2, \cdots, O_m$。

步骤 1　生成由所有排序构型 $(\sigma, \boldsymbol{Q})$ 组成的集合 Γ。

步骤 2　对每个排序构型 $(\sigma, \boldsymbol{Q}) \in \Gamma$, 计算 $\boldsymbol{X}(\sigma, \boldsymbol{Q}) = (X_1(\sigma, \boldsymbol{Q}), X_2(\sigma, \boldsymbol{Q}), \cdots, X_m(\sigma, \boldsymbol{Q}))$, 令

$$\mathcal{X} := \{\boldsymbol{X}(\sigma, \boldsymbol{Q}) : (\sigma, \boldsymbol{Q})\ \text{是一个排序构型}\}$$

且 $\mathcal{X}^* := \varnothing$, 这里 $\mathcal{X}^*$ 可以被看作当前确定的 Pareto-最优点的集合。

步骤 3　挑选一个向量 $\boldsymbol{X} = (X_1, X_2, \cdots, X_m) \in \mathcal{X}$ 并进行以下操作:

步骤 3.1　对于从 1 到 m 的每个 k, 进行以下操作:

求解约束排序问题

$$1|r_j, \mathrm{pmtn}, \mathrm{ND}|f_{\max}^{(k)} : f_{\max}^{(i)} \leqslant X_i,\ \forall i \neq k$$

并令 X_k^* 是它的最优值, 如果这个问题无解, 则定义 $X_k^* = +\infty$。

步骤 3.2　如果 $(X_1^*, X_2^*, \cdots, X_m^*) \neq (X_1, X_2, \cdots, X_m)$, 则令 $\mathcal{X} := \mathcal{X} \setminus \{\boldsymbol{X}\}$, 然后进入步骤 4。

步骤 3.3 如果 $(X_1^*, X_2^*, \cdots, X_m^*) = (X_1, X_2, \cdots, X_m)$, 则令 $\pi(\boldsymbol{X})$ 是步骤 3.1 中获得的任意一个排序, 令 $\mathcal{X} := \mathcal{X} \setminus \{\boldsymbol{X}\}$ 且 $\mathcal{X}^* := \mathcal{X}^* \bigcup \{\boldsymbol{X}\}$, 然后进入步骤 4。

步骤 4 如果 $\mathcal{X} \neq \varnothing$, 则返回步骤 3; 如果 $\mathcal{X} = \varnothing$, 则输出 $\mathcal{X}^*$ 和排序 $\pi(\boldsymbol{X})$, 其中 $\boldsymbol{X} \in \mathcal{X}^*$, 终止算法。

定理 7.8 假设 m 个目标函数 $f_{\max}^{(1)}, f_{\max}^{(2)}, \cdots, f_{\max}^{(m)}$ 都是类似延迟的, 并且类似 EDD 排列 $O_1, O_2, \cdots, O_m$ 已经被事先给定, 那么算法 7.3 可以在 $O((n_1 n_2 \cdots n_m)^{m-1} n^2) = O(n^{m^2-m+2})$ 时间内解决 Pareto 排序问题 $1|r_j, \text{pmtn}, \text{ND}|(f_{\max}^{(1)}, f_{\max}^{(2)}, \cdots, f_{\max}^{(m)})$。

证明 由引理 7.10 可知, 每一个 Pareto-最优点一定是一些排序构型的目标向量。因此, 在步骤 2 中生成的向量集合 $\mathcal{X}$ 包括所有的 Pareto-最优点。由引理 7.9 可知, 可以运行 m 次算法 7.2 来确定 $\mathcal{X}$ 中的一个向量 $\boldsymbol{X} = (X_1, X_2, \cdots, X_m)$ 是否为 Pareto-最优的。在步骤 3 中这些任务已经完成, 因此, 算法 7.3 解决了这个问题。

为了分析时间复杂度, 注意到 m 是一个定值, 为了生成一个排序构型 $(\sigma, \boldsymbol{Q})$, m 个代理的排列 $\sigma = (\sigma(1), \sigma(2), \cdots, \sigma(m))$ 有 $m!$(一个常数) 种选择。因此对于 $m \times (m-1)$ 矩阵 $\boldsymbol{Q} = (q_{s,t})_{m \times (m-1)}$, 最多有

$$(n_1+1)^{m-1}(n_2+1)^{m-1} \cdots (n_m+1)^{m-1} = O((n_1 n_2 \cdots n_m)^{m-1})$$

种选择。所以, 在步骤 1 有 $|\varGamma| = O((n_1 n_2 \cdots n_m)^{m-1})$。这进一步表明, 在步骤 2 有 $|\mathcal{X}| = O((n_1 n_2 \cdots n_m)^{m-1})$。由引理 7.9 可知, 每个向量 $\boldsymbol{X}(\sigma, \boldsymbol{Q}) \in \mathcal{X}$ 可以从 $(\sigma, \boldsymbol{Q})$ 在 $O(n^2)$ 时间内得到。因此, 步骤 2 在 $O((n_1 n_2 \cdots n_m)^{m-1} n^2)$ 时间内运行, 步骤 3 有 $|\mathcal{X}| = O((n_1 n_2 \cdots n_m)^{m-1})$ 次迭代。在每一次迭代中, 步骤 3.1 解决了 m 个约束排序问题

$$1|r_j, \text{pmtn}, \text{ND}|f_{\max}^{(k)} : f_{\max}^{(i)} \leqslant X_i, \ \forall i \neq k; \ k = 1, 2, \cdots, m$$

由定理 7.4 可知, 每个问题都是在 $O(n^2)$ 时间内可解的, 步骤 3 花费的时间为 $O((n_1 n_2 \cdots n_m)^{m-1} n^2)$。这也说明算法 7.3 的时间复杂度为 $O((n_1 n_2 \cdots n_m)^{m-1} n^2) = O(n^{m^2-m+2})$。定理 7.8 得证。 □

若 $f_{\max}^{(i)} \in \{C_{\max}^{(i)}, F_{\max}^{(i)}, L_{\max}^{(i)}, T_{\max}^{(i)}, \text{WC}_{\max}^{(i)}\}$, 则类似 EDD 排列 O_i 可以在 $O(n \log n)$ 时间内产生。由引理 7.10, 我们有以下结论。

定理 7.9 如果 $f_{\max}^{(i)} \in \{C_{\max}^{(i)}, F_{\max}^{(i)}, L_{\max}^{(i)}, T_{\max}^{(i)}, \text{WC}_{\max}^{(i)}\}$, 算法 7.3 在 $O((n_1 n_2 \cdots n_m)^{m-1} n^2) = O(n^{m^2-m+2})$ 时间内解决了问题 $1|r_j, \text{pmtn}, \text{ND}|(f_{\max}^{(1)}, f_{\max}^{(2)}, \cdots, f_{\max}^{(m)})$。

如果所有工件都满足 $r_j = 0$ 且 $f_{\max}^{(i)} \in \{C_{\max}^{(i)}, F_{\max}^{(i)}, L_{\max}^{(i)}, T_{\max}^{(i)}, \text{WC}_{\max}^{(i)}\}$, 通过把定理 7.7 引入到算法 7.3 的时间复杂度分析中, 可以推出以下结论。

定理 7.10 如果 $f_{\max}^{(i)} \in \{C_{\max}^{(i)}, F_{\max}^{(i)}, L_{\max}^{(i)}, T_{\max}^{(i)}, \mathrm{WC}_{\max}^{(i)}\}$, 则问题

$$1|\mathrm{ND}|(f_{\max}^{(1)}, f_{\max}^{(2)}, \cdots, f_{\max}^{(m)})$$

在 $O((n_1n_2\cdots n_m)^{m-1}n\log n) = O(n^{m^2-m+1}\log n)$ 时间内是可解的。

证明 注意到算法 7.3 正确解决了这个问题。由于 $f_{\max}^{(i)} \in \{C_{\max}^{(i)}, F_{\max}^{(i)}, L_{\max}^{(i)}, T_{\max}^{(i)}, \mathrm{WC}_{\max}^{(i)}\}$, 因此在步骤 0 中可以在 $O(mn\log n) = O(n\log n)$ 时间内生成类似 EDD 排列 $O_1, O_2, \cdots, O_m$。由引理 7.9 可知, 步骤 2 可以在 $O((n_1n_2\cdots n_m)^{m-1}n\log n)$ 时间内运行。由定理 7.7 可知, 步骤 3 的运行时间为 $O((n_1n_2\cdots n_m)^{m-1}n\log n)$。最后, 算法 7.3 可以在

$$O((n_1n_2\cdots n_m)^{m-1}n\log n) = O(n^{m^2-m+1}\log n)$$

时间内解决这个问题。定理 7.10 得证。 □

现在我们考虑 CO-代理的 Pareto 排序问题

$$1|r_j, \mathrm{pmtn}, \mathrm{CO}|(f_{\max}^{(1)}, f_{\max}^{(2)}, \cdots, f_{\max}^{(m)}) \tag{7.73}$$

其中每一个函数 $f_{\max}^{(i)}$ 是类似延迟的。注意到 $\mathcal{J}^{(1)}, \mathcal{J}^{(2)}, \cdots, \mathcal{J}^{(m)}$ 构成 $\mathcal{J} = \{1, 2, \cdots, n\}$ 的一个划分且 $|\mathcal{J}^{(i)}| = n_i$, 因此, 可得 $n_1 + n_2 + \cdots + n_m = n$。

根据上面的讨论, 式 (7.73) 中的问题在 $O((n_1n_2\cdots n_m)^{m-1}n^2)$ 时间内是可解的。下面利用一个技巧改进时间复杂度, 为此需要重新考虑约束 CO-代理排序问题

$$1|r_j, \mathrm{pmtn}, \mathrm{CO}|f_{\max}^{(m)} : f_{\max}^{(i)} \leqslant X_i,\ \forall i = 1, 2, \cdots, m-1 \tag{7.74}$$

其中每一个函数 $f_{\max}^{(i)}$ 是类似延迟的。对每个代理 i, 假设类似 EDD 排列 $O_i = (i1, i2, \cdots, in_i)$ 事先也被给出。类似引理 7.15, 我们有以下引理去确定在一个最优排列中的最后一个工件。

引理 7.19 假设问题 $1|r_j, \mathrm{pmtn}, \mathrm{CO}|f_{\max}^{(m)} : f_{\max}^{(i)} \leqslant X_i$ 是可解的, 那么该问题存在一个最优排列 $\pi = (\pi(1), \pi(2), \cdots, \pi(n))$ 使得 $\pi(n) = x$。如果存在某个 $i \in \{1, 2, \cdots, m-1\}$ 使得 $f_{i,n_i}^{(i)}(C(\mathcal{J})) \leqslant X_i$, 则 $x = in_i$; 否则, $x = mn_m$。

证明 由于式 (7.74) 中约束 CO 代理排序问题是式 (7.53) 中约束 ND 代理排序问题的一个特例, 因而通过引理 7.15 可直接得出上述结果。 □

注意到对 $1 \leqslant i \leqslant m$ 和 $1 \leqslant q \leqslant n_i$, 有 $\mathcal{J}_q^{O_i} = \{i1, i2, \cdots, iq\}$。现在引入一些新的记号。给定一个 m 维向量 $(x_1, x_2, \cdots, x_m)$ 且对每一个 $i \in \{1, 2, \cdots, m\}$, 有 $x_i \in \{0, 1, \cdots, n_i\}$, 则定义

$$\mathcal{J}(x_1, x_2, \cdots, x_m) = \mathcal{J}_{x_1}^{O_1} \bigcup \mathcal{J}_{x_2}^{O_2} \bigcup \cdots \bigcup \mathcal{J}_{x_m}^{O_m}$$

且

$$C(x_1, x_2, \cdots, x_m) = C(\mathcal{J}_{x_1}^{O_1} \bigcup \mathcal{J}_{x_2}^{O_2} \bigcup \cdots \bigcup \mathcal{J}_{x_m}^{O_m})$$

故有 $C(0, 0, \cdots, 0) = 0$, $C(n_1, n_2, \cdots, n_m) = C(\mathcal{J})$。

如前所述, 每个值 $C(x_1, x_2, \cdots, x_m)$ 都可以在 $O(n \log n)$ 时间内被确定。因此, 所有 $C(x_1, x_2, \cdots, x_m)$ 的值都可以在 $O(n_1 n_2 \cdots n_m n \log n)$ 时间内被确定。

注释 在算法 7.3 中借助 $\mathcal{J}$ 的 ERD 规则 $\vec{\mathcal{J}}$, 可将计算所有 $C(x_1, x_2, \cdots, x_m)$ 值的时间复杂度降低为 $O(n_1 n_2 \cdots n_m n)$。但是这个 $O(n_1 n_2 \cdots n_m n \log n)$ 时间复杂度对后续的讨论也是足够的。现在, 我们用以下算法解决问题 $1|r_j, \text{pmtn}, \text{CO}|f_{\max}^{(m)} : f_{\max}^{(i)} \leqslant X_i$。

算法 7.4 针对问题 $1|r_j, \text{pmtn}, \text{CO}|f_{\max}^{(m)} : f_{\max}^{(i)} \leqslant X_i$。

步骤 1 设 $(x_1, x_2, \cdots, x_m) := (n_1, n_2, \cdots, n_m)$, $\tau := C(x_1, x_2, \cdots, x_m)$ 并且 $k := n$。

步骤 2 对所有的 $i = 1, 2, \cdots, m-1$, 验证条件 $f_{ix_i}^{(i)}(\tau) \leqslant X_i$ 来找到一个工件 ix_i 使得该工件在时间 τ 是可选的。

(1) 如果存在某个工件 ix_i 满足 $x_i \geqslant 1$ 且 $1 \leqslant i \leqslant m-1$ 在时间 τ 是可选的, 则令 $\pi(k) := ix_i$, 进入步骤 3。

(2) 否则, 进行以下操作:

①如果 $x_m \geqslant 1$, 则令 $\pi(k) := mx_m$, 并进入步骤 3;

②如果 $x_m = 0$, 则终止算法并输出**不可行**。

步骤 3 如果对某个 $i \in \{1, 2, \cdots, m\}$, 有 $\pi(k) := ix_i$, 则进行以下操作:

(1) 如果 $k \geqslant 2$, 则令 $\tau := C(x_1, \cdots, x_{i-1}, x_i - 1, x_{i+1}, \cdots, x_m)$, $x_i := x_i - 1$ 且 $k := k - 1$, 并返回步骤 2;

(2) 如果 $k = 1$, 则进入步骤 4。

步骤 4 输出排列 $\pi = (\pi(1), \pi(2), \cdots, \pi(n))$ 且它对正在考虑的问题来说是最优的。

引理 7.20 如果所有的排列 $O_1, O_2, \cdots, O_m$ 和所有 $C(x_1, x_2, \cdots, x_m)$ 的值被事先给定, 则算法 7.4 在 $O(mn)$ 时间内解决了式 (7.74) 中带有类似延迟目标函数的问题。

证明 引理 7.19 说明了算法 7.4 的正确性。为了分析时间复杂度, 注意到算法 7.4 有 n 次迭代。在每一次迭代中, 步骤 2 在 $O(m)$ 时间内运行结束且步骤 3 在一个常数时间内运行完毕 (因为所有的值 $C(x_1, x_2, \cdots, x_m)$ 都是预先给定的)。因此, 算法 7.4 的运行时间为 $O(mn)$。引理 7.20 得证。 □

引理 7.21　如果所有的排列 $O_1, O_2, \cdots, O_m$ 和所有 $C(x_1, x_2, \cdots, x_m)$ 的值被事先给定, 则对每一个排序构型 $(\sigma, \boldsymbol{Q})$, $(\sigma, \boldsymbol{Q})$ 的目标向量 $\boldsymbol{X}(\sigma, \boldsymbol{Q})$ 可以在 $O(n)$ 内得到。

证明　对一个排序构型 $(\sigma, \boldsymbol{Q})$, 主向量 $\boldsymbol{h}(\sigma, \boldsymbol{Q}) = (h_{\sigma(1)}, h_{\sigma(2)}, \cdots, h_{\sigma(m-1)})$ 可以在一个常数时间内得到。但是在当前状态下, 对 $t = 1, 2, \cdots, m-1$, 有

$$\mathcal{J}_t^{(\sigma,\boldsymbol{Q})} = \mathcal{J}_{q_{1,t}}^{O_{\sigma(1)}} \bigcup \mathcal{J}_{q_{2,t}}^{O_{\sigma(2)}} \bigcup \cdots \bigcup \mathcal{J}_{q_{m,t}}^{O_{\sigma(m)}} = \mathcal{J}(x_1(t), x_2(t), \cdots, x_m(t))$$

其中, $x_i(t) = q_{\sigma^{-1}(i),t}$。这表明 $C(\mathcal{J}_1^{(\sigma,\boldsymbol{Q})}), C(\mathcal{J}_2^{(\sigma,\boldsymbol{Q})}), \cdots, C(\mathcal{J}_{m-1}^{(\sigma,\boldsymbol{Q})})$ 被提前给出。因此, 对每个 $t = 1, 2, \cdots, m-1$, 在式 (7.68) 中定义的值 $X_{\sigma(t)}(\sigma, \boldsymbol{Q}) = f_{h_{\sigma(t)}}^{(\sigma(t))}(C(\mathcal{J}_t^{(\sigma,\boldsymbol{Q})}))$ 可以在一个常数时间内获得。

最后, 注意到 $X_{\sigma(m)}(\sigma, \boldsymbol{Q})$ 是约束排序问题

$$1|r_j, \text{pmtn, CO}|f_{\max}^{(\sigma(m))} : f_{\max}^{(\sigma(t))} \leqslant X_{\sigma(t)}(\sigma, \boldsymbol{Q}),\ \forall t = 1, 2, \cdots, m-1$$

的最优值。由引理 7.12 可知, $X_{\sigma(m)}(\sigma, \boldsymbol{Q})$ 的值可以在 $O(mn) = O(n)$ 时间内得到。因此, 目标向量 $\boldsymbol{X}(\sigma, \boldsymbol{Q})$ 可以在 $O(n)$ 时间内获得。引理 7.21 得证。□

算法 7.5　针对问题 $1|r_j, \text{pmtn, CO}|(f_{\max}^{(1)}, f_{\max}^{(2)}, \cdots, f_{\max}^{(m)})$。

步骤 0　(预处理)。对所有的 $i = 1, 2, \cdots, m$ 和 $0 \leqslant x_i \leqslant n_i$, 计算所有 $C(x_1, x_2, \cdots, x_m)$ 的值。

步骤 1　生成包括所有排序构型 $(\sigma, \boldsymbol{Q})$ 的集合 Γ。

步骤 2　对排序构型 $(\sigma, \boldsymbol{Q}) \in \Gamma$, 计算目标向量 $\boldsymbol{X}(\sigma, \boldsymbol{Q}) = (X_1(\sigma, \boldsymbol{Q}), X_2(\sigma, \boldsymbol{Q}), \cdots, X_m(\sigma, \boldsymbol{Q}))$。令

$$\mathcal{X} := \{\boldsymbol{X}(\sigma, \boldsymbol{Q}) : (\sigma, \boldsymbol{Q})\ \text{是一个排序构型}\}$$

并且 $\mathcal{X}^* := \varnothing$, 其中 $\mathcal{X}^*$ 可以理解为当前确定的 Pareto-最优点。

步骤 3　挑选一个向量 $\boldsymbol{X} = (X_1, X_2, \cdots, X_m) \in \mathcal{X}$ 进行如下操作:

步骤 3.1　对从 1 到 m 的 k, 进行如下操作:

(1) 求解约束排序问题

$$1|r_j, \text{pmtn, CO}|f_{\max}^{(k)} : f_{\max}^{(i)} \leqslant X_i,\ \forall i \neq k$$

并令 X_k^* 是该问题的最优值, 如果这个问题不可行的, 则定义 $X_k^* = +\infty$。

步骤 3.2　如果 $(X_1^*, X_2^*, \cdots, X_m^*) \neq (X_1, X_2, \cdots, X_m)$, 则令 $\mathcal{X} := \mathcal{X} \setminus \{\boldsymbol{X}\}$, 并进入步骤 4。

步骤 3.3　如果 $(X_1^*, X_2^*, \cdots, X_m^*) = (X_1, X_2, \cdots, X_m)$, 则令 $\pi(\boldsymbol{X})$ 是在步骤 3.2 中获得的任意一个排序, 令 $\mathcal{X} := \mathcal{X} \setminus \{\boldsymbol{X}\}$ 且 $\mathcal{X}^* := \mathcal{X}^* \bigcup \{\boldsymbol{X}\}$, 并进入步骤 4。

步骤 4 如果 $\mathcal{X} \neq \varnothing$, 则返回步骤 3; 如果 $\mathcal{X} = \varnothing$, 则输出 $\mathcal{X}^*$ 和排序 $\pi(\boldsymbol{X})$, $\boldsymbol{X} \in \mathcal{X}^*$ 并终止算法。

从上述讨论可知, 显然算法 7.5 正确解决了问题 $1|r_j, \text{pmtn}, \text{CO}|(f_{\max}^{(1)}, f_{\max}^{(2)}, \cdots, f_{\max}^{(m)})$。至于时间复杂度, 有以下事实:

(1) 步骤 0 的运行时间为 $O(n_1 n_2 \cdots n_m n \log n)$。这源于这样一个事实: 对每个 $\mathcal{J}' \subseteq \mathcal{J}$, $C(\mathcal{J}')$ 的值可以在 $O(n \log n)$ 时间内获得。

(2) 步骤 1 的运行时间为 $O((n_1 n_2 \cdots n_m)^{m-1})$。这源于这样一个事实: 排序构型 $|\Gamma|$ 中的向量个数不超过 $O((n_1 n_2 \cdots n_m n)^{m-1})$。

(3) 步骤 2 的运行时间为 $O((n_1 n_2 \cdots n_m)^{m-1} n)$。这可由引理 7.13 得出。

(4) 步骤 3 的运行时间为 $O((n_1 n_2 \cdots n_m)^{m-1} n)$。这可由引理 7.12 得出。

通过以上讨论, 可以得到下面的结果。

定理 7.11 如果 $f_{\max}^{(1)}, f_{\max}^{(2)}, \cdots, f_{\max}^{(m)}$ 是类似延迟的且有类似 EDD 排列 O_1, $O_2, \cdots, O_m$, 则算法 7.53 在 $O((n_1 n_2 \cdots n_m)^{m-1} n)$ 时间内解决了问题 $1|r_j, \text{pmtn}, \text{CO}|$ $(f_{\max}^{(1)}, f_{\max}^{(2)}, \cdots, f_{\max}^{(m)})$。

由定理 7.11, 可以得到以下结论。

定理 7.12 如果 $f_{\max}^{(i)} \in \{C_{\max}^{(i)}, F_{\max}^{(i)}, L_{\max}^{(i)}, T_{\max}^{(i)}, \text{WC}_{\max}^{(i)}\}$, 则问题

$$1|r_j, \text{pmtn}, \text{CO}|(f_{\max}^{(1)}, f_{\max}^{(2)}, \cdots, f_{\max}^{(m)})$$

可以在 $O((n_1 n_2 \cdots n_m)^{m-1} n)$ 时间内得到解决。

参考文献

AGNETIS A, BILLAUT J C, GAWIEJNOWICZ S, et al, 2014. Multiagent scheduling: models and algorithms[M]. Berlin: Springer.

AGNETIS A, MIRCHANDANI P, PACCIARELLI D, et al, 2000. Nondominated schedules for a job-shop with two competing users[J]. Computational Mathematical Organization Theory, 6(2): 191-217.

AGNETIS A, MIRCHANDANI P, PACCIARELLI D, et al, 2004. Scheduling problems with two competing agents[J]. Operations Research, 52: 229-242.

AGNETIS A, PACCIARELLI D, PACIFICI A, 2007. Multi-agent single machine scheduling[J]. Annals of Operations Research, 150: 3-15.

BAKER K R, LAWLER E L, LENSTRA J K, et al., 1983. Preemptive scheduling of a single machine to minimize maximum cost subject to release dates and precedence constraints[J]. Operations Research, 26: 111-120.

BAKER K R, SMITH J C, 2003. A multiple-criterion model for machine scheduling[J]. Journal of Scheduling, 6: 7-16.

CHENG T C E, NG C T, YUAN J J, 2006. Multi-agent scheduling on a single machine to minimize total weighted number of tardy jobs[J]. Theoretical Computer Science, 362: 273-281.

CHENG T C E, NG C T, YUAN J J, 2008. Multi-agent scheduling on a single machine with max-form criteria[J]. European Journal of Operational Research, 188: 603-609.

GAREY M R, JOHNSON D S, 1979. Computers and intractability: a guide to the theory of NP-completeness[M]. San Francisco: W H Freeman & company.

HOCHBAUM D S, LANDY D, 1994. Scheduling with batching: Minimizing the weighted number of tardy jobs[J]. Operations Research Letters, 16: 79-86.

HUYNH-TUONG N, SOUKHAL A, 2009. Interfering job set scheduling on two-operation three-machine flowshop[C]//In IEEE—RIVF international conference on computing and communication technologies (RIVF'09), Da Nang, Vietnam.

HUYNH-TUONG N, SOUKHAL A, BILLAUT J C, 2012. Single-machine multi-agent scheduling problems with a global objective function[J]. Journal of Scheduling, 15: 311-321.

LEUNG J Y T, PINEDO M L, WAN G H, 2010. Competitive two agent scheduling and its applications[J]. Operations Research, 58: 458-469.

LI S S, CHENG T C E, NG C T, et al, 2017. Two-agent scheduling on a single sequential and compatible batching machine[J]. Naval Research Logistics, 64: 628-641.

PEREZ-GONZALEZ P, FRAMINAN J N, 2013. A common framework and taxonomy for multicriteria scheduling problems with interfering and competing jobs: Multi-agent scheduling problems[J]. European Journal of Operational Research, 235: 1-16.

WAN G H, VAKATI S R, LEUNG J Y T, et al, 2010. Scheduling two agents with controllable processing times[J]. European Journal of Operational Research, 205: 528-539.

YUAN J J, 2018. Complexities of four problems on two-agent scheduling[J]. Optimization Letters, 12: 763-780.

YUAN J J, NG C T, CHENG T C E, 2015. Two-agent single machine scheduling with release dates and preemption to minimize the maximum lateness[J]. Journal of Scheduling, 18: 147-153.

YUAN J J, NG C T, CHENG T C E, 2020. Scheduling with release dates and preemption to minimize multiple max-form objective functions[J]. European Journal of Operational Research, 280: 860-875.

附录　英汉排序与调度词汇

（2022 年 4 月版）

《排序与调度丛书》编委会

20 世纪 50 年代越民义就注意到排序 (scheduling) 问题的重要性和在理论上的难度。1960 年他编写了国内第一本排序理论讲义。70 年代初, 他和韩继业一起研究同顺序流水作业排序问题, 开创了中国研究排序论的先河①。在他们两位的倡导和带动下, 国内排序的理论研究和应用研究有了较大的发展。之后, 国内也有文献把 scheduling 译为 "调度"②。正如 Potts 等指出: "排序论的进展是巨大的。这些进展得益于研究人员从不同的学科 (例如, 数学、运筹学、管理科学、计算机科学、工程学和经济学) 所做出的贡献。排序论已经成熟, 有许多理论和方法可以处理问题; 排序论也是丰富的 (例如, 有确定性或者随机性的模型、精确的或者近似的解法、面向应用的或者基于理论的)。尽管排序论研究取得了进展, 但是在这个令人兴奋并且值得探索的领域, 许多挑战仍然存在。"③不同学科带来了不同的术语。经过 50 多年的发展, 国内排序与调度的术语正在逐步走向统一。这是学科正在成熟的标志, 也是学术交流的需要。

我们提倡术语要统一, 将 "scheduling" "排序" "调度" 这三者视为含义完全相同、可以相互替代的 3 个中英文词汇, 只不过这三者使用的场合和学科 (英语、运筹学、自动化) 不同而已。这次的 "英汉排序与调度词汇 (2022 年 4 月版)" 收入 236 条词汇, 就考虑到不同学科的不同用法。我们欢迎不同学科的研究者推荐适合本学科的术语, 补充进未来的版本中。

---

① 越民义, 韩继业. n 个零件在 m 台机床上的加工顺序问题 [J]. 中国科学, 1975(5): 462-470.

② 周荣生. 汉英综合科学技术词汇 [M]. 北京: 科学出版社,1983.

③ POTTS C N, STRUSEVICH V A. Fifty years of scheduling: a survey of milestones[J]. Journal of the Operational Research Society, 2009, 60: S41-S68.

1	activity	活动
2	agent	代理
3	agreeability	一致性
4	agreeable	一致的
5	algorithm	算法
6	approximation algorithm	近似算法
7	arrival time	就绪时间，到达时间
8	assembly scheduling	装配排序
9	asymmetric linear cost function	非对称线性损失函数，非对称线性成本函数
10	asymptotic	渐近的
11	asymptotic optimality	渐近最优性
12	availability constraint	可用性约束
13	basic (classical) model	基本 (经典) 模型
14	batching	分批
15	batching machine	批处理机，批加工机器
16	batching scheduling	分批排序，批调度
17	bi-agent	双代理
18	bi-criteria	双目标，双准则
19	block	阻塞，块
20	classical scheduling	经典排序
21	common due date	共同交付期，相同交付期
22	competitive ratio	竞争比
23	completion time	完工时间
24	complexity	复杂性
25	continuous sublot	连续子批
26	controllable scheduling	可控排序
27	cooperation	合作，协作
28	cross-docking	过栈，中转库，越库，交叉理货
29	deadline	截止期 (时间)
30	dedicated machine	专用机，特定的机器
31	delivery time	送达时间
32	deteriorating job	退化工件，恶化工件
33	deterioration effect	退化效应，恶化效应
34	deterministic scheduling	确定性排序
35	discounted rewards	折扣报酬
36	disruption	干扰
37	disruption event	干扰事件
38	disruption management	干扰管理
39	distribution center	配送中心

40	dominance	优势，占优，支配
41	dominance rule	优势规则，占优规则
42	dominant	优势的，占优的
43	dominant set	优势集，占优集
44	doubly constrained resource	双重受限制资源，使用量和消耗量都受限制的资源
45	due date	交付期，应交付期限，交货期
46	due date assignment	交付期指派，与交付期有关的指派(问题)
47	due date scheduling	交付期排序，与交付期有关的排序(问题)
48	due window	交付时间窗，窗时交付期，交货时间窗
49	due window scheduling	窗时交付排序，窗时交货排序，宽容交付排序
50	dummy activity	虚活动，虚拟活动
51	dynamic policy	动态策略
52	dynamic scheduling	动态排序，动态调度
53	earliness	提前
54	early job	非误工工件，提前工件
55	efficient algorithm	有效算法
56	feasible	可行的
57	family	族
58	flow shop	流水作业，流水(生产)车间
59	flow time	流程时间
60	forgetting effect	遗忘效应
61	game	博弈
62	greedy algorithm	贪婪算法，贪心算法
63	group	组，成组，群
64	group technology	成组技术
65	heuristic algorithm	启发式算法
66	identical machine	同型机，同型号机
67	idle time	空闲时间
68	immediate predecessor	紧前工件，紧前工序
69	immediate successor	紧后工件，紧后工序
70	in-bound logistics	内向物流，进站物流，入场物流，入厂物流
71	integrated scheduling	集成排序，集成调度
72	intree (in-tree)	内向树，入树，内收树，内放树
73	inverse scheduling problem	排序反问题，排序逆问题
74	item	项目
75	JIT scheduling	准时排序
76	job	工件，作业，任务
77	job shop	异序作业，作业车间，单件(生产)车间
78	late job	误期工件

79	late work	误工，误工损失
80	lateness	延迟，迟后，滞后
81	list policy	列表排序策略
82	list scheduling	列表排序
83	logistics scheduling	物流排序，物流调度
84	lot-size	批量
85	lot-sizing	批量化
86	lot-streaming	批量流
87	machine	机器
88	machine scheduling	机器排序，机器调度
89	maintenance	维护，维修
90	major setup	主安装，主要设置，主要准备，主准备
91	makespan	最大完工时间，制造跨度，工期
92	max-npv (NPV) project scheduling	净现值最大项目排序，最大净现值的项目排序
93	maximum	最大，最大的
94	milk run	循环联运，循环取料，循环送货
95	minimum	最小，最小的
96	minor setup	次要准备，次要设置，次要安装，次准备
97	modern scheduling	现代排序
98	multi-criteria	多目标，多准则
99	multi-machine	多台同时加工的机器
100	multi-machine job	多机器加工工件，多台机器同时加工的工件
101	multi-mode project scheduling	多模式项目排序
102	multi-operation machine	多工序机
103	multiprocessor	多台同时加工的机器
104	multiprocessor job	多机器加工工件，多台机器同时加工的工件
105	multipurpose machine	多功能机，多用途机
106	net present value	净现值
107	nonpreemptive	不可中断的
108	nonrecoverable resource	不可恢复（的）资源，消耗性资源
109	nonrenewable resource	不可恢复（的）资源，消耗性资源
110	nonresumable	(工件加工) 不可继续的，(工件加工) 不可恢复的
111	nonsimultaneous machine	不同时开工的机器
112	nonstorable resource	不可储存（的）资源
113	nowait	（前后两个工序）加工不允许等待
114	NP-complete	NP-完备，NP-完全
115	NP-hard	NP-困难（的），NP-难（的）
116	NP-hard in the ordinary sense	普通 NP-困难（的），普通 NP-难（的）
117	NP-hard in the strong sense	强 NP-困难（的），强 NP-难（的）

118	offline scheduling	离线排序
119	online scheduling	在线排序
120	open problem	未解问题,(复杂性)悬而未决的问题, 尚未解决的问题, 开放问题, 公开问题
121	open shop	自由作业, 开放(作业)车间
122	operation	工序, 作业
123	optimal	最优的
124	optimality criterion	优化目标, 最优化的目标, 优化准则
125	ordinarily NP-hard	普通 NP-(困)难的, 一般 NP-(困)难的
126	ordinary NP-hard	普通 NP-(困)难, 一般 NP-(困)难
127	out-bound logistics	外向物流
128	outsourcing	外包
129	outtree(out-tree)	外向树, 出树, 外放树
130	parallel batch	并行批, 平行批
131	parallel machine	并行机, 平行机, 并联机
132	parallel scheduling	并行排序, 并行调度
133	partial rescheduling	部分重排序, 部分重调度
134	partition	划分
135	peer scheduling	对等排序
136	performance	性能
137	permutation flow shop	同顺序流水作业, 同序作业, 置换流水车间, 置换流水作业
138	PERT(program evaluation and review technique)	计划评审技术
139	polynomially solvable	多项式时间可解的
140	precedence constraint	前后约束, 先后约束, 优先约束
141	predecessor	前序工件, 前工件, 前工序
142	predictive reactive scheduling	预案反应式排序, 预案反应式调度
143	preempt	中断
144	preempt-repeat	重复(性)中断, 中断-重复
145	preempt-resume	可续(性)中断, 中断-继续, 中断-恢复
146	preemptive	中断的, 可中断的
147	preemption	中断
148	preemption schedule	可以中断的排序, 可以中断的时间表
149	proactive	前摄的, 主动的
150	proactive reactive scheduling	前摄反应式排序, 前摄反应式调度
151	processing time	加工时间, 工时
152	processor	机器, 处理机
153	production scheduling	生产排序, 生产调度

154	project scheduling	项目排序，项目调度
155	pseudo-polynomially solvable	伪多项式时间可解的，伪多项式可解的
156	public transit scheduling	公共交通调度
157	quasi-polynomially	拟多项式时间，拟多项式
158	randomized algorithm	随机化算法
159	re-entrance	重入
160	reactive scheduling	反应式排序，反应式调度
161	ready time	就绪时间，准备完毕时刻，准备时间
162	real-time	实时
163	recoverable resource	可恢复(的)资源
164	reduction	归约
165	regular criterion	正则目标，正则准则
166	related machine	同类机，同类型机
167	release time	就绪时间，释放时间，放行时间
168	renewable resource	可恢复 (再生) 资源
169	rescheduling	重新排序，重新调度，重调度，再调度，滚动排序
170	resource	资源
171	res-constrained scheduling	资源受限排序，资源受限调度
172	resumable	(工件加工)可继续的，(工件加工)可恢复的
173	robust	鲁棒的
174	schedule	时间表，调度表，调度方案，进度表，作业计划
175	schedule length	时间表长度，作业计划期
176	scheduling	排序，调度，排序与调度，安排时间表，编排进度，编制作业计划
177	scheduling a batching machine	批处理机排序
178	scheduling game	排序博弈
179	scheduling multiprocessor jobs	多台机器同时对工件进行加工的排序
180	scheduling with an availability constraint	机器可用受限的排序问题
181	scheduling with batching	分批排序，批处理排序
182	scheduling with batching and lot-sizing	分批批量排序，成组分批排序
183	scheduling with deterioration effects	退化效应排序
184	scheduling with learning effects	学习效应排序
185	scheduling with lot-sizing	批量排序
186	scheduling with multipurpose machine	多功能机排序，多用途机器排序
187	scheduling with non-negative time-lags	(前后工件结束加工和开始加工之间)带非负时间滞差的排序

188	scheduling with nonsimultaneous machine available time	机器不同时开工排序
189	scheduling with outsourcing	可外包排序
190	scheduling with rejection	可拒绝排序
191	scheduling with time windows	窗时交付期排序，带有时间窗的排序
192	scheduling with transportation delays	考虑运输延误的排序
193	selfish	自利的
194	semi-online scheduling	半在线排序
195	semi-resumable	(工件加工) 半可继续的，(工件加工) 半可恢复的
196	sequence	次序，序列，顺序
197	sequence dependent	与次序有关
198	sequence independent	与次序无关
199	sequencing	安排次序
200	sequencing games	排序博弈
201	serial batch	串行批，继列批
202	setup cost	安装费用，设置费用，调整费用，准备费用
203	setup time	安装时间，设置时间，调整时间，准备时间
204	shop machine	串行机，多工序机器
205	shop scheduling	车间调度，串行排序，多工序排序，多工序调度，串行调度
206	single machine	单台机器，单机
207	sorting	数据排序，整序
208	splitting	拆分的
209	static policy	静态排法，静态策略
210	stochastic scheduling	随机排序，随机调度
211	storable resource	可储存(的)资源
212	strong NP-hard	强 NP-(困)难
213	strongly NP-hard	强 NP-(困)难的
214	sublot	子批
215	successor	后继工件，后工件，后工序
216	tardiness	延误，拖期
217	tardiness problem i.e. scheduling to minimize total tardiness	总延误排序问题，总延误最小排序问题，总延迟时间最小化问题
218	tardy job	延误工件，误工工件
219	task	工件，任务
220	the number of early jobs	提前完工工件数，不误工工件数
221	the number of tardy jobs	误工工件数，误工数，误工件数
222	time window	时间窗
223	time varying scheduling	时变排序

224	time/cost trade-off	时间 / 费用权衡
225	timetable	时间表，时刻表
226	timetabling	编制时刻表，安排时间表
227	total rescheduling	完全重排序，完全再排序，完全重调度，完全再调度
228	tri-agent	三代理
229	two-agent	双代理
230	unit penalty	误工计数，单位罚金
231	uniform machine	同类机，同类别机
232	unrelated machine	非同类型机，非同类机
233	waiting time	等待时间
234	weight	权，权值，权重
235	worst-case analysis	最坏情况分析
236	worst-case (performance) ratio	最坏 (情况的)(性能) 比

索 引

N

P

S

T

W

X

Y

Z